养殖高手谈经验丛书

养獭兔
高手谈经验

肖冠华　编著

YANGTATU GAOSHOU TANJINGYAN

U0341449

化学工业出版社

·北京·

图书在版编目（CIP）数据

养獭兔高手谈经验/肖冠华编著. —北京：化学
工业出版社，2015.5
（养殖高手谈经验丛书）
ISBN 978-7-122-23503-9

Ⅰ.①养… Ⅱ.①肖… Ⅲ.①兔-饲养管理
Ⅳ.①S829.1

中国版本图书馆 CIP 数据核字（2015）第 066511 号

责任编辑：邵桂林　　　　　　　　　文字编辑：何　芳
责任校对：宋　夏　　　　　　　　　装帧设计：孙远博

出版发行：化学工业出版社
　　　　　（北京市东城区青年湖南街 13 号　邮政编码 100011）
印　　装：北京云浩印刷有限责任公司
850mm×1168mm　1/32　印张 9¼　字数 272 千字
2015 年 7 月北京第 1 版第 1 次印刷

购书咨询：010-64518888（传真：010-64519686）
售后服务：010-64518899
网　　址：http://www.cip.com.cn
凡购买本书，如有缺损质量问题，本社销售中心负责调换。

定　　价：**30.00 元**

FOREWORD 前言

养兔业作为特色畜牧业，具有广阔的发展前景。自 20 世纪 80 年代我国从德、美、法等国家分别引进獭兔种兔以来，目前我国已经成为世界上獭兔生产量最大的国家，有"世界獭兔看中国"的说法。

近年来，随着城镇化水平的不断提高，消费者对美观、华贵的裘皮产品需求量越来越大。随着野生动物保护政策的实施，裘皮制品已经不可能再从野生获得，人工饲养的裘皮已成为主流，也是人类发展的必然趋势。同时，裘皮服装从保暖转向美观是未来发展的趋势，短毛裘皮、轻巧保暖、华贵美观的产品将会日益占领市场。獭兔正好顺应了这些要求，所以其具有广阔的发展前景。

如今，我国各地区通过积极探索与实践，逐渐形成具有区域化特色的兔业产业模式，为丰富居民的膳食结构及服饰原料的多样性、促进农民增收致富做出了积极贡献。然而，我国养兔业仍处于产业化发展的初级阶段，在现代畜牧业中的比重相对较小，规模化、标准化、良种化程度仍然不高，行业整体素质亟待改善。同时，养兔业行业资源分散、技术力量匮乏、品牌战略意识薄弱等问题日益凸显，已成为制约我国兔业产业提质增量的瓶颈。

《全国畜牧业发展第十二个五年规划（2011—2015）》提出的我国畜牧业发展原则中有这样两点。一是要求坚持发展标准化规模养殖。转变养殖观念，调整养殖模式，在因地制宜发展适度规模养殖的基础上，加快改善设施设备保障条件，大幅度提高标准化养殖技术水平，积极推行健康养殖方式，促进畜牧业可持续发展。二是坚持科技兴牧。依靠科技创新和技术进步，突破制约畜牧业发展的技术瓶颈，不断提高良种化水平、饲料资源利用水平、生产管理技术水平和疫病防控水平，加快畜牧业发展方式转变，推动畜牧业又好又快发展。

从我国政府制定的发展规划和目前的獭兔生产现状看，首要的问题是要加强獭兔养殖人员养殖关键技术的培训与指导。因为科学技术是第一生产力，要用科学的养獭兔知识武装广大养獭兔人的头脑，才能提升我国獭兔养殖的整体水平。

笔者经常深入养殖一线，了解养獭兔人的需求，他们问到的最多问题是怎么做最合理、有没有什么更好的办法、有没有什么绝招、有没有什么窍门、同样的难题养殖搞得好的人是怎么做的等。他们不需要太多的大道理，需要的是怎么做。所以养殖实践经验对他们来说最有用、最实惠。

在新闻报道以及我们身边都能看到一些养獭兔的成功人士，他们通常被称为养殖高手和养殖能人，在养獭兔上取得了令人羡慕的成就。

俗话说：成功自有非凡处。这些在养殖业上的成功者，他们在通往成功的道路上并非一帆风顺，其中有成功的喜悦，也有惨痛的教训，尤其是经历过很多的挫折和失败，但是他们在面对失败的时候没有选择退却，而是认真总结经验和教训，最后凭着这些个人总结的宝贵经验，走向了成功的彼岸。这些经验对其他的养獭兔人同样有非常好的借鉴和指导作用。

笔者根据多年的獭兔养殖实践，同时吸收和借鉴同行业的成果经验，将这些经过实践检验过的，确实可靠、切实可行的好经验、好做法总结出来，编成此书，分享给有志成为养殖高手的读者。

全书包括养殖场规划与建设、品种确定与挑选、饲料与饲喂、饲养与管理、防病与治病、人员管理与物资管理、经营与销售七章。每章介绍养獭兔生产技术的一个方面，其中的每篇文章介绍一个养殖实用知识，全书涵盖养獭兔生产经营的各个环节。每篇经验文章力求做到短小简练、主题鲜明，做到既符合生产实际，又符合养殖科学的要求。这些知识涵盖了獭兔养殖的各个方面，突出实用性和可操作性，使读者一看就懂、一学就会、一用就灵，使他们少走弯路，真正解决饲养管理者生产实践中遇到的各种难题。养殖者如果掌握了这些绝招、妙招，无疑找到了通往养殖成功之门的金钥匙。

在本书编写过程中，参考借鉴了国内外一些养獭兔专家和养殖实践者实用的观点和做法，在此对他们表示诚挚的感谢！由于编者水平有限，书中很多做法和体会难免有不妥之处，敬请批评指正。

编者

2015 年 4 月

CONTENTS 目录

第四章　饲养与管理

第五章　防病与治病

第六章　人员管理与物资管理

第七章　经营与销售

参考文献

第一章 獭兔场规划与建设

 经验之一：獭兔场选址应该考虑的问题

场址的选择、建筑的布局、兔舍的设计和设备的选用是否科学合理，直接关系到规模化兔场工作效率的高低、经济效益的多少甚至养殖的成败。兔场选址要根据兔的生物学特性，符合当地土地利用规划的要求，充分考虑兔场的周边环境、饲料条件和饲养管理制度等综合因素，确定适宜的场址。

一、地势、地形

地势高燥，地下水位2米以下；背风向阳，避开产生空气涡流的山坳和谷地；地面平坦或稍有坡度，坡度以1%～3%为宜，排水良好的地方；地形开阔、整齐和紧凑，形状尽可能呈长方形且东西长略大于南北长，不能过于狭长和边角过多；可利用自然地形地物如林带、山岭、河川、沟河等作为场界和天然屏障。

地下水位低、低洼潮湿、排水不良的场地不利于家兔体热调节，却有利于病原微生物的生长繁殖，特别是适合寄生虫（如螨虫、球虫等）的生存，因此要避开这样的地形。

如果选择坡度过大的山坡，要求能按梯田方式建设，否则也不适合建设兔场。

二、土质

兔场用地土质渗水性较强，导热性较小，也就是既能保持干燥的环境，又有良好的保温性能，通常这样的土质属于沙壤土。兔场不能建在黄土或黏土的土质上，因为黄土的缺点是对流水的抵抗力弱，易受侵蚀，对兔的健康不利。黏土的缺点是粒细、孔隙小、保水性强，通气能力差；也就是雨水一多地面就泥泞，冬季还容易导致地面冻胀。

三、水源

兔场必须要有充足的水源和水量，且水质好。生产和生活用水应清洁、无异味，不含过多的杂质、细菌和寄生虫，不含腐败有毒物质，矿物质含量不应过多或不足。较理想的水源是自来水和卫生达标的深井水；江河湖泊中的流动活水，只要未受生活污水及工业废水的污染，净化和消毒处理后也可使用。

一般兔场的需水量比较大，如家兔饮水、兔舍笼具清洁卫生用水、种植饲料作物用水以及日常生活用水等，必须要有足够的水源。同时，水质状况如何，将直接影响家兔和人员的健康。因此，水源及水质应作为兔场场址选择优先考虑的一个重要因素。水量不足将直接限制家兔生产，而水质差，达不到应有的卫生标准，同样也是家兔生产的一大隐患。

种兔场和生产无公害兔产品的兔场，水质要符合 NY 5027—2008《无公害食品　畜禽饮用水水质》的要求。

四、社会联系

家兔生产过程中形成的有害气体及排泄物会对大气和地下水产生污染，同时兔子胆小怕惊，因此兔场不宜建在人员密集、繁华地带和噪声污染严重的地方，而应选择相对隔离的地方，有天然屏障（如河塘、山坡等）作隔离则更好，但要求交通方便，尤其是大型兔场更是如此。兔场建成投产后，物流量比较大，如草、料等物资的运进，兔产品和粪肥的运出等，对外联系也比较多，若交通不便，则会给生产和工作带来困难，甚至会增加兔场的开支。兔场不能靠近公路、铁路、港口、车站、采石场等，也应远离屠宰场、牲畜市场、畜产品加工厂及有污染的工厂，符合《中华人民共和国动物防疫法》及其相关法规的要求。

为了满足生物安全和防疫的需要，兔场距交通主干道应在 300 米以上，距一般道路 100 米以上，以便形成卫生缓冲带。兔场与居民区之间应有 500 米以上的间距，并且处在居民区的下风口，尽量避免兔场成为周围居民区的污染源。

五、电力供应可靠

规模兔场，特别是集约化程度较高的兔场，用电设备比较多，对电力条件依赖性强，兔场所在地的电力供应应有保障。保障电力供应，靠近输电线路，同时自备电源，水、电设施尽可能独立配套。

六、其他方面

兔场产生的粪肥尽量能就近消化，以有种植青饲料的合适地块为最佳。

 经验之二：适度规模效益高

适度规模经营是在一定的适合的环境和适合的社会经济条件下，各生产要素（獭兔品种、养殖技术、养殖人员、资金、养殖设备、经营管理、信息等）的最优组合和有效运行，取得最佳的经济效益。獭兔饲养的规模在很大程度上是指獭兔饲养数量的规模。獭兔养殖的适度规模就是养兔场经营管理能力与兔场养殖规模的最佳结合点，也可以说是兔场的经营管理能力，以实现獭兔养殖效益的最大化。

通常养兔的规模越大，管理的难度也越大。养殖技术上，獭兔的人工养殖是一个技术性很强的工作，规模化养兔对技术的要求更高。相同的品种，不同的养殖方法养出的獭兔区别很大。无论是种兔良种的选育和种兔群的建立，还是饲料原料的选用、饲料配方的制定，或是饲养管理技术和疫病防控技术，都有很高的科技含量，而且是不可替代的，养兔场必须掌握这些养兔的关键技术，并且不受人员流动的影响。否则，养兔不会成功，规模越大，亏损越多。

人的因素是决定养兔场规模的核心因素。即使拥有最好的獭兔品种、最优的饲养管理条件，如果没有懂技术、会管理、责任心强的养殖人员去实施，那么，所有的美好愿望都是镜中花、水中月，都是空谈。良好的经营离不开能把握全局的高级管理人才，还要有能承载技术并有以场为家的饲养人员为之服务。

饲料供应能力很关键，规模养兔的饲料消耗很大。据计算，一个年出栏商品兔1万只的兔场，按照目前的平均养殖水平，年需要粗饲料约6.5万千克（种兔和商品兔总需要量）。这对于饲料供应是个考验，饲料供应要同养殖规模相适应，如果饲料供应商没有把握，就不能养殖太大的规模。

销售方面也同样决定养殖规模的大小，大家都愿意看到供不应求的市场。可是，由于市场是处于不断变化的，波动在所难免。市场一般的规律是皮毛的价格5年一大变，3年一小变。兔皮价格下跌导致大量养殖场（户）失去信心，必然导致存栏下降，其间要经历一个缓冲的时间，存栏逐渐趋于稳定，价格恢复性上涨，效益达到一个比较理性的空间，这是目前整个兔业养殖的基本走势。有的人看到獭兔皮价格一再上涨，就开始投资或扩大规模，结果等来的却是价格低谷，兔场经营受到严重影响。所以，养兔的规模要与市场的需求相适应。

因此，确定适度的养殖规模，要结合养殖地区、养殖的品种、兔舍条件、饲料供应能力、饲养管理水平、销售等方面综合判断。对于每一个投资者的情况不同，适度的养殖规模也不同。

如果是家庭利用业余时间和辅助劳力进行的不以养兔为主要收入的副业养兔，可根据技术和场地情况，养殖的基础母兔以30～50只为宜。

对于大中型养兔场，就要根据综合情况区别对待。在獭兔养殖的优势区域，已经形成比较成熟的产、供、销养兔产业链，在养殖的各个方面相适应的服务体系比较完善。比如由于养殖量大，就有专门生产颗粒饲料的公司供应饲料，有很多不同样式、不同价位的兔笼具可供选择，兔的品种也可以参考附近的养殖场来选择，疾病防治能及时做好，疫苗以及兽药品种也比较齐全，这样的地区，起步就可以高一些，可从500只基础母兔起步，但最好不要超过1000只；而非养殖优势地区，由于很多与养兔相关的服务配套不完善，养兔需要的各方面物资技术可供选择的少，规模不宜太大，以200只以下基础母兔为宜。

 经验之三：如何确定兔场的面积？

兔场占地面积要根据饲养种兔的类型、饲养规模、饲养管理方式和集约化程度等因素而定。包括兔舍、饲料贮藏加工间、兽医室、消毒室、办公室、人员宿舍、食堂、道路及绿化等面积。

兔舍面积要依据以下几个方面的要求确定。

（1）养殖方式　养殖方式决定兔舍的类型，兔舍的类型决定兔舍需要的面积。比如规模化兔场因为配套辅助设施的增加比小规模家庭养殖户需要的面积大。自繁自养需要的兔舍面积比只成批育肥多。采取笼养的饲养方式，占地面积就少一些，放养方式需要的面积就大一些。

（2）生产工艺流程　采用全进全出的生产管理方式，需要成批周转，兔舍还需要有一定的空置消毒时间，需要的兔舍面积就大一些。采用频密繁殖，因为产仔胎数增加，仔兔饲养数量比不实行频密繁殖多，同样需要较多的兔舍。

根据以上两个方面的要求，在确定兔场面积时要通盘考虑养兔生产实际情况，在尽量节约使用土地的前提下，既能满足当前养兔场的需要，又要为以后的发展留有一定的余地。

通常实行规模化养殖的养兔场，占地面积按照每只基础母兔及其仔兔占 1.5 平方米的建筑面积计算，或者兔场按照建筑系数 15％ 计算需要的面积。如饲养 500 只基础母兔的兔场需 750 平方米的建筑面积，整个兔场的占地面积为 5000 平方米。

经验之四：獭兔场必需的养殖设备有哪些？

一、兔笼

（一）兔笼的组成与设计要求

兔笼主要由笼门、笼壁、笼底板、承粪板等构成。兔笼要求造价低廉，经久耐用，便于操作管理，并符合家兔的生理要求。

（1）笼门　要求开关方便，关闭严密，一般多采用前开门。一般由两扇门组成，笼门全部由铁丝网焊接而成。有利于通风透光，方便观察兔的动态，在笼门左侧安装活动草架，右侧下端为活动食槽。

（2）笼壁　兔笼的内壁必须光滑，以防勾脱兔毛和便于除垢消毒，注意所用材料要耐啃咬和通风透光。使用金属网、水泥预制板、瓷砖和红砖的较多。也有用铁丝网制作的。

从使用效果看，兔笼的左、右墙壁最好用砖砌或水泥预制板安装，以免相互殴斗，笼的后壁也可以用竹片、打眼铁皮、铁丝网制成，以利于通风。

（3）笼底板　笼底板要求平而不滑，易清理消毒，耐腐蚀，不吸水。笼底板应是活动的，可以随时安装取出。有竹片、金属网、塑料等材料制作的。目前普遍使用毛竹条钉制的底板，经济实用，竹条的长短要整齐，底板大小规格一致，便于取下洗刷消毒和轮换使用，每根竹条的宽度约 2.5 厘米，但是竹条之间的间隔可以钉成 2 种规格，一种是饲养成年兔，间隙为 1.2～1.5 厘米，粪便可以顺利漏下，另一种是饲养幼兔，间隙 0.5～1.0 厘米。过宽易使兔足陷进缝隙而造成骨折。经济条件好的兔场也可使用塑料制底板。如果采用金属材料制作底板，为了便于家兔行走，要求底板的网眼不能太大，但又要保证兔粪能够掉下，一般以 1.2～1.5 厘米见方为宜。

（4）承粪板　前伸 3～5 厘米，后延 5～10 厘米，前高后低式倾斜，倾斜角度为 10°～15°，以便于粪尿自动落入粪尿沟，便于清扫。水泥预制板做承粪板的，在多层兔笼中，即是下层兔笼的笼顶。承粪板一般使用水泥板或塑料板。

凡重叠式兔笼都必须装置承粪板，以防粪尿漏入下层笼内。承粪板一般多用水泥预制板，板厚 2.5 厘米。对于金属兔笼或单独放置承粪板的，可用重量轻、价格也便宜的塑料板或油毡纸等作为承粪板。安装的角度应与水平面呈 15° 的倾斜角，粪尿能自行滚落到粪沟，为了防止上层笼的粪尿漏在下层笼的笼壁上，承粪板应超出笼外一定长度，第二层兔笼承粪板的前沿应超出笼体 3 厘米，后沿超出 7 厘米，最上层承粪板的前沿超出 3 厘米，后沿超出笼体 10 厘米。最下层的粪尿可直接落在地面，但地面要光滑且有坡度，以利粪尿流入粪沟。

（5）支架　可用角铁、槽冷铁，也可用竹棍、硬木制作。底层兔笼离地面一般 30 厘米左右。

（二）兔笼规格

一般以种兔体长为尺度，笼宽为体长的 1.5～2 倍，笼深为体长的 1.1～1.3 倍，笼高为体长的 0.8～1.2 倍。具体尺寸见表 1-1 兔笼规格表，组装后重叠兔笼外形尺寸见表 1-1、表 1-2。

表 1-1　兔笼规格表　　　　　单位：厘米

饲养方式	种兔类型	笼宽	笼深	笼高
室内笼养	大型	80～90	55～60	40
	中型	70～80	50～55	35～40
	小型	60～70	50	30～35
室外笼养	大型	90～100	55～60	45～50
	中型	80～90	50～55	40～45
	小型	70～80	50	35～40

表 1-2　组装重叠兔笼规格　　　单位：厘米

名称	规格	外形尺寸
商品/育肥兔笼	3层4列12笼位	200×150×50
子母兔笼	3层4列12笼位	200×150×60
种兔笼	3层3列9笼位	180×150×60

（三）兔笼类型

1. 按制作材料划分

分金属兔笼、水泥预制件兔笼、砖或瓷砖制兔笼、木制兔笼、竹制兔笼和塑料兔笼等。常见的有金属兔笼、水泥预制件兔笼、砖及水泥制兔笼、瓷砖制兔笼等4种。

（1）金属兔笼　金属笼是规模化兔场经常采用的兔笼（图1-1、图1-2），大多用冷拔钢丝镀锌制作，网丝直径多为2.3毫米，网孔一般为20毫米×150毫米或20毫米×200毫米。适宜于室内养兔使用。优点是组装方便、占用空间少、消毒方便。缺点：一是容易生锈，用不了几年就要淘汰，从长远看，成本较大；二是工具笼底是整体固定的，清洗拆卸不方便；三是兔脚接触面小，兔子接触金属很容易生脚皮炎，而一旦得脚皮炎则很难治愈。建议底网不用金属网，改为使用竹片制作的底网。

（2）水泥预制件兔笼　我国南方各地多采用水泥预制件兔笼（图1-3），这类兔笼的侧壁、后墙和承粪板都采用水泥预制件组装成，配以竹片笼底板和金属或木制笼门。主要优点是耐腐蚀，耐啃咬，适于

图 1-1 金属兔笼

图 1-2 产仔一体笼

图 1-3 水泥预制件兔笼

多种消毒方法，坚固耐用，造价低廉。缺点是通风隔热性能较差，移动困难。

（3）**砖及水泥制兔笼** 砖及水泥制兔笼（图 1-4）采用砖、水泥或石灰砌成，是我国南方各地室外养兔普遍采用的一种，起到了笼、舍结合的作用，一般建造 2～3 层。主要优点是取材方便，造价低廉，耐腐蚀，耐啃咬，防兽害，保温、隔热性较好。缺点是通风性能差，不易彻底消毒。

（4）**瓷砖制兔笼** 瓷砖兔笼（图 1-5、图 1-6）采用瓷砖制成，目前山东省采用的比较多，一般建造 2～3 层。主要优点是瓷砖兔笼易洗刷、不吸水、无污染，能保持笼内干燥，无粪尿气味，不滋生有害菌，有利于减少獭兔呼吸道疾病的传播；耐腐蚀，耐啃咬，防兽害；厚度仅 1 厘米，节省占用空间；比水泥兔笼重量轻一倍以上，安

图 1-4 砖及水泥兔笼

图 1-5 瓷砖制兔笼

图 1-6 瓷砖制产仔一体笼

装劳动强度小，安装快。

2. 按兔笼层数划分

单层兔笼、双层兔笼和多层兔笼。其中国外使用单层兔笼较多，单层兔笼不能经济利用地面，四层兔笼太高，不便于操作，以二层或三层笼为适宜，第三层笼的高度也要适中，以方便捉兔为准，总高度不能超过 2 米。第一层笼底距离地面不可过低，至少 25 厘米。笼的深度要方便捉兔，以 60 厘米为宜。兔笼高度以高兔笼为好，这样有利于兔体的生长发育，但总高度不超过 2 米，若建三层兔笼，每层笼高不得超过 40 厘米。若建 2 层兔笼，每层高度可达 50～60 厘米。

3. 按兔笼组装排列方式划分

平列式兔笼、重叠式兔笼和阶梯式兔笼（包括半阶梯式兔笼和全阶梯式兔笼)。

阶梯式兔笼在兔舍中排成阶梯形。先用角铁、槽冷板、水泥预制件、木料等材料做成阶梯形的支撑架,兔笼就放在每层支撑架上。笼的前壁开门,料槽、饮水器等均安在前壁上,在品字形笼架下挖排粪沟,每层笼内的兔粪、尿直接漏到排粪沟内。沟底呈 W 形,兔笼一般用金属网和竹笼底等材料做成活动式。这种兔笼的主要优点是通风采光好,易于观察,耐啃咬,有利于保持笼内清洁、干燥,充分利用地面面积,管理方便,节省人力;其缺点是造价高,金属笼易生锈。

(1) 平列式兔笼 平列式兔笼(图 1-7)均为单层,一般为竹木或镀锌冷拔钢丝制成,又可分单列活动式和双列活动式两种。主要优点是有利于饲养管理和通风换气,环境舒适,有害气体浓度较低。缺点是饲养密度较低,仅适用于饲养繁殖母兔。

图 1-7 平列式兔笼养兔实例

(2) 重叠式兔笼 重叠式兔笼(图 1-8)在长毛兔生产中使用广泛,多采用水泥预制件或砖结构组建而成,一般上下叠放 2～4 层笼体,层间设承粪板。主要优点是通风采光良好,占地面积小。缺点是清扫粪便困难,有害气体浓度较高。

(3) 阶梯式兔笼 阶梯式兔笼(图 1-9、图 1-10)一般由镀锌冷拔钢丝焊接而成,在组装排列时,上下层笼体完全错开,不设承粪板,粪尿直接落在粪沟内。主要优点是饲养密度较大,通风透光良好。缺点是占地面积较大,手工清扫粪便困难,适于机械清粪兔场应用。

图 1-8　重叠式兔笼

图 1-9　阶梯式兔笼

图 1-10　阶梯式兔笼养兔实例

二、饲喂设备

（一）料槽

又称食槽或饲料槽。目前常用的有竹制、陶制、铁皮制及塑料制等多种形式。料槽要求坚固、耐啃咬，易清洗消毒，方便实用，造价低廉等优点。目前大型机械化兔场多采用自动喂料器，中小型兔场及家庭养兔可按饲养方式而定，采用陶制料槽或多用转动式料槽。一般料槽长 35 厘米、高 6 厘米、宽 10 厘米、底宽 16 厘米。

（1）陶制食槽　陶制食槽（图 1-11）呈圆形，直径 12～14 厘米，高 10 厘米。陶制食槽价格便宜，但容易破损，最好每次喂料后即将食盆取出。

（2）竹制食槽　将粗毛竹劈成两半，两端钉上木板，除去中央的竹节即成简易食槽，长度根据需要可长可短，就地取材，经济实用。在山区还可利用石头、水泥制成圆形或长方形食槽，不会被兔踩翻。

（3）金属食槽 金属食槽（图1-12）用镀锌铁皮制成，呈半圆形，槽口的大小应便于兔头出入食槽并吃到饲料，槽的高度以兔的前肢不能踏入槽内为宜，槽长一般为15～20厘米，宽10厘米，高10厘米。金属制的食槽容易被踩翻，须固定在笼壁上，易拆卸安装，右侧以挂钩固定，左侧用风钩搭牢，喂食时不需打开笼门，且不易损坏。加工金属食槽时要在槽口留有0.5厘米宽的卷边，可防饲料被扒到槽外。

图1-11 陶制食槽

图1-12 金属食槽

（4）自动饲槽 又称为自动落料饲槽。自动饲槽按制作材料分为金属自动料槽和塑料自动料槽，有个体自动饲槽、母子自动饲槽和育肥自动饲槽三种规格。通常悬挂于笼门上，笼外加料，笼内采食。饲槽有加料口、贮料仓、采食槽和隔板组成。隔板将贮料仓和采食槽隔开，仅在底部留2厘米左右的间隙，使饲料随着兔的不断采食而由贮料仓通过间隙不断补充。为防止饲料粉尘在兔子采食时刺激兔的呼吸道，在饲槽的底部均匀地钻些小孔。也有的在饲槽的底部安装金属网片，以保证粉尘随时漏掉。

（二）草架

用草架喂草可以节省喂草时间，又可以减少草的浪费。分为固定式、移动式和翻转式。草架通常设在笼门的外侧或设在两笼之间的中上部，一般呈"V"字形，固定在一个活动轴上，往外翻可添草，往里推可阻挡仔兔从草架空间落出来。装上草架可以保持笼内清洁卫生，草架一般都用镀锌铁丝焊制而成，内侧缝隙宜宽4～6厘米，便于兔子食草，外侧缝隙要窄，为1～1.5厘米，或用钢丝网代替，以防小兔钻出笼外。但工厂化养兔，由于饲喂全价颗粒饲料，除种兔外，一般不设有草架。

三、饮水设备

常用的饮水器形式有多种，一般小规模兔场或家庭养兔多用瓷碗或陶瓷水钵。优点是清洗、消毒比较方便，经济实用。缺点是每次换水要开启笼门，易被粪尿污染和推翻容器。笼养兔可用盛水玻璃瓶倒置固定在笼壁上，瓶口上接一橡皮管，通过笼前网伸入笼内，利用高差将水从瓶内压出，使兔自由饮用。

大型兔场一般常用乳头式（图 1-13）或鸭嘴式自动饮水器（图 1-14），由减压水箱（图 1-15）、控制阀、水管及饮水乳头等组成。当兔触动饮水乳头时，其乳头受压力影响而使内部弹簧回缩。水即从缝隙流出。优点是能防止饮水污染，又节约用水。缺点是投资费用高，要求水质干净，容易堵塞和滴漏。

图 1-13　乳头式饮水器

图 1-14　鸭嘴式饮水器

图 1-15　减压水箱

四、产仔箱

产仔箱又叫巢箱，是母兔用来产仔、哺乳的设备，是育仔的重要设施。一般多采用木板或金属网片、硬质塑料等制成。木板要刨光滑，没有钉、刺暴露。箱口钉以厚竹片，以防被兔咬坏。木箱的大小以母兔能伏在箱内哺乳即可。箱的底部不要太光滑，否则易使仔兔形成八字腿。分为固定式和外挂式两种。

（1）平放式产仔箱　国内目前各地常用的产仔箱有两种式样，一种是用1～1.5厘米的厚木板钉成40厘米×26厘米×13厘米的长方形敞开平口产仔箱（图1-16、图1-17），箱底有粗糙锯纹，并留有间隙或小孔，以防仔兔滑倒和利于尿液的排出。另一种为35厘米×30厘米×28厘米的月牙形缺口产仔箱，产仔、哺乳时可横侧向以增加箱内面积，平时则竖立向以防仔兔爬出箱外。

图1-16　平放式产仔箱

图1-17　产仔箱应用实例

还可以用稻草编扎成的草窝子作为产箱，顶部加盖，留有出气孔，既保暖又安全。使用这种产箱，母仔必须分群管理，母兔喂奶后立即送回原笼。

（2）外挂式产仔箱　外挂式产仔箱（图1-18）用木板、纤维板或硬质塑料制成，悬挂在笼门上，产仔箱上方加盖一块活动盖板。在与兔笼接触的一侧留有一个18厘米×18厘米的方形洞口，供母兔进入巢箱，并装有活动闸门，洞口下缘与笼底板相平，距离箱底有7厘米，此法的优点是被遗落到笼底板上的仔兔仍能爬到产箱内。这类产仔箱具有不占笼内面积、管理方便的特点。

图1-18　外挂式产仔箱

五、饲料加工设备

饲料加工设备包括粉碎机和颗粒饲料机等。

（一）粉碎机

饲料粉碎机主要用于粉碎各种饲料和各种粗饲料，饲料粉碎的目的是增加饲料表面积和调整粒度，增加表面积提高了适口性，且在消化道内易与消化液接触，有利于提高消化率，更好吸收饲料营养成分。调整粒度一方面减少了畜禽咀嚼对耗用的能量，另一方面对输送、贮存、混合及制粒更为方便，效率和质量更好。

一般的畜禽料通常采用普通的锤片粉碎机、对辊粉碎机和爪式粉碎机。选型时首先应考虑所购进的粉碎机是粉碎何种原料用的。

粉碎谷物类饲料为主的，可选择顶部进料的锤片式粉碎机；粉碎糠麸谷麦类饲料为主的，可选择爪式粉碎机；若是要求通用性好，如以粉碎谷物为主，兼顾饼谷和秸秆，可选择切向进料锤片式粉碎机；粉碎贝壳等矿物饲料，可选用贝壳无筛式粉碎机；如用作预混合饲料的前处理，要求产品粉碎的粒度很细且可根据需要进行调节的，应选用特种无筛式粉碎机等。

1. 锤片式粉碎机

锤片式粉碎机（图 1-19）是一种利用高速旋转的锤片来击碎饲料的机械。它具有结构简单、通用性强、生产率高和使用安全等特点。

2. 对辊式粉碎机

对辊式粉碎机（图 1-20）是一种利用一对相对旋转的圆柱体磨

图 1-19 锤片式粉碎机　　　　图 1-20 对辊式粉碎机

辊来锯切、研磨饲料的机械，具有生产率高、功率低、调节方便等优点，多用于小麦制粉业。在饲料加工行业，一般用于二次粉碎作业的第一道工序。

3. 爪式粉碎机

爪式粉碎机（图 1-21）是一种利用高速旋转的齿爪来击碎饲料

图 1-21　爪式粉碎机

的机械，其特点是体积小、重量轻、工作转速高、产品粒度细、对加工物料的适应性广，但其不足之处是功率消耗大、噪声高、单机粉碎产量小。

（二）饲料颗粒机

饲料颗粒机（图 1-22）是将已混粉状饲料，经挤压一次成型为圆柱形颗粒饲料，在造粒过程中不需要加热加水，不需烘干，经自然升温达 70～80℃，可使淀粉糊化，蛋白质凝固变性，颗粒内部熟化

图 1-22　小型饲料颗粒机

深透，表面光滑，硬度高，不易霉烂、变质，可长期贮存。提高了畜禽的适口性和消化吸收功能，缩短畜禽的育肥期。

六、人工授精设备

兔用人工授精设备包括采精器、输精枪、显微镜等设备。

1. 兔用人工授精采精器

兔用人工授精采精器（图1-23）包括假阴道和透明集精器两部分。集精器与假阴道连通，假阴道由圆筒外壳、乳胶或橡胶套型内胎和橡胶集精套组成，套型内胎为一端细、另一端粗，橡胶集精套设有内口，套型内胎细端固定在圆筒外壳的一端，套型内胎粗端穿过集精套内口并反套固定在集精套上。

图1-23　采精器

透明集精器为带刻度的离心管，集精器开口端插装在集精套内口上。使用时，假阴道内注入一定量38～39.5℃的水，套型内胎一部分在假阴道口处形成近似三角形、四边形或圆筒的形状，另一部分在热水中形成了一定长度的峡部和宽度的峡部和宽度的壶腹部，近似于漏斗的形状，更好地模拟了兔阴道的内环境，便于使用。

2. 输精枪

兔人工授精输精枪（图1-24）是用于将人工采集的公兔精液输入到发情母兔阴道内的器具。包括枪头、精液瓶和连续注射装置。可实现定量注射。

3. 显微镜

显微镜（图1-25）用于检查采集的公兔精液质量的器材。主要检查精子的密度、畸形率和活力。

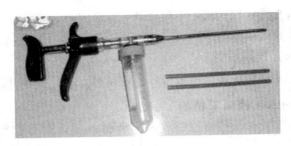

图 1-24 输精枪

图 1-25 显微镜

七、编号工具

为了方便种兔记录及选种、选配等，对种兔及实验兔要进行编号。常用的编号工具有耳号钳和耳标。

1. 耳号钳

耳号钳（图 1-26）包括钳子一把，耳刺一副，专用字钉咬合棉刺垫一块，把手弹簧一个，号码钉一副（4 份 0～9 字码钉，A～Z 英文字母钉，4 个空白字码钉）以及刺号墨水（有红色、黑色和蓝色）。

2. 耳标

耳标是动物标识之一，用于证明牲畜身份，承载牲畜个体信息的标志，加施于牲畜耳部。耳标（图 1-27）由主标和辅标两部分组成；主标由主标耳标面、耳标颈、耳标头组成；主标耳标面的背面与耳标

图 1-26　耳号钳一

颈相连，使用时耳标头穿透牲畜耳部、嵌入辅标、固定耳标，耳标颈留在穿孔内。耳标面登载编码信息。有铝质或塑料制成，还要用专用的耳号钳（图 1-28）方能安装。

图 1-27　耳标

图 1-28　耳号钳二

经验之五：獭兔场需要建设哪些兔舍？

獭兔场通常需要建设种兔舍、繁殖兔舍、育成兔舍、待售兔舍等兔舍。由于我国地域辽阔，各地气候条件千差万别，经济基础各异，兔舍建筑形式也各不相同。采用何种建筑形式和结构，主要取决于饲养目的、饲养方式、饲养规模及经济承受能力等。小规模、副业性质的养兔宜采用简单的兔舍建筑形式，可利用旧棚舍或闲置的房屋进行散养或圈养；而规模化养兔则宜建造比较规范的兔舍，实行笼养，以便于日常管理。目前，比较常见的兔舍建筑形式有封闭式兔舍、室外笼养兔舍、半开放式兔舍、带运动场式兔舍、靠山挖洞式兔舍、地窝式兔舍等。

一、封闭式兔舍

又分为有窗式封闭兔舍和无窗式封闭兔舍。

1. 有窗式封闭兔舍

有窗式封闭兔舍（图 1-29、图 1-30）四周墙壁完整，上有屋顶（"人"字形屋顶、钟楼式屋顶或半钟楼式屋顶），南、北墙均设窗户和通风孔，东、西墙设有门和通道。舍的跨度一般不超过 8 米，舍内高度 2.5 米，窗户南侧朝阳面宜宽大，北侧相对小一点。根据兔舍跨度大小和舍内通风设施情况，可设单列、双列、四列或四列以上兔笼。这类兔舍的优点是通风良好，管理方便，有利于保温和隔热。多列式兔舍安装通风、供暖和给排水等设施后，可组织集约化生产，一年四季皆可配种繁殖，有利于提高兔舍的利用率和劳动生产率。缺点是兔舍内湿度较大，有害气体浓度较高，兔易感染呼吸道疾病。在没有通风设备和供电不稳定的情况下，不宜采用这类兔舍。此类型兔舍是目前我国进行养兔标准化生产的主流兔舍，更适用于北方笼养种兔和集约化的商品兔生产。

图 1-29　有窗式封闭兔舍一　　　　　图 1-30　有窗式封闭兔舍二

2. 无窗封闭式兔舍

这种兔舍四周有墙无窗，舍内的通风、温度、湿度和光照完全靠相应的设备由人工控制或自动调节，并能自动喂料、饮水和清除粪便。这类兔舍的优点是生产水平和劳动效率较高，能获得高而稳定的繁殖性能、增重速度和控制饲料的消耗量，并且有利于防止各种疾病的传播。缺点是一次性投资较大，运行费用较高。

无窗封闭式兔舍是一种现代化、工厂化养兔生产用舍，世界上少数养兔发达国家有所应用。国内主要应用于教学、科研及无特定病原（SPF）实验图生产，种兔饲养和集约化的商品獭兔生产。

二、室外笼养兔舍

兔舍兔笼相连一体，即是兔舍又是兔笼，要求即达到兔舍建筑的一般要求，又符合兔笼的设计要求。为适应露天的条件，基底要高，离地面至少30厘米（防潮防鼠），笼舍顶部防雨，前檐宜长，兔舍前后最好要有树木遮阳，夏季防晒，四季防雨雪。这种兔舍优点是结构简单，造价低廉，通风良好，管理方便，夏季易于散热，空气新鲜，有利于幼兔生长发育和防止疾病发生。特别适合于中小型养兔场和专业户采用。适用于炎热地区饲养青年兔、幼兔和商品兔。有单列式和双列式两种。

1. 室外单列式兔舍

室外单列式兔舍（图1-31）兔笼正面朝南，兔舍采用砖混结构，为单坡式屋顶，前高后低，屋檐前长后短，屋顶采用水泥预制板或波形水泥瓦，兔笼后壁用砖砌成，并留有出粪口，承粪板为水泥预制板。

图 1-31　室外单列式兔舍

这种兔舍造价低，通风条件好，光照充足；缺点是不易挡风挡雨，昼夜温差较大，冬季不利于母兔繁殖，易遭兽害。

2. 室外双列式兔舍

室外双列式兔舍（图1-32）为两排兔笼面对面而列，两列兔笼

图 1-32　室外双列式兔舍

的后壁就是兔舍的两面墙体，两列兔笼之间为工作走道，粪沟在兔舍的两面外侧，屋顶为双坡式（"人"字顶）或钟楼式。兔笼结构与室外单列式兔舍基本相同。与室外单列式兔舍相比，这种兔舍保暖性能较好，饲养人员可在室内操作，但缺少光照。

室外笼舍可以建在大树下或者在笼舍前边种上爬蔓的瓜类，以便夏季遮阳。冬季也可在前檐处挂帘防寒。

三、半开放式兔舍

这种兔舍一般是南面朝阳的一面无墙，其余三面有墙，采用水泥预制或砖混结构。无墙部分夏季可安装纱窗防止蚊蝇，冬季天冷的时候用塑料布密封。舍内可用兔笼，也可以直接在地面养兔，此类兔舍结构简单，造价较低，具有通风良好、管理方便的优点。

四、带运动场式兔舍

这种兔舍由两个部分组成，一部分在舍外，另一部分是人工挖的洞或者是一个房舍。既有供兔室外活动的场所，又有供兔在室内休息繁殖的地方。舍外部分用 60～80 厘米高的竹片、木板、铁丝网或者砖墙围成一个大的院。人工挖洞的选在冻土层较浅的山区，依山坡地形挖洞，洞深 1.5 米、宽 1 米、高 1 米，洞与洞相隔 30～50 厘米，每个洞口可安 1 个能启动的活动门，这种兔舍空气新鲜，阳光充足，而且家兔能很好运动，但必须重视必要的安全防疫设施和防止兽害，更适合母兔繁殖。

采用房舍的，在舍内用砖、竹片或木板隔成 6～9 平方米的隔栏，每个隔栏对应有一个宽 20 厘米、高 30 厘米的出入洞口与舍外场地相通，供兔自由出入，家兔出入洞口放置食槽、草架和饮水器。每个群养间可养幼兔 30～40 只，青年兔 20 只。这种兔舍的优点是饲养群大，节约人工和材料，容易管理，便于打扫卫生，空气新鲜，也能使家兔得到充分的运动。但兔舍面积利用率不高，不利于掌握定量喂食，不易控制疾病传播，而且容易发生殴斗。

五、靠山挖洞式兔舍

选择向阳、干燥和土质坚硬的土山丘。将朝南的崖面修整成垂直于地面的平面。待表面干燥后，紧靠崖面地基砌起 40 厘米左右的高台，在此高台上，用砖、石砌 3 层兔笼。在兔笼的后壁（崖面）往里掏 1 个口小洞大的产仔葫芦洞，洞口直径为 10～15 厘米，洞深约 30 厘米，其洞向左或右下方倾斜。另外，在洞口设一活动挡板，以控制兔子进出洞。严冬季节，可在兔笼顶设置草帘保温。为防酷暑、烈日暴晒，可在兔舍前种植葡萄、丝瓜等藤蔓植物，或搭凉棚。该种兔舍集笼养、穴养二者之所长，四季均可繁殖，饲养效果优于其他兔舍，属典型的因地制宜养兔方式，是我国北方山区和丘陵地带普遍采用的一种兔舍类型。

六、地窝式兔舍

在冬季漫长、气候寒冷的北方农村，可选择地下水位低、背风向阳、干燥、含砂量小、土质坚硬的高岗地挖修地窝式兔舍（图 1-33、图 1-34）。窝深必须超过冻土层，窝的直径一般为 70～100 厘米，窝与窝可相隔 2 米左右，窝口应高出地面 20 厘米，用砖和水泥固定后，再加上活动盖板。从窝底到地面须挖一宽 40 厘米左右的斜坡地沟，其坡度为 1∶1.5，然后用砖砌好，或用水泥管、瓦管通入，以避免家兔在通道内挖洞。在通道口上端建一高 1.6 米左右的小屋，南面有门，北面有窗，这是家兔吃食和活动的场所。在窝底的任一边再挖一深 40 厘米、宽 30 厘米、高 35 厘米的小洞，作为母兔的产仔窝。这种地窝式兔舍在最低气温达 −42℃ 的严冬可不用燃料和保温材料，造价很低，窝上窝下可通空气和见到阳光。窝底和产仔窝可保持 5℃ 以上的恒温，因而可进行冬季繁殖。春夏时节则应将家兔转移到地面饲养和繁殖。黑龙江省一些兔场的实践证明，窝养的各类家兔体质健壮，生长良好，产仔成活率达 85% 以上，发病率不到 3%。

图 1-33 地窝式兔舍一

图 1-34 地窝式兔舍二

如果兔群大，而理想的高岗地小，可挖成长沟式双通道冬繁窝。长沟式窝坑上口宜用木材等物作篷盖来保温。这种窝具有通风透光和兔子能运动的条件，省工省料、占地面积小、管理方便。但窝内通风口多，温度较低，影响仔兔成活率。

七、塑料大棚兔舍

塑料大棚兔舍（图 1-35）的搭建同种植蔬菜的塑料大棚在规格用材料上一样，棚内安装兔笼、供水线、照明等设施，大棚的顶部开若干个可控制开闭的通风口，以利于棚内有害气体的排出。在大棚的内部地面要铺水泥等硬覆盖，地面处理同封闭式兔舍一样，有排类尿的沟。大棚夏季炎热时，可在棚上覆盖遮阴网或棉毡等，同时也可将大棚底部塑料布掀起 1 米左右用来通风，但必须用铁丝网栏上，以防止老鼠等进入。

图 1-35 塑料大棚式兔舍

八、组装式兔舍

兔舍的墙壁、门、窗都是活动的，随天气变化组装，可移动。国外采用的较多。

 ## 经验之六：新建兔舍要满足哪些要求?

① 兔舍要达到夏天不热、冬天不冷、全年不潮、四季空气清新的总要求。

② 满足家兔习性的要求：家兔怕热、喜欢干燥，在确定兔舍朝向、结构及设计通风条件时，要予以充分考虑；家兔经常啃咬硬物，尤其是木质材料，以达到磨牙的目的，笼、箱等器具，凡是家兔能啃咬到的地方，都要采取必要的加固措施或选用合适的、耐啃咬的铁制、水泥、瓷砖、陶制等材料，不宜使用木质、塑料等不耐啃咬的材料；家兔晚上活动频繁，食欲旺盛，料槽一定要大，便于晚上睡前投足饲料；配种适宜在公兔舍内进行，公兔舍一定要有宽松的空间；初生仔兔体温调控能力特别差，要求温度保持在 30～32℃，因此，仔兔需要有专门的易于控制温度的巢箱；家兔胆小，最怕受惊，笼舍要求相对安静，不要靠近交通要道，要避免猫、犬、鹅、鼠等动物的骚扰；饲养獭兔时，笼舍卫生条件一定要好，笼舍壁不能有尖锐异物，防止刺伤毛兔皮肤和被毛。

③ 满足人工操作的要求：兔舍既是家兔的生活环境，又是饲养人员对家兔日常管理和操作的工作环境。兔舍设计不合理，一方面会加大饲养人员的劳动强度，另一方面也会影响饲养人员的工作情绪，最终会影响劳动生产效率。因此，獭兔笼舍在设计上要便于管理和操作，尽最大努力减轻劳动强度，如将多层式兔笼设计得过高或层数过多，对饲养人员来说，顶层操作肯定比较困难，既费时间，又给日常观察兔群状况带来不便，势必影响工作效率和质量。兔笼层数以 2～3 层为宜。

④ 满足卫生防疫的要求：家兔笼舍要相对独立，料槽、水槽合适，底面要有一定的倾斜度，粪尿能够很容易地清理出来但又不至于流进下层笼舍内，这样可以保证每只家兔有独立、卫生的生活空间，既有利于防止疾病传播，又有利于防疫注射和投喂药物。在兔场和兔舍入口处应设置消毒池或消毒盘，并且要方便更换消毒液。我国南方

炎热地区多采用自然通风，北方寒冷地区在冬季采用机械强制通风。自然通风适用于小规模养兔场。机械通风适用于集约化程度较高的大型养兔场。

　　⑤满足经济实用、科学合理的要求：兔舍设计除了"以兔为本"、兼顾工作环境外，还必须考虑饲养规模、饲养目的、獭兔品种、饲养水平、生产方式、卫生防疫、地理条件及经济承受能力等多种因素，因地制宜，全面权衡，不要忽视有关因素，一味追求兔舍建筑的现代化，要讲究实效，注重整体的合理、协调，努力提高兔舍建筑的投入产出比。家兔笼舍要坚固耐用，力争一次投入多年利用。笼舍构造要符合生产要求，如种兔场以生产种兔为目的，就需要按种兔生产流程设计建造相应的种兔舍、测定兔舍、后备兔舍等；商品兔场则需要设计建造种兔舍、生产兔舍等。

　　⑥满足发展生产的要求：兔舍设计还应结合生产经营者的发展规划和设想，为以后的长期发展留有余地。

经验之七：兔舍的屋顶忌用石棉瓦搭建

　　石棉瓦较薄，保温防暑性差，特别是石棉瓦中含有大量的玻璃纤维，天长日久，风吹日晒雨淋，使纤维脱落，极易引起兔子咳嗽、气喘，并继发鼻炎、肺炎、结膜炎、角膜炎等疾病，故建兔舍不宜用石棉瓦。

经验之八：兔舍实行粪尿分离一招解决兔舍空气质量差的问题

　　兔舍空气质量差，有兔舍建设是否合理、兔饲养密度大以及饲养管理等多方面的原因。但是一个不能忽视的问题是，兔尿对兔舍内空气产生的污染问题。

　　很多养兔场因为没有重视兔尿收集问题，任兔尿和兔粪一起进入排粪沟内，有的甚至直接流到兔舍地面，由于清理的不及时，兔尿产生很大的气味。特别是饲养时间较长的兔舍，兔舍的味道特别大，对兔本身和周围环境产生很大的污染。因此，解决好了兔尿问题，可以极大地改善兔舍内空气质量。

养兔生产实践中，人们总结了一种简便的办法，即将兔尿通过单独安装的管道单独收集，定时倾倒舍外，取得了比较好的效果。具体做法是：在每排兔笼的承粪板下沿安装一个从中间锯开的建筑用PVC排水管（管的直径以150毫米以上为宜），使顺着承粪板流下的尿液能直接进入。注意调整好距承粪板的低端边缘的距离，以接住自然流下的兔尿而兔粪不能进入为宜，因为兔粪进入PVC排水管不便于兔尿的收集，PVC塑料管成一头高一头低的倾斜状。多层兔笼的，可采取逐渐延长下层PVC塑料管的长度，使上层收集的兔尿进入下层管内的办法。最后在PVC排水管的最低端放置一个塑料桶接流下来的兔尿，由饲养员定时将收集的兔尿运出舍外指定地点倒掉即可。同时定期用清水冲刷PVC排水管。

当然，养殖实践中还可以采取其他较好的办法解决兔粪与兔尿液分离问题。原则是操作简便、经济实用、实用效果好。

 经验之九：獭兔场建设如何满足生产工艺流程的要求？

养兔的生产工艺流程，是指在獭兔养殖生产中，从种兔饲养到商品兔产出，通过一定的优良品种、设施设备、养殖技术、饲养管理手段等按繁殖规律连续地进行生产的过程。也指獭兔从种兔到商品兔的养殖过程中要素的组合。

獭兔生产工艺流程的设计首先要考虑效率。规模化獭兔养殖为了实行高产高效的目的，通常采用同期配种、同期产仔、同期断奶、同期上市、全进全出的做法。其流程为：母兔采用人工授精的方式集中配种，为了达到同期配种，可对母兔实行人工促发情办法，如给母兔注射促排卵激素。在配种后第11～12天摸胎，如果经检查没有怀孕的，要在查找没有怀孕的原因后进行相应处理后重新进入配种环节；对已经妊娠的母兔在第 28 天将受胎母兔送进产房待产；第 30～31 天母兔产仔（未产仔者则用激素催产），对母兔带仔数进行调整，将产仔过多的或产仔过少的按照仔兔大小强弱进行调整，使每个母兔平均哺乳仔兔 6～7 只；在仔兔 25～28 日龄全部断奶，转入育成舍，按性别分笼，平均 3～4 只/笼，自由采食；将母兔转入种兔舍进行配种，进入下一个繁殖周期；因獭兔皮毛的生长特性与保护需要，60 日龄要将每只獭兔单笼饲喂，饲养时间要根据市场要求而定，有 70～84 日龄上市（此时体重达 2～2.5 千克）。通常 150 日龄上市出售兔皮质量最好。

根据此生产工艺流程，獭兔的整个生产过程需要经过种兔饲养、产仔哺乳、商品兔等 3 个大的阶段，需要的兔舍种类为种兔舍（可细分为种公兔舍、种母兔舍、后备兔舍）、产仔舍（母兔产前 3 天至仔兔 28 日龄断奶）和商品兔舍（可细分为育成兔舍、待售兔舍）。各类兔舍的具体面积要根据饲养基础母兔的数量确定。

同时还要根据养殖的规模建设必要的附属配套设施，大中型养兔场要划分必要的生产区（建设各类兔舍）、管理区（建设饲料加工车间、饲料用原料库和成品库、维修车间、供暖和供水以及供电设备间等）、兽医隔离区（建设兽医室、隔离室、死兔和粪便无害化处理点）和生活福利区（建设办公室、职工宿舍、食堂、文体会议室以及人员消毒室等）等功能区。

獭兔场只有按照以上的要求建设好相应的兔舍，才能满足獭兔生产工艺流程的需要。

第二章　品种确定与挑选

 经验之一：品种选择适应性是关键

适应性是指生物体与环境表现相适合的现象。适应性是通过长期的自然选择，需要很长时间形成的。虽然生物对环境的适应是多种多样的，但究其根本，都是由遗传物质决定的。而遗传物质具有稳定性，它是不能随着环境条件的变化而迅速改变的。所以一个生物体有它最适合的生长环境的要求，而且这个最佳生长环境要变化最小，在它的承受范围之内，该生物体就能正常生长发育、生存繁衍。否则，如果由于生存的环境变化过大，超出该生物体的承受范围，该生物体就表现出各种的不适应，严重的不适应甚至可以致死。

獭兔的适应性是指獭兔适应饲养地的水土、气候、饲养管理方式、兔舍环境、饲草料等条件。养殖者要对自己所在地区的自然条件、饲草资源、气候以及适合于自己的饲养管理方式等因素有较深入的了解。否则，因为适应性问题容易造成养殖失败。

我国目前养殖的獭兔品种主要有美系獭兔、法系獭兔和德系獭兔，以及它们之间的杂交后代。我国也先后培育出了吉戎獭兔、四川白獭兔、金星獭兔和冀獭等几个獭兔品种。美系獭兔优点是母性好，繁殖力较强，被毛品质好，粗毛率低，被毛密度较大，适应性好，抗病力强，容易饲养；缺点是群体参差不齐，体型偏小，一些地方的美系獭兔退化严重。德系獭兔的外貌特征与法系兔相似，体重与体长高于同条件饲养的美系獭兔，但适应性不如美系獭兔，且繁殖率较低，用它作为父本与美系獭兔杂交，其后代表现很好。法系獭兔的优点是体型大、生长速度快，繁殖力强，商品质量好，售价自然高；缺点是对饲料营养要求高，不适于粗放饲养管理。吉戎獭兔不仅适应我国的气候特点和粗放式饲养条件，而且还具有皮毛平整、富有光泽、弹性好等优良特性。四川白獭兔具有体形外貌一致、生长速度快、毛皮质量好、繁殖力强、遗传性能稳定、抗病力强和适应性广等特点，比美系獭兔生长速度快，被毛密度大，比德系獭兔被毛密度大、毛细，且断奶成活率高，适于饲养在四川、西南各省及全国（除高海拔地区以外）。金星獭兔与国内其他獭兔相比，具有三大特点，即体形大、毛皮质量好；耐粗饲、抗病力强；种兔价廉，契合我国国情。冀獭生长发育速度快，被毛密度大，毛纤维较长，以皮为主，是皮肉兼用的优良品种。

从以上的獭兔品种特点可以看出，各獭兔品种适应性各不相同，有的适合粗放式管理的。有的对饲料营养要求高，不适于粗放饲养管理。有的在全封闭兔舍饲养，具有较好的生产性能和较大的生产潜力等。

我们在确定养殖品种的时候要重点考察拟引进品种的适应性方面，如果养兔场要选择其中某一个品种来饲养，首先就要看当地以及本场的饲养条件能否满足该品种的生长需要，也就是说要看养兔场能否适应肉兔的生长，而不是让肉兔被动地去适应养兔场的饲养管理条件。

 经验之二：养殖较多的獭兔品种

目前，獭兔的品种较多，獭兔的色型是区别不同品系的重要标志。獭兔的色型很多，据报道，目前獭兔色型多达 20 余种，如白色獭兔、红色獭兔、黑色獭兔、蓝色獭兔、青紫蓝色獭兔、加利福尼亚色獭兔、巧克力色獭兔、海狸色獭兔、海豹色獭兔、紫貂色獭兔、花色獭兔、蛋白石色獭兔、山猫色獭兔、水獭色獭兔等，以上的是已被公认的 14 种色型，已引进我国，并在各地饲养。其他颜色的獭兔还有米色、奶油色、橙色、银灰色、烟灰色和钢灰色等。

由于白色獭兔全身被毛洁白，没有任何污点或杂色毛，是毛皮工业中最受欢迎、最有价值的毛色之一，可以被染制成各种颜色。而且从獭兔皮真正成为商品开始，业内就一窝蜂地宣传白色獭兔。

目前我国引进的时间较长、饲养量最大的美系獭兔也是以白色为主。我国自己培育的吉戎獭兔和四川白獭兔等也是以被毛白色为主。所以，目前我国饲养量最大的是白色獭兔。

经验之三：选择优良獭兔品种很重要

獭兔生产已经完全进入商品化时代，獭兔毛皮质量的好坏直接关系到獭兔饲养业的前途命运，虽然影响獭兔毛皮质量的因素很多，有品种、营养与饲料、疾病防治、宰杀与剥皮、加工方法等因素。但獭兔的毛皮质量，例如毛的密度、细度、长度等都与遗传因素直接相关，所以品种因素是决定毛皮品质的关键。不同的獭兔品种，獭兔的毛皮品质不一样。只有优良的獭兔，才能生产出高质量的毛皮。如果种獭兔品种不纯、品种退化或体形变小，就会直接影响毛皮色泽，失去原有的色泽特征，出现毛色混杂、绒毛稀疏、密度降低、平整度差、皮张面积小等现象，会使獭兔毛皮商品价值降低。

所以要选择符合市场需求的优良獭兔品种饲养。

经验之四：怎样选择獭兔品种？

目前我国普遍饲养的獭兔品种是不同品系杂交的后代，是杂种的獭兔，但属于品种内不同品系之间的杂交，这种杂交也属于纯种繁殖。由于目前我国保持纯粹血统的獭兔微乎其微，多数是美系獭兔、法系獭兔和德系獭兔等这三个血统混合的后代。只是有的侧重于某个系。因此，我们选择种兔时，可以将质量优良的獭兔作为种兔的选择标准。选择种兔时注重以下方面：遗传稳定，即能将其优良品质遗传给后代；体型好（头方圆、耳中等直立、颈短粗、肩颈部结合良好、四肢粗壮有力、背腰宽平，后躯发达），发育快，被毛密度大、平整度好、长度适宜；成年体重在 3.5 千克以上，乳头数 8 枚以上。公兔雄性特征明显，母兔母性特征突出。

还要选择好獭兔的色型。獭兔的色型是区别不同獭兔品系的重要标志，也是獭兔选种时必须考虑的一个因素。同时还是鉴定獭兔毛色纯正和商品价值的主要标准。据报道，目前獭兔色型多达 20 余种。不论何种色型都要求毛色纯正、色泽光亮，忌毛色混杂。从商品角度考虑应多选养白色和八点黑色獭兔，这是因为这两种色型的獭兔饲养数量较多、利于提纯复壮、避免近亲繁殖；遗传性能稳定，不会出现杂色后代；绒毛容易染色。具体选择时要注意獭兔的色型是否标准。如①白色獭兔全身被毛洁白，没有任何污点和杂色毛，是一种较珍贵的毛色类型，在毛皮加工业很受欢迎。白色獭兔眼睛呈粉红色，爪为白色或玉色。凡被毛带污色、黄色、锈色或带有其他杂毛者，都属于缺陷。②黑色獭兔全身被毛纯黑，不带其他颜色。黑色獭兔眼睛呈黑褐色，爪为暗色。凡被毛带褐色、棕色、锈色、白色斑点或杂毛者，均属缺陷。③青紫蓝色獭兔毛的基部为石蓝色，其色带比中部宽，毛中间部为珍珠灰色，毛尖为黑色。被毛有丝光、颈、腹部毛比体躯毛色均略浅些；体躯两侧的毛一致，腹下部毛为白色或浅蓝色，眼周围毛为珍珠灰色。青紫蓝色獭兔眼睛呈棕色、蓝色或灰色，爪为暗色。凡被毛带锈色、淡黄色、白色或胡椒色，毛尖毛色过深或四肢带斑纹者，均属缺陷。④巧克力色獭兔其背部被毛为巧克力样的栗色，两侧稍浅，腹下白色。巧克力色獭兔眼睛呈棕褐色。凡被毛带锈色或出现褐色与变黑现象，或被毛带有白斑，枪毛为白色者，均属缺陷等。

这只是种兔选择的第一步，为了使本场的种兔优良，还需要在饲养过程中进行连续选择和淘汰，才能真正成为优种。同时还要有计划地从场外引进优良公兔。

 经验之五：獭兔引种的最合适季节

獭兔怕热，且应激反应严重，切忌在夏季引种。所以，引种季节一般以气温在 20～25℃ 的时候比较合适。因此，在春、秋两季引种为宜。

春季天气转暖，光照增多，草木萌发，此时种兔繁殖率高，仔兔成活率也高。秋季引种，经过一个冬季的饲养，对当地的气候条件和饲养方式有所适应，到了翌年春季就可配种繁殖，投入生产，有利于提高引种后的经济效益和社会效益。

冬季气候寒冷，以少引种为好。因为冬季寒冷，饲养条件差，獭兔易受寒冷的刺激而引起病害，甚至死亡。特别是刚断奶的仔兔，由于饲养管理条件的突然改变，又受炎热或寒冷环境的刺激，极易发生疾病，甚至死亡，带来不必要的经济损失。

 ## 经验之六：合理确定种獭兔群体的结构

合理的种兔群结构是实现獭兔养殖高效益的基础，合理的结构是受胎率、产仔数、产仔率达到最大化的结构，因此，养兔场必须制定合理的种兔群体结构。养兔场可以以种兔群体合理的年龄结构确定獭兔群体结构，也可以按照母兔群体的胎次确定合理的群体结构。

种兔群合理的年龄结构应是青、壮、老年种兔比例适当，尤其是繁殖力旺盛的青壮年母兔的比例要占绝对多数。如果老龄化比较严重，受胎率和产仔数将下降得非常严重。种兔一般使用3年，3岁以上的老兔产仔率低，所产仔兔体弱多病，死亡率高，除极个别有育种价值外，均应淘汰转成商品兔肥育出售。采用频密繁殖的养兔场，母兔的利用年限还要降低。

以合理的胎次结构确定养兔场种兔群体的结构，通常1～3胎次母兔占母兔群体的30％，4～9胎次母兔占母兔群体的50％，10胎次以上的母兔占母兔群体的20％。

另外，每年种兔群的更新比例应不低于1/3，使兔群12～30月龄的青壮年占主导地位，保持高产稳产。后备种兔的饲养量应是每年淘汰公母兔数量的1～2倍。还要注意青年兔不能交配过早，过早交配易造成性成熟而没有达到体成熟的青年公母兔配种繁殖生理负担过重，易导致青年兔体弱、多病、早衰、受胎率低、胎儿数少、仔兔弱、成活率低，严重影响家兔的繁殖力。

 ## 经验之七：如何确定引种的数量？

种兔的引进要根据市场需求、投资者经济实力、养殖技术掌握、当地养兔状况综合决定。引种的数量多少则要根据引种的目的和现有的条件确定引种的数量。

一是兔舍的条件，兔舍能饲养多少只种兔、多少只仔兔、多少只商品兔等，都是根据兔舍的面积固定的，所以，要知道本场能容纳多少只兔子，才能知道要引进多少只种兔。

二是种兔的公母比例，采用自然交配或人工辅助交配与采用人工授精技术配种，所需要的公兔数量相差很大。采用自然交配或人工辅助交配公母兔比例为1∶（8～10），而采用人工授精公母兔比例为1∶（80～100），饲养管理水平高得更多。所以，对于新建场的，公兔比例可适当加大；已经走上正轨的规模化养兔场（户），公母兔比例可以完全按照标准执行。这样可以减少很多开支，效益却能增加很多。

另外，很多人建议对以前没有养殖过兔的新养殖户，第一次引进种兔的时候，数量要少，引进几组就行。主要是从新养殖者对养兔的技术和经验掌握方面考虑的，这样的建议也可以作参考。但是，无论是新养殖者还是养殖过的人，要想养好兔，都必须掌握兔的养殖技术，否则进多少都没有成功的把握。因此，养兔技术要在掌握养兔技术以后才能引进种兔，边养殖边实践摸索的做法不是十分科学的。

 经验之八：引种年龄的要求

种兔年龄与生产性能、繁殖性能均有密切关系，一般种兔的使用年限只有3～4年，老兔种兔的生产价值低，没有引种价值。此外，30日龄内未断奶的仔兔因适应性和抗病性较差，难以适应长途运输和饲养管理的变化，引种时也需注意。也不要引种体重大的种兔，这类獭兔多是被淘汰下来的。

青年兔对环境条件有较强的适应能力，引种成功率高，利用年限长，种用价值高，能获得较高的经济效益。因此，引种应以3～5月龄的青年兔或者体重在2千克以上的青年兔为好。

经验之九：獭兔选种的重点及要求

不论什么用途的家兔，在选种时，首先必须具备品种特征、体质健壮、适应性强、耐粗饲、生产性能高，这是选种所要求的先决条件。优良种兔的选种标准要求具有毛绒品质优良，色泽纯正；体型较大，结构匀称，生长发育良好；体质健康结实，抗病能力强；繁殖力高，遗传性能稳定等。选种的重点主要包括毛色、毛皮质量、体重、体质、头型、腿爪等方面。

毛色是区别獭兔不同品系的重要标志，也是人们评定商品兔价值的主要依据。目前，獭兔的色型已达20多种，其中以白色、黑色、青色较为流行。但无论何种色型，都要求其毛色纯正、色泽光亮，具有该品系特定色型要求。最忌毛色混杂，即在一张皮上混有异色或异色毛。白色獭兔应该全身毛色洁白，无杂毛和杂色斑点，相应的眼睛颜色为粉红色，脚爪为白色，否则为非纯种。毛色混杂的种兔和商品兔会降低毛皮质量和商品价值。

由于獭兔的生产目的主要是取皮，要求皮质好，毛色纯正，概括起来对毛皮的要求为短、细、密、平、美、牢。所谓"短"，即毛纤维长度要求在1.3～2.2厘米。"细"就是毛纤维直径小，毛丛中粗毛和枪毛含量小且不超出绒毛面，甚至没有。"密"就是皮肤单位面积着生的绒毛根数多，毛被手感特别丰满柔软，富于强性。用双手轻轻分开被毛，肉眼观察露出皮缝大小，如果宽而明显，说明被毛很稀，密度很差；如果露出皮缝很不明显，说明密度良好。良好的被毛则皮板质量相应坚韧、牢固。"平"就是被毛长短均匀，整齐一致。"美"就是由于獭兔毛色类型多，色调美观，被毛光泽好，手感光滑。"牢"就是毛纤维着生在皮板上非常牢固、不易脱落。

体重关系到皮张大小，体重大则皮张大，商品价值高。成年母兔的体重一般在3.4～4.3千克，平均3.85千克；成年公兔在3.6～4.8千克。当前，体重标准已引起人们的重视，并有向5～6千克皮肉方向发展的趋势。需要注意的是，种獭兔的鉴定重量标准是2千克。这是因为獭兔出生后的换毛期是在2千克之前。獭兔在换毛期内，被毛尚未完全长齐，在这期间不能进行质量鉴定。未经质量鉴定的獭兔，既不能作种兔供出，也不能作商品兔宰杀。只有经过换毛以后，才能看出獭兔的毛皮质量符不符合种兔质量标准、能不能当作种兔去繁殖，这是獭兔不同于肉兔、毛兔的特征。而且低于 2 千克以下的獭兔还没度过防疫期，存在着很大风险。

体质是指种兔身体素质和发育状况。种兔要求体质健壮，各部位发育匀称，肌肉丰满，臀部发达，腰部肥壮，肩部宽广，与躯体结合良好，无缺陷，行动灵活。肩窄体瘦、骨骼纤细、后肢交叉、有明显缺陷者不能留作种用。体态肥胖、行动迟缓、挣扎无力者也不能作为种用。

理想种兔的头型要求宽大，与躯干部位比例相称，两耳厚薄适中，直立挺拔不下垂，两眼明亮有神，无眼屎和眼泪，眼球颜色也与本品的标准系颜色相一致；凡头呈狭长，鼻部尖细，门齿过长（也叫下额颚突畸形），耳过大或过薄，竖立无力或出现下垂现象，眼无神，羞明流泪，迟钝，有眼屎，眼眼球颜色与标准色型不一致者，均属严重缺陷，不宜留做种用。

四肢要求强壮有力，肌肉发达，前后肢毛色与体身主要部位基本一致。白色獭兔的爪为白色或玉色。趾爪的弯曲度要与年龄相仿（趾爪的弯曲度随年龄的增长而变化，年龄越老则弯曲度越大）。

尾大小要求与体躯比例适当，颜色与全部毛色一致。凡生殖器有炎症，四肢和头部有疥癣的，肛门附近有粪尿污染的，均不能留作种用。

种兔选择的具体要求如下。

（1）种公兔选择要求　活泼健壮，雄性强，体型大，生长发育速度快，精液品质好，配种能力强，无恶癖，毛皮质量好。对雄性不强，遇到母兔性反应不敏感，惰性强，行动迟缓，睾丸发育不好，隐睾、单睾或睾丸发育不匀，有恶癖者，都不能留作种用。

（2）种母兔选择要求　繁殖力高，哺育能力强，泌乳好，母性强，无食仔、咬斗恶癖的。乳头至少在 4 对以上，并排列整齐均匀。对难以繁殖、繁殖力低和哺育能力差的及没有哺育能力的母兔应予以淘汰。根据獭兔当前繁殖性能情况，要求窝产仔在 6 只以上留种，等于或低于 6 只不宜留种。还有要求母兔产仔大小应均匀，同窝仔兔大小如不均匀，将影响体重小、发育差的仔兔生长发育速度，也将失去种用价值。

獭兔繁殖性能低是遗传的。评定繁殖力高低不应以初产母兔为选择标准，而应以二、三产作为选择标准，也可用一、二、三产的平均成绩来评定。同一窝中出现毛色不正或混杂，以及有遗传性疾病的仔兔也不应留种。

母兔要求哺乳力要高，哺乳力高低直接影响仔兔以及幼兔的生长发育和增重速度。测定母兔乳力高低是以母兔产仔后 21 天的仔兔全窝重为指标，以全窝 8 只重为测定标准。窝重说明母兔的乳能力强，乳力高。选留这种母兔及其后代留种，能把这一优良特性遗传给后代。

另外，母兔是易于受胎动物，并在正常饲料管理条件下，很少出现流产现象。若某一繁殖母兔已表现出发情症状，但连续几次拒配（每天一次）；或接受配种容易，但连续空怀 3～4 次，应该淘汰。

 ## 经验之十：引进种兔前要认真考察供种场

种兔质量决定兔场的未来，因此，引种至关重要。而确定了引进什么品种之后，就要了解哪些公司、种兔场、养兔场（户）能提供这些品种，要对这些供种的场户有深入的考察。

首先是到周围养兔场（户）中了解，看这些养殖场（户）的种兔来源、生产性能及健康状况，从哪里引进的种兔，在饲养过程中有什么问题，这些最直接的信息非常有参考价值，实践是检验真理的唯一标准，只有经过大家认可的好品种，才值得引进。还可以向有关部门咨询，养殖户到外地引种，应该首先到当地畜牧局、工商局、动物防疫站等部门咨询，了解养殖场的资质、技术力量、管理水平、信誉度等真实底细，然后再决定是否引种。

然后根据养殖场（户）的反映和有关部门了解到的情况，到大家都认可的信誉较好的供种场去考察，考察该场的饲养管理水平，可以了解到种兔生产是否正规，一定要看这个兔场的种兔群，一看种兔群是否健康；听是否有咳嗽的，看是否有鼻子和眼睛不干净的，看消化道及粪便是否正常，看是否有痒螨、耳螨、皮肤真菌病等；二看种母兔是否正在正常产仔，有无产仔的母兔，有无仔兔、幼兔；如果没有或者很少，那这个单位就是倒种的；三看产仔母兔和仔兔是否健康正常。

还要看三证，即营业执照、种畜禽生产经营许可证和动检证。看是否有工商注册的营业执照，如有此证，证明在工商行政管理部门已经备案。看是否有省动检局批准颁发的"种畜禽生产经营许可证"，如果有此证，证明该单位有权生产经营种兔。如果没用此证，说明该单位没有资格生产和销售种兔，那么其销售种兔的行为是违法的。看是否有当地畜牧动检部门颁发的"动检证"。

最后要看系谱档案，防疫制度是否齐全可靠，兔舍管理是否有序，这是种兔场良性运行的保证。一个脏乱差的环境是不能生产出合格产品的。还要了解该场发没发生过毛癣病、呼吸道疾病，坚决不能从发生过这些疾病的兔场引种。

千万不要到打一枪换一个地方的所谓"养兔培训中心"、"养兔引种速成班"、"肉兔良种培育总场"等地方学习和引种。

最好到有《种畜禽生产许可证》信誉保证、有良好的售后服务、有固定的养殖场、有一定养殖规模和有签订产品回收法律公证的养兔场引进良种，谨防受骗。

 经验之十一：外购种兔要做好三个方面的工作

外购种兔要做好种兔个体选择、引种资料、运输准备、运输途中、到场以后几个环节的工作，从运输的安全和生物安全方面做好种兔引种工作，确保选得好、运得稳、养得活。具体要做好以下三个方面的工作。

1. 选购环节

（1）索要引种资料　买种兔一定要向供种单位索要"三证一票一证明"。购买种兔后，应当向供种单位索要"三证一票一证明"，即种畜禽生产经营许可证复印件、种兔合格证、系谱证明、种兔发货票、动检证明（供运输时使用）。供种单位有义务向你提供"三票一证一证明"。还要有免疫记录或免疫档案。

（2）挑选种兔 严格挑选种兔，购种兔时应派有经验的人，对所购品种的体型、外貌、体质健康状况等每一只都要认真检查，还要检查种兔的鼻子、眼睛、四腿、生殖器官、乳房、皮毛、耳朵等。防止购进大龄兔、弱兔、病兔、残兔。尽可能注意母兔的乳头数目（少于8个不能作种用）及公兔睾丸的发育情况（单睾、隐睾不行）。为避免近交，一是要索要原有种兔的系谱资料，二是可在没有血缘关系的几个点或场引种。新购种兔，应要求供种单位事先进行疫苗预防注射和驱虫。

2. 运输环节

兔子胆小、怕冻、怕热、抵抗力差。长途运输时因应激反应、长途劳顿等许多外界因素的影响，会导致种兔食欲减退、适应能力和抵抗力降低。因此，在长途运输时做好管护工作十分重要。

（1）兔笼的准备 运输种兔的笼要坚固、抗压、通风良好，还要考虑寒冷天气的防寒保温。兔笼应叠放整齐、牢固，防止倒塌。炎热夏季可夜间运输，减少闷热防中暑。用前彻底消毒，笼底放些防震的垫物。上下层笼之间最好用塑料布隔开，以免上层种兔粪尿污染下层种兔。每笼装兔不能拥挤，防止相互踏伤或踩死，笼内有1/4的活动余地，公、母兔要分开。装种兔前要用甲醛与高锰酸钾将兔舍、笼具和运输车进行严格消毒。

（2）准备食物和药物 做好运输途中喂兔的饲料，要求挑选干净无污染和新鲜无霉变腐烂的，应以多汁青料为主。可以选择胡萝卜、蒸熟的窝窝头、大头菜、胡萝卜、青蒿、树叶（杨树叶、柳树叶、榆树叶、桦树叶等）等。

运输前还要备好常用的药品和器械，如碘酊、龙胆紫、抗生素以及注射器、体温计等。途中要经常观察种兔的健康状况，一旦发现病兔，应及时进行治疗。

（3）运输工具 可以使用火车、飞机或者汽车运输，运输工具的选择要依据运输距离和运输条件而定，出于种兔防疫和安全的考虑，最好是用专车运输。若是混载，飞机和火车比汽车稳，相对比汽车安全，但在办理运输手续方面，飞机和火车比汽车麻烦。飞机适合长距离运输，时间短。在道路好、距离近的条件下，建议用汽车运输较好。还要准备好遮风挡雨以及保温的物品。

（4）运输途中　运输过程要有专人押运。运输时间在24～48小时内，要在装运前喂饱、吃好、饮足水。长时间运输时，运输中不要缺水，途中可适当喂点胡萝卜或蒸熟的窝窝头，切忌喂得过饱。禁止喂给菠菜、水白菜和马铃薯等，以防发生腹泻。

汽车行驶速度要根据道路状况决定，尽量保持平稳安全，防止车内笼具颠覆或挤压，造成不良后果。每隔3～4小时要检查一次，发现异常兔子应及时隔离，细心处理。运输当中还要特别注意防风避雨，预防受凉感冒。

3. 到场以后

种兔运到兔场后，饲养管理的最初阶段主要任务是消除应激反应，使兔达到健康状态。长途运输的应激反应会使新购进种兔的体质普遍下降，抗病力降低，稍不注意，种兔就容易发病死亡，造成重大的经济损失，并且为以后的生产管理带来了隐患。因此，引种初期的饲养管理非常重要。

（1）合理分群　要按照公母、体重大小、强弱、密度要求合理分群。便于管理，防止打架争斗、乱交乱配等。

（2）暗光静养　种兔卸车之后，应立即将其放入光线暗淡的兔舍内，并保持周围环境的安静，减少光刺激和噪声刺激，以便种兔能够安静地休息，缓解运输途中的应激反应，尽快恢复体力。

（3）先饮后喂　种兔卸车之后，不要急于给其喂料。待种兔休息半小时后，可让其先饮水，饮水之后可开始喂食。一般可饮用5%的葡萄糖水或1%的食盐水，如果饮用电解多维类（商品兽药）的水效果会更好。为了防止种兔由于抗病力降低而发生疾病，可以在饮水中加入水溶性的药物（如环丙沙星或氟哌酸等，并按药物的使用说明添加），连续使用1～3天，可较好地消除应激反应。若有的兔不愿喝水，应予灌服，每兔20～30毫升。

种兔第1次饮水后1小时左右，选喂水分少的青饲料。再过3～

5 小时，喂精饲料。头 3 天每天 3 次精料，每次量控制在正常量的 1/3，中间加喂青饲料。经 3～5 天的稳定后，精料每次增加到正常量的 1/2，仍穿插加喂青饲料。精饲料要逐步添加，直到兔子排出的粪便颗粒大小均匀、软硬适度，才可以把精料量加到正常量，并在 2 次精料之间喂青饲料。为了防止暴食所造成的消化道疾病，要严格控制喂食量。第 1 天的喂食量可占平时喂食量的一半，3 天后的喂食量可恢复到正常水平。

（4）饲料过渡 新购进的种兔最容易患消化道疾病，这与饲料的过渡不当有关。开始喂料时要饲喂从原种兔场带来的饲料，在以后的饲喂中要将从原种兔场带来的饲料按一定的比例同自己配制的饲料混合后再饲喂，以后逐渐过渡到用自己配制的饲料替代原种兔场的饲料。

逐步加喂精饲料，管理措施和饲料成分尽量和种兔原产地一致，最好使用新引进种兔以前吃过的同样兔料为好，让其有个适应过程，以后逐渐改变，直至转为正常饲养。

（5）消毒防疫 新购进种兔后，要增加兔舍及用具的消毒次数。如果种兔注射疫苗（尤其是兔瘟疫苗）的时间较长或没有注射疫苗，应及时补注相应的疫苗。为了预防种兔疥癣病的发生，应在每只种兔的耳朵内滴注 1.5％的敌百虫水溶液，并让兔子在此溶液中蘸脚。

（6）隔离后混群饲养 新引进的兔要实行隔离饲养观察 2～3 周后，在此期间要密切注意兔群的表现，如果确认无病，一切正常，就可以将新购进的种兔放入本场兔群中饲养，并按正常的饲养管理程序进行管理。对个别病兔或弱兔，可仍留在隔离室内观察治疗。若购进的后备兔体重已达到配种的体重标准，可以安排其繁殖。

种兔到目的地后，应立即卸车，及时将种兔取出放在已经过消毒的兔笼内，最好 1 笼 1 兔，若兔笼不够，母兔 1 笼 2 只，公兔必须 1 笼 1 兔，并让兔安静休息 30 分钟～1 小时。

（7）加强管理 兔舍应保持通风向阳、干燥卫生，笼具、食槽及饲养场地应定期消毒。反之兔舍通风差，种兔缺乏光照，会导致性机能紊乱而不孕。

经验之十二：判断獭兔真实年龄的方法

养兔生产中，经常需要搞清楚种兔的年龄，通常是通过獭兔个体档案查看其年龄，但是在无法查清獭兔年龄的情况下，想判断獭兔的真实年龄，就要通过查看该獭兔趾爪的长短、颜色、弯曲度、牙齿的排列和颜色、皮板薄厚等作出判断。

① 青年兔（1岁以下）：趾爪细而平直，富有光泽，隐藏于脚毛之中；白色兔趾爪基部呈粉红色，尖端呈白色，且红色多于白色。门齿洁白，短小而整齐。皮肤紧密结实。

② 壮年兔（1～3岁）：趾爪粗细适中、平直，随着年龄增长，逐渐露出脚毛之外。白色兔趾爪颜色白色多于红色。门齿厚而长，排列整齐。皮板略厚而紧密。

③ 老年兔（3岁以上）：趾爪粗长，爪尖弯曲，有一半趾爪露出于脚毛之外，表面粗糙而无光泽，趾爪越长越弯则年龄越大。门齿厚而长，呈暗黄色，时有破损，排列不整齐。皮板厚而松弛。

 经验之十三：防止种兔退化的办法

养兔场为防止种兔退化，要从种兔的选择、种兔的使用和饲养管理等方面做好工作。

1. 选择优良的种兔

优良种兔不仅本身生产性能要高，还要具有稳定的遗传性能，能将本身优良性能稳定地遗传给后代。因此，在种兔选择时就要按照种兔的标准、选择方法和选择程序进行认真选择。

外购种兔的，要选择种兔质量好、信誉高、售后服务好的种兔场出售的种兔。

本场自己选育种兔的，注意选用最优秀的公兔，交配最优秀的母兔。选个体不仅看公母兔外貌特征和生产性能，更重要的是看其后代品质是否普遍优良，主要两项是断奶窝重和前期生长速度。选母兔要看产仔力、泌乳力和母性是否良好。选留多产仔的种兔，受遗传的影响，都能达到多产的效果。从仔兔初生开始，注意选留个体大、生长发育快的仔兔留作生产用种兔。

选留种兔的程序是：幼兔初选，青年兔定选，成年兔精选。对于外貌特征、生长发育突出的要重点培养。

2. 合理使用种兔

对引进的种兔，首先建立谱系，分组编号，公兔、母兔分别建立繁殖卡片，做到交配、产仔有记录，使兔群血缘清楚，避免近亲繁殖。

严格控制初配年龄和体重。达不到初配年龄和体重的坚决不配种。母兔 6 月龄，体重达到成年兔的 80% 以上方可配种，公兔一般比母兔还要晚一个月。壮龄公兔每天可配 2 次，连续 2 天后休息 1 天。青年兔、老年兔每隔 1～2 天配种 1 次。配种期对公兔要增加营养。

壮龄公兔交配所生的后代遗传稳定，生活力和生产力较高，老年和青年母兔要用壮年公兔交配，老年和青年公兔最好配壮年母兔，避免老年配老年，青年配青年。春秋两季，气候适宜，青饲料充足，家兔繁殖机能旺盛，可抓住有利时机，提高繁殖率，进行血配，血配 1 胎后，母兔要有 10～15 天的恢复期，不能连续血配。否则，母兔营养亏损过重，易造成产后瘫痪、产后无奶或缺奶，甚至食仔、胎儿吸收、流产等严重后果。青年兔由于尚未长成不能血配，冬季和夏季均不适合血配。

3. 加强饲养管理

兔群质量的提高很大程度上取决于幼兔的饲养管理，对种用的生长兔，注意营养的全面、精饲料和青饲料的合理搭配。还要注意饲料营养水平根据不同生长时期进行调整，尽量满足兔体生长发育的需要。

加强兔笼兔舍消毒、光照，搞好舍内外卫生，做好防暑保暖工作。

家兔的传染病、慢性消耗病和寄生虫病等，不仅引起家兔大批死亡，也会造成生长兔发育停滞，失去种用价值。要有计划地对兔群进行免疫接种和药物预防，并创造条件，建立健康兔群，作为繁殖兔的核心群。对核心群的公母兔，从小开始定期检疫和驱虫，淘汰病兔和带菌（毒）的兔，使其相对保持无病、无寄生虫的状态，使兔群健康成长，优良种兔的优质性能代代发挥。

第三章　饲料与饲喂

 经验之一：熟悉兔的消化特性，掌握正确饲喂方法

兔是单胃草食家畜，与其他动物相比，有其独特的消化特点，主要表现在以下几个方面。

1. 胃的消化特点

在单胃动物中，兔子的胃容积占消化道总容积的比例最大，约为35.5%。由于兔子具有吞食自己粪便的习性，兔胃内容物的排空速度是很缓慢的。试验表明饥饿2天的家兔，胃中内容物只能减少50%，这说明兔子具有相当的耐饥饿能力。胃腺分泌胃蛋白酶原，它必须在胃内盐酸的作用下（pH 1.5）才具有活性，15日龄以前的仔兔，胃液中缺乏游离盐酸，对蛋白质不能进行消化，16日龄以后胃液中才出现少量的盐酸，30日龄时胃的机能基本发育完善，在饲养中应注意这一特点。

2. 对粗纤维的消化率高

家兔消化的最大特点在于发达的盲肠及其盲肠内微生物的消化，兔子消化道复杂且较长，容积也大，大小肠极为发达，总长度为体长的10倍左右，体重3千克左右的兔子肠道即5～6米，盲肠约0.5米，因而能吃进相当于体重10%～30%的青草。

兔子盲肠有适于微生物活动所需要的环境，较高的温度（39.6～40.5℃，平均40.1℃）、稳定的酸碱度（pH 6.6～7.0，平均6.8）、厌氧和适宜的湿度（含水率75%～86%），给以厌氧为主的微生物提供了优越的活动空间。盲肠微生物的巨大贡献是对粗纤维的消化，它们可分泌纤维素酶，将那些很难被利用的粗纤维分解成低分子有机酸（乙酸、丙酸和丁酸），被肠壁吸收。兔子对粗纤维的消化率为60%～

80％，仅次于牛、羊，高于马和猪。

粗纤维是家兔的必备营养，是任何其他营养所不能替代的，当饲料中粗纤维含量不足时，易引起消化紊乱、采食量下降、腹泻等。兔子消化道中的圆小囊和蚓突有助于粗纤维的消化。圆小囊位于小肠末端，开口于盲肠，中空，壁厚，呈圆形，有发达的肌肉组织，囊壁含有丰富的淋巴滤泡，有机械消化、吸收、分泌三种功能。经过回肠的食物进入圆小囊时，发达的肌肉加以压榨，经过消化的最终产物大量地被淋巴滤泡吸收，圆小囊还不断分泌碱性液体，以中和由于微生物生命活动而形成的有机酸，保持大肠中有利于微生物繁殖的环境，有利于粗纤维的消化。蚓突位于盲肠末端，壁厚，内有丰富的淋巴组织，可分泌碱性液体。蚓突经常向肠道内排放大量淋巴细胞，参与肠道防卫机能，即提高机体的免疫力和抗病能力。盲肠和结肠发达，其中有大量的微生物繁殖，是消化粗纤维的基础。

3. 对粗饲料中蛋白质的消化率较高

兔子对粗饲料中粗纤维具有较高消化率的同时，也能充分利用粗饲料中的蛋白质及其他营养物质。兔子对苜蓿干草中的粗蛋白质消化率达到了74％，而对低质量的饲用玉米颗粒饲料中的粗蛋白质消化率达到80％。由此可见兔子不仅能有效地利用饲草中的蛋白质，而且对低质饲草中的蛋白质有很强的消化利用能力。

4. 能耐受日粮中的高钙比例

兔子对日粮中的钙、磷比例要求不像其他畜禽那样严格（2∶1），即使钙、磷比例达到12∶1，也不会影响它的生长，而且还能保持骨骼的灰分正常。这是因为当日粮中的含钙量增高时，血钙含量也随之增高，而且能从尿中排出过量的钙。实验表明，兔日粮中的含磷量不宜过高，只有钙、磷比例为1∶1以下时，才能忍受高水平磷（1.5％），过量的磷由粪便排出体外。饲料中含磷量过高还会降低饲料的适口性，影响兔子的采食量。另外，兔日粮中维生素 D_3 的含量不宜超过 1250～3250 国际单位，否则会引起肾、心、血管、胃壁等的钙化，影响兔子的生长和健康。

5. 消化系统的脆弱性

兔子容易发生消化系统疾病。仔兔一旦发生腹泻，死亡率很高。

故农村流传着兔子拉稀——没治了的歇后语。造成腹泻的主要诱因是低纤维饲料、腹壁冷刺激、饮食不卫生和饲料突变。对低纤维饲料引起腹泻一般认为是由于饲喂低纤维、高能量、高蛋白的日粮，过量的碳水化合物在小肠内没有完全被吸收而进入盲肠，由于过量的非纤维性碳水化合物使一些产气杆菌大量繁殖和过度发酵，因此，破坏了肠中的正常菌群。有害菌产生大量毒素，被肠壁吸收，造成全身中毒。由于肠内过度发酵，产生小分子有机酸，使后肠渗透压增加，大量水分子进入肠道。且由于毒素刺激，肠蠕动增强，造成急性腹泻。肠壁受凉常发生于幼兔卧于温度较低的地面、饮用冰凉水、采食冰凉饲料的情况。肠壁受到冰凉刺激时，蠕动加快，小肠内尚未消化吸收的营养便进入盲肠，造成盲肠内异常发酵，导致腹泻。饲料突变及饮食不卫生，肠胃不能适应，改变了消化道的内环境，破坏了正常的微生态平衡，导致消化机能紊乱。

 ## 经验之二：家兔的营养需要

獭兔的营养需要是指保证獭兔健康和充分发挥其生产性能所需要的饲料营养物质数量。要养好獭兔，首先必须了解獭兔需要哪些营养物质，需要多少，缺少某种营养物质，獭兔会有什么表现。了解和掌握獭兔的营养需要，是制定和执行獭兔饲养标准、合理配合日粮的依据。所以，了解獭兔的营养需要对提高养兔的生产水平及养兔的经济效益十分重要。

1. 水分的需要

家兔体内的水约占其体重的 70%。在血液中可达到 80%，骨骼、肌肉、内脏的含水量为 45%～75%。水参与兔体的营养物质的消化吸收、运输和代谢产物的排出，对体温调节也具有重要的作用。

给家兔喂水是至关重要的，若缺少水就会使家兔的新陈代谢发生紊乱。生产实践表明，兔在停止喂食后，在失去体重 40% 的情况下还可以生存。若停止供水，失水 5% 时，就会导致家兔食欲不振，精神委顿；失水 10% 时，就会引起发病；失水 20% 就会造成家兔的死亡。家兔需水量的多少与季节、年龄、生理状态、饲料特性等有关。炎热的夏季，家兔的需水量随气温的升高而增加，所以，供水不能间断，要给家兔充足的饮水。热天多、冷天少，晴天多、阴天少。根据饲料供水：喂干饲料多供水，喂青饲料少供水；饲料质优要多供水，饲料质劣要少供水。根据兔群体质供水：对肥胖兔多供水，对瘦小兔少供水；对便秘的兔增加供水，对拉稀兔减少供水。根据病态供水：对发热兔多供水，对有汗的兔供盐水，为防病可供加药的饮水。幼龄兔由于生长发育旺盛，需水量高于成年兔。妊娠、泌乳的家兔需水量都比较大。特别是正处在分娩时的家兔易感口渴，若此时饮水不足，易发生残食仔兔的现象，所以此时应供给充足的饮水，以温水为宜（饮水时注意放入少量的食盐）。供给家兔饮水时，还应考虑到饲料特性等因素，若喂给颗粒或粉状饲料，供水量就要适当加大。

家兔对水的需要量，一般为摄入干物质总量的 1.5～2 倍。各类兔对水的需要量见表 3-1。

表 3-1　各类兔每天适宜的饮水量

不同时期的兔	需水量/升
空怀或妊娠初期的母兔	0.25
成年公兔	0.28
妊娠后期母兔	0.57
哺乳母兔	0.60
母兔和哺育 7 只仔兔(6 周龄)	2.30

2. 能量的需要

家兔机体的生命与生产活动需要机体每个系统相互配合与正常、协调地执行各自的功能。在这些功能活动中要消耗能量。饲料中包含的碳水化合物、脂肪和蛋白质等有机物质都含有能量。獭兔能量需要与其他家畜相比，獭兔的能量需要相对较高。据美国资料介绍，獭兔单位体重所需能量约相当于牛的 3 倍。

饲料中的营养物质不是都能被家兔所利用。不消化的物质从粪中排除，粪中也含有能量，饲料中总能减去粪能称为可消化能（DE）。食糜在肠道消化时也会产生以甲烷为主的可燃气体，也含有能量。被吸收的养分，也有些不能被利用的从尿中排出，这些甲烷气体和尿液里所含的能量都不能被家兔所利用。因此，饲料的消化能减去甲烷能和尿能称代谢能（ME），代谢能也称为生理有用能。

代谢能是提供家兔生命活动和物质代谢所必需的营养物质，它与其他营养物质有一定比例要求，因而，使各种营养物质与可利用能量保持平衡。这一点在给家兔配合日粮时非常重要，配合高能日粮时，其他的营养素也应有一个相应高的水平，配合低能量日粮时要适当降低其他营养素的水平。使家兔在采食的日粮中，能量水平与其他营养总是合乎比例要求。这样饲料利用才会经济合理。配合日粮要为能量而"转"，家兔也是为"能"而采食的，对高能量的日粮，家兔采食到足够它需要的能量时，它就不采食了；对低能量的饲料，家兔就采食多一些，以满足它对能量的需要。

生长兔为了保证日增重达到 40 克水平，日喂量在 130 克左右饲料情况下，每千克日粮所含的热量为 12558 千焦。为了保证生长兔最大生长速度，每千克日粮最低能量也应保持在 10467 千焦以上。妊娠母兔的能量需要随着胎儿的发育而增加。泌乳母兔每千克日粮应含 10467~12142 焦的消化能，才能保持正常泌乳。

3. 蛋白质的需要

蛋白质是生命的基础，是构成细胞原生质及各种酶、激素与抗体的基本成分，也是构成兔体肌肉、内脏器官及皮毛的主要成分。如果饲料中蛋白质不足，家兔生长缓慢，换毛期延长，公兔精液品质下降，母兔性机能紊乱，表现难孕、死胎、泌乳下降、仔兔瘦弱、死亡率高等。相反，日粮蛋白质水平过高，不仅造成浪费，还会产生不良影响，甚至引起中毒。

蛋白质由氨基酸构成，所以兔对蛋白质的需要实际上就是对氨基酸的需要。动物需要氨基酸有 20 多种，有的氨基酸不能在动物体内合成或合成量少，称为必需氨基酸，共有十种，即赖氨酸、蛋氨酸、色氨酸、苯丙氨酸、亮氨酸、异亮氨酸、缬氨酸、苏氨酸、组氨酸和精氨酸。其中，赖氨酸、蛋氨酸、色氨酸极易缺乏，常把这三种氨基酸称为限制性氨基酸。关于獭兔对氨基酸的需要量问题，生产中研究较多是赖氨酸、色氨酸和含硫氨基酸。试验表明，在基础日粮中添加

0.3％的蛋氨酸，对 40～50 日龄的仔獭兔增重效果良好。在必需氨基酸中，色氨酸以及含硫氨基酸对獭兔的被毛质量有一定的影响。例如，饲料中色氨酸缺乏时，獭兔生长停滞，皮肤干燥，毛绒发育不良。饲料中缺乏蛋氨酸、胱氨酸和半胱氨酸时，毛皮质量会受到影响。

日粮中能量和蛋白质含量要有一定的比例。若日粮中的能量不足，将分解大量的蛋白质满足能量的需要，降低了蛋白质的价值；若能量过高，影响家兔的采食量，造成家兔生产力下降。所说的"能量蛋白比"就是两者关系的指标。

家兔对粗蛋白质的需要量：维持需要 12％，生长需要 16％，空怀母兔 14％，怀孕母兔 15％，哺乳母兔 17％。

4. 脂肪的需要

脂肪是能量来源与沉积体脂肪的营养物质之一，一般认为家兔日粮需要含有 2％～5％的脂肪或添加一定量的植物油，可提高饲粮的适口性，利于脂溶性维生素的吸收，增加被毛的光泽，促进生长兔的生长，防止必需脂肪酸的缺乏。而且加入油脂饲料后，在制作颗粒饲料过程中也可起滑润作用。脂肪是由甘油和脂肪酸组成的。脂肪酸中的亚麻油酸、次亚麻油酸、花生油酸在家兔体内不能生成，必须由饲料供给，所以这三种脂肪酸称为必需脂肪酸。若家兔的日粮中缺乏这三种脂肪酸，就会影响家兔的生长，甚至造成死亡。

饲料中的脂溶性维生素如维生素 A、维生素 D、维生素 E、维生素 K，被家兔采食后，不溶于水，必须溶解在脂肪中，才能在体内输送，被家兔消化吸收和利用。如家兔的日粮中缺乏脂肪，维生素 A、维生素 D、维生素 E、维生素 K 不能被家兔吸收利用，将出现维生素缺乏症。

日粮中脂肪含多少直接影响家兔的采食量，家兔喜欢吃脂肪含有 5％～10％的日粮；日粮中脂肪含量低于 5％或高于 20％时，都会降低兔的适口性。一般认为脂肪的添加量为：非繁殖成年兔 2％，怀孕和哺乳母兔 3％～5.5％，生长幼兔 5％，肥育兔 8％。

5. 矿物质的需要

矿物质是饲料中的无机物质，在饲料燃烧时成灰，所以也叫粗灰分，獭兔需要的矿物质有钙、磷、镁、钾、钠、氯、硫以及少量的铁、锰、铜、锌、钴、碘、氟等。

① 钙和磷：钙和磷是构成骨骼的主要成分。钙能帮助维持神经肌肉的正常生理功能，维持心脏的正常活动，维持酸碱平衡，促进血液凝固。各类家兔日粮中钙的需要量：生长兔、肥育兔为 1.0%～1.2%，成年兔、空怀兔为 1.0%，妊娠后期和哺乳母兔 1.0%～1.2%。磷对兔的骨骼和身体细胞的形成，对碳水化合物、脂肪和钙的利用等都是必需的。各类兔对磷的需要量：生长兔、肥育兔为 0.4%～0.8%，妊娠后期和哺乳母兔为 0.4%～0.8%，成年兔、空怀兔为 0.4%。钙磷比例以维持 2：1 为好，并且应保证有维生素 D 的供给。

豆科牧草含钙多；粮谷、糠麸、油饼含磷多；青草野菜含钙多于磷；贝粉、石灰石粉含钙多；骨粉、磷酸钙等含钙和磷都多，但钙比磷至少多一倍，是家兔最好的钙、磷补充饲料。

② 氯和钠：氯和钠广泛分布于体液中，维持体内水、电解质及酸碱平衡，并维持细胞内外液的渗透压。钠还能调解心脏的正常生理活动。氯也是形成胃酸的原料，是胃液的主要组成部分。

如果兔的日粮里补盐不足，兔食欲下降，增重减慢，且易出现乱啃现象。一般植物饲料里含钠和氯很少。必须通过给食盐来补充。兔对食盐需要量，一般认为以占日粮的 0.5% 为宜。对哺乳母兔和肥育母兔可稍高一些，应占日粮的 0.65%～1%。

③ 钾：钾在维持细胞渗透压和神经兴奋的传递过程中起着重要作用。家兔缺乏钾会发生严重的进行性肌肉营养不良等病理变化。钾是钠的拮抗物，所以二者在代谢上密切相关。日粮中钾与钠的比例为（2～3）：1 对机体最为有利。常用的兔饲料高含钾元素，日粮中不需要补钾，一般也不会发生缺钾现象。

④ 铁、铜和钴：这三种元素在体内有协同作用缺一不可。铁是组成血红蛋白的成分之一，有担负氧的运输功能，缺铁会引起贫血症。每千克日粮应含铁 100 毫克左右才能满足兔的生理要求。铜有催化血红蛋白形成的作用，缺铜同样贫血。每千克日粮中应含有 5～20 毫克为宜。据试验，日粮添加高水平铜，主要通过硫酸铜的形式补给。钴是维生素 B_{12} 的成分，而维生素 B_{12} 是抗贫血的维生素，缺少

钴就妨碍维生素 B_{12} 的合成，最终也会导致贫血。仔兔每天需要钴不低于0.1毫克，成兔日粮中，每千克饲料应添加0.1～1.0毫克，以保证兔的正常生长发育与繁殖。

⑤ 锰：锰主要存在于动物肝脏，参与骨组织基质中的硫酸软骨素形成，所以是骨骼正常发育所必需的。锰与繁殖及碳水化合物和脂肪代谢有关。家兔缺锰表现为骨骼发育不良，腿弯曲骨脆，骨骼的重量、密度、长度及灰分含量均减少。兔的日粮中，生长兔每千克日粮含0.5毫克，成年兔含2.5毫克，就可防止锰的缺乏症。锰的摄取量范围为每千克日粮含10～80毫克。

⑥ 锌：锌是兔体内多种酶的成分，如红细胞中的碳酸酶，胰液中的羧肽酶等。锌与胰岛素相结合，形成络合物，增加胰岛素的结构，延长作用时间。日粮中如缺锌，常出现食欲不振，生长缓慢，皮肤粗糙结痂，被毛粗劣稀少和生殖机能障碍。家兔对锌的需要量为每千克日粮含30～50毫克。

⑦ 碘：碘的作用在于参与甲状腺素、三碘酪氨酸和四碘酪氨酸的合成。如碘摄入过多每千克日粮碘超过250毫克，会招致家兔大量死亡。缺碘会引起甲状腺肿大。最适宜含量为每千克日粮0.2毫克。

⑧ 硫：兔体内的硫，主要存在于蛋氨酸、胱氨酸内，维生素中的维生素 B_1、生物素中含有少量硫。兔毛含硫5%，多以胱氨酸形式存在，硫对兔毛、皮生长有重要作用。兔缺硫时食欲严重减退，出现掉毛现象。

⑨ 硒：硒和维生素E一样具有抗氧化作用，在机体内生理生化过程中，硒对消化酶有催化作用，对兔生长发育有促进作用。缺硒时，家兔出现肝细胞坏死、空怀、死胎等。家兔的每千克饲粮中添加0.1毫克硒就可以满足要求。

6. 维生素的需要

维生素是兔体新陈代谢过程中所必需的物质，对家兔的生长、繁殖和维持其机体的健康有着密切的关系。家兔虽然对维生素的需要量微小，但缺乏时，轻者生长停滞，食欲减退，抗病力减弱，繁殖机能及生产力下降；重者，家兔死亡。

维生素主要分两大类：脂溶性维生素和水溶性维生素。前者主要有维生素 A、维生素 D、维生素 E、维生素 K 等，后者包括整个 B 族维生素和维生素 C。对兔营养起关键性作用的是脂溶性维生素。

青绿饲料及糠麸饲料中均含多种维生素，只要经常供给家兔优质的青绿饲料，一般情况下不会造成缺乏。

7. 粗纤维的需要

从营养角度讲，粗纤维作为家兔能量的来源是微不足道的，粗纤维不易消化，吸水量大，起到填充胃肠的作用，给兔以饱的感觉。但粗纤维对獭兔的消化生理是必不可少的，粗纤维能刺激胃肠蠕动，加快粪便排出。日粮中粗纤维不足引起消化紊乱，发生腹泻，采食量下降，而且易出现异食癖，如食毛、吃崽等现象。据报道，当獭兔饲粮中的粗纤维水平低于 6％时就会引起腹泻。现在普遍认为，饲料中的纤维性物质具有维持家兔消化道正常生理活动和防止肠炎的作用。在生产中，为了保持生长兔的快速增重和其他类型兔的良好生产性能，饲粮中的粗纤维水平不宜过高，当饲粮中粗纤维水平达 15％以上时，生长兔增重速度降低，哺乳兔泌乳量下降。为了要保持兔群消化道方面的健康，饲粮中的粗纤维水平不能太低，低于 6％，兔群就会腹泻。饲粮中的粗纤维水平一般为 10％～14％。

 经验之三：繁殖母兔的营养需要有哪些特点？

繁殖母兔包括空怀母兔、妊娠母兔和哺乳母兔等母兔繁殖的三个阶段，每个阶段母兔对营养需要各不相同，各有重点。

1. 空怀母兔营养需要的特点

饲喂的重点是使初产母兔或经产母兔保持合适的体况。如果母兔长期处于低营养水平，可导致卵巢正常机能受阻，使种母兔不能正常发情、排卵。相反，营养水平过高不仅不经济，而且对繁殖也造成不良影响。生产实践中，常常出现体膘过肥的家兔不育就是这个原因。种母兔体况过肥，卵巢被脂肪浸润因而卵泡发育受阻，引起发情无规律或不发情，配种延迟，甚至造成母兔不能繁殖。特别是对于经产母兔来说，由于在哺乳期间消耗了大量养分，空怀母兔需要供给充足的营养物质来恢复体质，为下次妊娠做准备。

初产母兔本身正处于发育阶段，其营养水平视其体况而定，一般按维持需要水平，对体况稍差的可稍高于维持水平。经产母兔的营养水平一般保持七八成膘为宜，按维持需要供给营养。

为防母兔过于肥胖，使母兔能正常发情、排卵和妊娠，降低胚胎在附植前后的损失，母兔在自由采食颗粒饲料时，每只每天的饲喂量不超过 140 克；混合饲喂时，补喂的精料混合料或颗粒饲料每只每天不超过 50 克。

2. 妊娠母兔营养需要的特点

母兔从配种妊娠到分娩的这一时期称妊娠期。此期的中心任务是供料营养全面，保证胎兔的正常生长发育。胎兔 90% 的体重是在妊娠后期累积的，因此妊娠母兔饲养管理的重点应在妊娠后期。

母兔妊娠期间除维持自身的生命活动外，子宫及胎兔的生长、乳腺的发育等需要大量的营养物质，尤其是妊娠后期能否提供全面的营养物质对胎兔的正常生长发育、母兔的健康和产后的泌乳能力有直接影响。妊娠母兔所需要的营养物质以蛋白质、维生素和矿物质最为重要。妊娠期母兔的营养需要量是平时的 1.5 倍，所以在妊娠期应给予富含蛋白质、维生素和矿物质的饲料，并逐渐增加饲喂量。尤其是在妊娠后期，母兔获得充足的营养，泌乳力就高，仔兔生长发育好，成活率高；反之，母兔消瘦，泌乳力低，仔兔生活力弱、死亡率高。

在满足妊娠母兔营养需要的前提下要限制饲养，防止母兔过肥，减少胚胎在附植前后的损失，保持母兔较好的繁殖力。在生产实践中，可用同一日粮，采取前期限量、后期增量的办法。也可按妊娠期的营养需要另行配制日粮。注意对增加矿物质钙、磷、锰、铁、铜、碘及维生素 A、维生素 D、维生素 E、维生素 K 等的供给。母兔自由采食颗粒料，每只每天的饲喂量不超过 150～180 克；混合饲喂时，补喂的混合精料或颗粒饲料每只每天不超过 100～120 克。临产前 3 天减少精饲料的喂量，增加青绿饲料的喂量。

3. 哺乳母兔营养需要的特点

从母兔分娩到仔兔断奶这段时期为哺乳期。哺乳母兔要分泌大量乳汁，加上自身的维持需要，每天都要消耗大量的营养物质，对营养物质的需要较高，能量和蛋白质的需要是维持需要的 4 倍。而这些营养物质必须从饲料中获取。由于需要的消化能高，势必要降低饲粮中粗纤维水平，会破坏家兔正常的消化生理。因此，饲料必须营养全面，富含蛋白质、维生素和矿物质，消化能一般为 10.88～11.3 兆焦/千克，日粮粗蛋白水平不低于 18%。在自由采食颗粒料的同时适当补喂青绿多汁的饲料，并注意提高饲粮的适口性。仔兔在哺乳期的生长速度和成活率主要取决于母兔的泌乳量。可见，保证哺乳母兔充足的营养是提高母兔泌乳力和仔兔成活率的关键。

哺乳母兔的营养需要按照母兔体重、仔兔数量、泌乳量、乳成分及乳的合成效率确定，哺乳母兔的饲喂量要随仔兔的生长发育逐渐增加，充分供给饮水，以满足其不断增长的营养需要。饲喂量不足，会导致营养缺乏，从而消耗大量体内贮存的营养，母兔很快消瘦，既影响母兔的健康，又影响下一胎次的妊娠和仔兔的生长发育。

兔乳中含有大量的矿物质和维生素，特别是钙、磷、钠、氯和维生素 A、维生素 D 等。因此，泌乳母兔对其需要量也增加。另外，由于泌乳过程中泌乳量、乳成分的变化，在实践中应注意泌乳母兔营养需要的阶段性、全价性和连续性。

 ## 经验之四：种公兔的营养需要特点

种养种公兔的目的在于配种繁殖，以获得更多更好的后代。尽管种公兔数量很少，但作用很大，是其他任何家兔所不能取代的。优良的种公兔表现在体质健壮，配种力强，繁殖的后代多而好。而营养与种公兔的配种能力有密切关系。因为精液主要由优质蛋白质组成，而精子在合成过程中需要大量的维生素和微量元素等营养。如果营养供应不足，会影响精液的质量、公兔的性欲和配种能力，这直接和间接影响配种后的受胎率。但过高地提供营养，过多地供应饲料，会造成种公兔的体型过大，性情迟钝，降低了配种能力。所以，为保持较好的精液品质，一般公兔能量需要应在维持需要的基础上增加 20%，蛋白质的需要与同体重的妊娠母兔相同。同时还需要注意矿物质和维生素的需要。

矿物质对种公兔同样重要，如钙、磷与精液的品质有关，钙磷比例应为（1.5～2）∶1。除此之外，还要注意补充锌和锰。

维生素对于精液的品质有重大影响，提高维生素的含量，特别是维生素A和维生素E的水平，对于提高配种效果有显著作用。因此，规模型养兔场，饲喂全价配合饲料一定要添加足够的维生素。当压制颗粒饲料时，还应适当提高维生素含量，以补充由于压粒过程中的高温对维生素的破坏。对于青饲料丰富的季节且能够充足供应的养兔场，可降低维生素的水平，冬季可用富含胡萝卜素的多汁饲料代替一部分维生素A。种公兔日粮中应保证矿物质的含量，特别是钙和磷的含量。它们不仅影响公兔的体质，还影响精子的生长。

由于精子的生成是一个缓慢的过程，大约需要一个半月的时间，因而不能因为公兔在非配种季节立即降低饲养标准，到配种繁忙时，才马上提高营养水平。一般来说，在空闲期可适当降低营养水平或减少饲喂量，在配种季节到来3～4周之前逐渐提高营养水平。

 经验之五：养兔常用的饲料有哪些？

獭兔是食草动物，对粗纤维的消化和利用能力较强，但是单纯用草作为獭兔的饲料是满足不了生长和繁殖后代的营养需要的，必须搭配适当的精饲料和其他补充饲料，以保证獭兔的营养需要。养兔的常用饲料分为精饲料、粗饲料、青饲料、多汁饲料、矿物质饲料和添加剂饲料。

1. 精饲料

精饲料主要包括能量饲料和蛋白饲料。精料体积小、粗纤维含量少、含能量和蛋白质较高，是用来调整兔日粮能量和蛋白质水平，以满足獭兔生长繁殖、泌乳、肥育的主要饲料。獭兔是一种单胃草食动物，用草可把獭兔喂大，但纯用精料则会导致獭兔消化不良，引起腹泻等消化道疾病，甚至死亡。所以，精饲料必须搭配粗饲料制成全价配合饲料才能用来喂兔。同时，精饲料虽然营养价值高，适口性好，但价格较贵。为了节约饲料成本，我们也须选用青粗饲料合理搭配。

　　能量饲料主要包括玉米、大麦、稻谷和麦麸等。其特点是淀粉含量丰富，适口性好，消化率高，粗纤维含量少，蛋白质含量不高，含磷、硫较多，含钙较少，维生素含量不全面；蛋白质饲料主要包括植物性蛋白质饲料和动物性蛋白质饲料。植物性蛋白质饲料（如黄豆、豆粕、豆饼、菜粕和棉粕等）的特点是蛋白质含量丰富，氨基酸平衡，营养比较全面，有大量脂肪、维生素 E 和 B 族维生素，气味芳香，适口性好，一般在日粮中所占比例为 20％～40％（菜籽饼中含有芥子素，味苦而辣，在混合料中的比例一般应控制在 5％左右）；动物性蛋白质饲料（如鱼粉、血粉、蚕蛹粉和骨肉粉等）的特点是蛋白质含量高，有较多的必需氨基酸，尤其是赖氨酸、蛋氨酸和色氨酸含量丰富，有较多的维生素及无机盐，是常用的蛋白质添加饲料。鱼粉常用于调整和补充某些必需氨基酸，但因价格较高，且有特殊的鱼腥味，适口性差，肉兔不喜欢采食，在混合料中的比例一般控制在 3％左右。

　　此外，饲料酵母含有丰富的蛋白质、维生素、脂肪和无机盐类，其营养价值接近于鱼粉，在兔日粮中的用量为 2％～5％。

2. 粗饲料

　　粗饲料是指干物质中粗纤维含量大于或等于 18％，单位饲料容积大的饲料。粗饲料主要包括青干草（禾本科、豆科及其他科青干草）和秸秆（稻草、豆秸、玉米秸等荚壳类）两种。其特点是含水量低、粗纤维含量高、可消化物质少、适口性差、消化率低，但来源广、数量大、价格低，是兔饲料中不可缺少的原料之一。从营养价值和饲料价值讲，干青草较花生藤、豆秸、豌豆藤饲料好，而豆科类饲料较禾本科秸秆饲料好。粗饲料一般宜粉碎后与精饲料混合制成颗粒或拌湿使用。

　　青干草因气味芳香，适口性好，宜作为家庭养兔的主要粗饲料，优质的禾本科干青草可直接喂獭兔。如果饲喂荚壳类，最好经粉碎后与其他精料混合制成颗粒料饲喂。注意粉碎细度以便于与其他精料混匀和獭兔喜欢采食为度，粉碎过细反而不利于獭兔的正常消化和排泄。一般干草在配合饲料中可占 20％～30％，而秸秆饲料则不宜超过 20％。

3. 青绿饲料

青饲料也被称做青绿饲料，是指供给兔子饲用的幼嫩植株、茎秆或叶片等，包括栽培牧草、天然草地牧草、幼枝嫩叶、叶菜类及非淀粉质茎根瓜果藤类等。如栽培青饲料有豆科牧草，如苜蓿、三叶草、毛叶苕子、紫云英、黑麦草、野豌豆等，这类饲料的适口性好，含优质蛋白高；禾本科牧草如燕麦草、扁穗鹅冠草等；蔬菜如胡萝卜叶、甘蓝、菠菜、白菜等，因蔬菜水分含量高，需晾干萎软后再喂。野草应选择叶多而纤维较少的野草。常用的有蒲公英、车前草、野荠菜、刺儿菜、马齿苋、艾蒿等。树叶可选用蛋白质含量高且营养价值高的树叶，如槐树叶、桑叶和椿树叶等。

青饲料水分含量多，纤维含量少，营养丰富齐全，以全干物质计算，青饲料粗蛋白质含量较高为 $13\% \sim 25\%$，豆科牧草高达 $18\% \sim 24\%$，粗纤维含量 $18\% \sim 30\%$。青饲料不仅蛋白质含量高，且蛋白质品质好，含维生素、矿物质较丰富，是供给獭兔维生素的最好来源。青饲料幼嫩多汁，适口性好，易消化吸收。不仅可以大量降低饲料成本，又可为獭兔提供较全面的营养物质。但由于天然的青饲料含水分较高，营养浓度低，饲料容积大，限制了充分发挥潜在的营养优势作用。所以，用青饲料喂獭兔时应注意：一是要少喂勤添，第一次添加过多，兔吃不完后拉入笼内，造成浪费和导致獭兔消化道疾病增多；二是要与蛋白质、能量较高的精料或颗粒料搭配使用；三是做到五不喂，即有毒有害的不喂，发霉变质的不喂，含沙石、泥土和沾有农药的不喂，新割的有露水或霜冻的不喂，受热腐烂的不喂；四是饲喂青饲料同样需要供给饮水；五是选择时以当地有的品种为主，因地制宜，运输距离不能过大，否则导致饲料成本高。

4. 多汁饲料

多汁饲料主要指块根、块茎及瓜类饲料。如胡萝卜、萝卜、甘薯、马铃薯、甜菜和南瓜等。这类饲料的特点是：嫩而多汁，适口性好，营养丰富，便于贮藏，在冬季枯草季节，可弥补青饲料的不足。尤其是胡萝卜，不仅适口性好，而且具有较好的调养作用。哺乳母兔供给适量的多汁饲料可提高泌乳量，促进仔兔生长；对繁殖母兔则具有促进发情，提高受胎率的作用。值得注意的是，块根块茎类和瓜类有轻泻作用，饲喂时不宜过量，应与青干饲料结合供给。

5. 矿物质饲料

矿物质饲料一般天然牧草、野草、谷物类和豆科类饲料中含的矿物质基本上能满足兔的需要，尤其是日粮中含有大量豆科牧草时，一般不缺乏。但当日粮缺乏豆科牧草，而以禾本科牧草为主时，需补充矿物质。肉兔常用的矿物质补充料有食盐、骨粉和石粉等，在肉兔日粮中的用量很少，但作用很大，是必不可少的肉兔日粮组成成分。

食盐是钠、氯的重要来源，具有增进家兔食欲，促进营养物质的消化吸收和维持体液平衡等作用，用量一般占风干日粮的 0.3%～0.5%。食盐可以混入精料中或溶于水中供兔饮用。

家庭养兔用的骨粉可以自制，即将食用后的畜禽骨骼高压蒸煮 1～1.5 小时，使骨骼软化，敲碎晒干后即可喂兔。喂量可占日粮的 2%～3%。

石粉是兔日粮中最经济实惠的补钙饲料。贝壳粉也是一种廉价钙补充料，磷酸氢钙是钙、磷补充料。食盐用量一般占配合饲料的 2%～3%，用量过大易引起中毒；当日粮中缺少钙、磷时，可补充骨粉，用量一般为 3%。

6. 添加剂饲料

添加剂饲料是指添加于配合饲料中的某些微量成分，对提高兔群健康、促进生长、繁殖等均有明显作用，饲料添加剂可分为营养性和非营养性两类。

常见的兔用非营养性添加剂有生长促进剂和驱虫保健添加剂（如磺胺喹噁啉、磺胺二甲基嘧啶、黄霉素、盐酸氯苯胍等）、防霉剂（丙酸钙、丙酸钠等）、调味剂（乳脂香、糖精）及中草药添加剂（如鸡内金、山楂、神曲、白术、橘皮、青蒿、艾叶和麦芽等）和酶制剂等。

据报道，日粮中加入 20～30 磺胺二甲基嘧啶，或在饮水中加入 20%的磺胺甲基嘧啶，或加入 30～40 的磺胺喹噁啉，均能有效控制肉兔球虫病。另外，洋葱、大蒜、韭菜等亦有防治消化道疾病和球虫病的功能。

常见的兔用营养性添加剂有氨基酸（主要是胱氨酸、蛋氨酸及赖氨酸）、维生素（维生素 A、维生素 D 粉、维生素 E 粉及兔用多维素）和矿补剂（石粉、贝壳粉、食盐和复合微量元素）。

添加剂饲料对肉兔的生长、饲料转化及疾病防治等均有一定的作用。添加时应遵循肉兔饲养标准，缺什么补什么，缺多少补多少，不能滥用乱用。尤其是抗生素之类，长期使用会产生耐药性，并能够抑制盲肠微生物的活动。因此，使用时应特别注意。

 ## 经验之六：兔日粮配合的原则

1. 选择合适的饲养标准

国内外獭兔的饲养标准基本上是空白的，獭兔生产者在实际生产中大多采用肉兔的饲养标准，在獭兔的日粮配合中应考虑獭兔和肉兔在营养需要上如蛋白质、赖氨酸、含硫氨基酸的区别，并及时观察在实际应用中的效果。家兔的营养需要量或饲养标准并不是一成不变的，养兔者在实际生产中应根据各地的具体情况和自己的经验适当地进行调整。

家兔饲养标准中给予的指标有很多，实际应用时应根据具体情况，如能查到的饲料原料的指标数、使用原料的种类及计算方便与否等确定选择指标数，一般配方中考虑能量、蛋白质、赖氨酸、蛋氨酸、钙、磷、粗纤维即可。

2. 充分利用当地饲料资源

利用饲料要因地制宜，要了解当地哪些饲料数量最多，来源最广，价格最便宜，以保持饲料的品种和配合比例不会有很大的变化。

3. 日粮营养要全面

日粮应尽可能用多种饲料配成，以便发挥各种营养物质的互补作用，必要时还应补充饲料添加剂，如生长素、必需氨基酸等，以提高饲料的消化利用率。使用粗饲料、能量饲料、蛋白质饲料或矿物质饲料等原料时，一般以4～6种为宜，不同属性的原料之间是不能互相替代的，还要注意营养成分变化很大的玉米秸、地瓜秧、花生秧、草粉、苜蓿粉等粗饲料原料。

4. 粗纤维含量要适宜

一般设计其他动物的饲料配方的基本原则是首先满足能量，其次为蛋白质，然后是钙、磷，最后补充必需氨基酸、维生素和微量元素等。而对于獭兔来说，纤维是首先考虑的营养素。在配合饲料中，粗纤维含量一般不能低于1%，以利于维持正常的消化功能，避免肠道疾病的发生。

5. 适口性要好

配制獭兔日粮时不仅要考虑饲料的营养价值，而且要考虑其适口性。利用适口性很差的饲料如血粉、菜籽饼等配制日粮时，必须限制其用量。由于獭兔是草食家畜，因此动物性原料如鱼粉、肉骨粉等在日粮中占的比例不应太多，否则不仅会影响日粮的适口性，而且会增加饲料的成本。

6. 日粮要保持相对稳定

一经确定兔喜食、生长快、饲料利用率高、成本低的日粮配方后，则应使日粮保持相对的稳定性，不宜变化太大、太快，以免造成应激所引起的影响，若要更换，应采取逐步过渡的饲喂方法，给兔一个逐渐适应的过程。

7. 安全性要好

选择任何饲料原料，都应按照对兔无毒无害，同时也要保证生产出的兔产品无毒无害，符合安全性的原则。因此，对于易受农药污染的青饲料及果树叶等，要在确保不受污染的情况下使用；需要注意含有游离棉酚的棉籽饼（粕）、含有黄曲霉毒素的花生饼（粕）、含有芥子苷的菜籽饼（粕）、含有龙葵碱的马铃薯、含有抗营养因子的大豆饼（粕）、含有单宁的高粱等的脱毒处理，在无脱毒或脱毒不彻底的情况下，要按规定的限制量使用；块根块茎类饲料应无腐烂；所有饲料原料保证不发霉变质，无毒无害，无不良气味，绝对不允许添加违禁药品。

 经验之七：兔用饲料的选用原则

1. 根据獭兔的营养需要选用饲料

獭兔需要的营养来源于饲料，只有喂给营养物质的种类、数量、比例都能满足獭兔营养需要的日粮，才能促进獭兔健康和高产。所以选用营养丰富、适口性好的饲料，才会提高獭兔的饲料利用效率和生产效益。实践证明，獭兔一天采食的饲料总量，应该在多种多样饲料基础上，经过合理搭配，使其营养需要的种类和数量能基本达到獭兔的饲养标准所规定的指标，又具有良好的适口性、消化性及符合经济要求。

2. 根据獭兔的采食性和消化特点选用饲料

獭兔对饲料具有很强的选择性，喜欢采食颗粒饲料、植物性饲料、带甜味的饲料等。这些特点应是选择饲料的依据。实践证明，根据这些特点选用饲料，就能增加獭兔的采食量，减少饲料浪费。

獭兔具有较强的消化能力，但是獭兔的消化道壁薄，尤其是回肠壁更薄，具有通透性。幼龄兔的消化道壁更薄，通透性更强，且微生物区系未能很好地建立，所以，用于獭兔的饲料，特别是幼龄獭兔的饲料，应根据这一特点，选用容易消化的饲料。

3. 根据饲料特性选用饲料

目前，我国养兔以青料为主，补以精料，这些饲料各有特点，用于獭兔的青料以幼嫩期的品质好；精料以新鲜、全价、颗粒饲料为佳。两种类型的饲料都要注意其营养性、适口性、消化性和饲料容积，才能促进饲料的转化率，提高饲料的利用效果。

 经验之八：外购饲料要注意的问题有哪些？

市场上出售用于獭兔的全价配合饲料比较少，我国现有的饲料产品中只有少量的颗粒饲料、矿物质饲料添加剂、预混料等产品。养兔场自行配制獭兔饲料的，要根据当地的饲料资源状况选择购买饲料原料来进行配制。为了选择到理想的饲料，可以从以下三个方面考察。

一、到饲料生产企业现场考察

1. 看工厂的规模

看其是否有雄厚的经济实力，良好的企业管理、生产设施和生产环境。企业部门的设置、企业的各个职能部门是否设置齐全，这是企业是否正规的一个指标，尤其是质检、采购、配方师等。一个完整的队伍是完成任务的保证。小饲料厂往往没有这些部门，所有的工作都由老板自己承担，既要管原料的采购，又要管配方，还要管生产加工和销售，一个人的精力毕竟有限，顾此失彼，不可能全部照顾得到。还有的饲料厂临时外请技术人员负责配方或购买别人的现成配方，不能够根据客户反馈适时调整配方，原料改变了但为了节省购买配方的钱也不能够及时调整配方，这些情况下，饲料的质量很难保证。

2. 看生产原料

原料的好坏直接影响饲料成品的好坏，看生产原料要到仓库实际查看，不能听信厂家的介绍，因为原料的价格、含量、成分、产地等差别很大，厂家往往都会说他们使用的进口蒸汽鱼粉，维生素是包被的、豆粕是高蛋白的等，只有到仓库一看便知，即使你对原料不是十分懂，但你可以从实物上看，是否有产品质量检验合格证和产品质量标准；是否有产品批准文号、生产许可证号、产品执行标准以及标签认可号；标签应以中文或适用符号标明产品名称、原料组成、产品成分分析、净重、生产日期、保质期、厂名、厂址、产品标准代号、使用方法和注意事项；进口饲料添加剂应有国务院农业行政主管部门登记的进口登记许可证号，有效期为5年，产品必须用中文标明原产国名和地区名。不明白可以抄录或拍照回去查资料了解。而没有合格证和质量标准的，没有标签或标签不完整的，没有中文标识的，应为不合格产品。

3. 看原料和成品的保管

主要看仓储设施。主要原料如玉米是否有大型的仓库或者贮料塔。看其他原料的质量主要看贮存的条件和生产厂家。原料贮存和供应是否充足，质量是否可靠。大型饲料企业每天的生产量都在几百吨甚至上千吨以上，如果原料供应不上，原料现进现加工，很难保证饲料的稳定供应，不能因为原料供应不及时而时断时续，贮存条件要好，没有露天风吹日晒、虫害、鼠害、鸟害等，原料要保证卫生和不发霉变质。

4. 看生产设备

好的生产设备是生产合格产品的保证。而简陋的设备不可能生产出质量稳定的产品，时好时坏、加工不好的饲料会导致粒度变化、成分混合不充分、肉兔挑食、饲料利用率降低、生产性能下降，极端情况下会引起严重的健康问题。

二、到饲料用户咨询

金杯银杯不如百姓的口碑。到附近的养兔场走访了解，走访的养兔场既要多去养殖比较好的肉兔场，也要去养殖不好的肉兔场了解，看人家长期使用什么牌子的饲料，多走访几家，从市场反馈情况来看哪个厂家的饲料质量稳定，上市时间长，饲料销售的地区覆盖面大。一般生产饲料的时间越早，在市场上反映好的饲料是较好的饲料。有的饲料厂在创立初期或新品种刚上市时，用好的原料生产，以占领市场，一旦用户反馈好，销量上来以后，就偷工减料，用一些质量差廉价的原料替代质优价格贵的原料，因为用户不能马上使用就出现问题，这样一段时间后，等用户又反馈说饲料有问题时，他们一方面派技术人员去找肉兔场在管理方面的毛病，让养肉兔场相信是自己饲养管理方面的问题，而不是饲料的质量问题，因为没有几个肉兔场能做到全面的科学管理，都或多或少的在饲养管理上存在问题，另一方面又改用好的原料生产，这样时好时坏的生产，坚决不要与这样的奸商合作。

还要了解是否有高素质的专家作技术保证，有无技术信誉。售后是否周到、及时、完善，技术服务能力能否为用户解决技术疑难，如根据具体情况设计可行的饲方；指导养殖场防疫、饲养管理；诊断肉兔的疾病，介绍市场与原料信息等。小的饲料厂家往往舍不得花钱聘请专业的售后技术服务人员，养兔场出现饲料质量或兔病问题能应付就应付，实在应付不了就临时到外面请一位技术员去看一下，根本没有长期打算，只要能卖出饲料什么都不管。

三、通过实际饲喂检验

百闻不如一见，实践是检验真理的唯一标准。第一次使用某一厂家生产的饲料时，最好进行饲养试验，根据食欲及健康状况、增重和饲料消耗情况对配合饲料质量作出科学判断。通过小规模的对比试喂一段时间，看适口性、增重、粪便、发病率高低等，也可以检验一个饲料的好坏，为决策作参考。

经验之九：兔用饲料的一般加工调制方法

① 青饲料要切短，趁新鲜时喂饲。如不能及时喂饲，应将割来的青绿饲料薄薄地摊开，放在用竹搭成的草架上，不要堆积在一起，否则容易发热变黄，也容易腐烂变质。被雨水淋湿的青草，一定要沥干草上的水后才可喂饲，否则容易引起家兔拉稀。若青草污染有泥土、杂质时，应洗净、晾干。有条件的地方，可用 0.01% 的高锰酸钾液消毒后再喂。蔬菜类饲料，因水分含量较多，应晾到半干后喂兔。要将禾本科青料与豆科青料搭配饲喂。多汁的青绿饲料应与糠麸类饲料搭配喂给。青料饲喂前应将发黄、变质、霉烂的剔除不要。

② 干草要充分晒干后贮存在干燥处。喂兔时应切断，并在草面上洒上盐水，以提高其采食性和消化性。

③ 禾本科籽实类饲料如玉米、小麦、大麦、稻谷等，应碾碎后喂给；豆类籽实（黑豆、黄豆等）在喂前 3～4 小时应用温水浸软或煮熟后饲喂，借以破坏有毒物质，提高营养价值。

④ 油粕类饲料应加工粉碎后与糠麸类饲料混合饲喂。

⑤ 豆腐渣应将水分榨干，与糠麸类饲料混合饲喂。

⑥ 块根类饲料如甘薯、胡萝卜等应洗净、切块或切成丝喂饲；马铃薯应煮熟喂饲。

⑦ 食盐应碾成粉状或用水溶解后混入饲料中喂饲。

总之，用于家兔的饲料，要按家兔的食性、消化特点和饲料特性进行合理调制，做到洗净、切细、煮熟、调匀、晾干，以提高食欲，促进消化，达到防病的目的。

 经验之十：颗粒饲料的优点多

颗粒饲料是由配合粉料经机器加工压制而成，饲料养分分布均匀，便于饲喂、运输和贮存，能有效地提高饲料利用率。

① 合乎兔的采食习性。与饲喂粉料相比，兔更愿意采食颗粒状

饲料，而且颗粒要达到相当的硬度。兔在采食时充分咀嚼，还可起到磨牙的作用。

② 能充分利用青粗饲料。兔对青粗饲料的采食比较挑剔，即使是种植的牧草，在鲜喂时也会有不少残剩，割用的野草和青粗饲料，残剩现象更为严重。将青粗料晒干粉碎后，根据兔对粗纤维的需要按一定比例配成混合料再压成颗粒饲喂，獭兔就无法挑剔，这样既提高了青饲料的利用率，又能满足獭兔对纤维素的需要。

③ 饲料利用率高。饲料压成颗粒后，兔子一粒一粒地采食，并在嘴里充分咀嚼，这不仅可起磨牙作用，而且饲料能得到充分地消化，从而提高饲料的利用率。

④ 有利于饲料的保鲜。颗粒料的含水率低，易于库存。兔不吃顿食，夏天饲喂颗粒料，兔一时吃不完也不会发酵酸败；冬天喂颗粒料不会结冰。因此，还有利于兔的健康。

⑤ 减少疾病的感染。兔的鼻孔在吻的顶端，兔采食时鼻子总要接触饲料。兔的呼吸很快，在采食粉料时常常有飞沫呛入鼻腔，故易引起呼吸道疾病。而喂颗粒料时以上情况基本上可得到克服。另外，在压制颗粒料时能产生一定的温度，又能起到一定的灭菌（包括消灭寄生虫）作用。饲喂颗粒料可减少呼吸和消化道疾病的发生。

⑥ 有利于配制各种类型的饲料。如防球虫的药物可拌入饲料中压制成颗粒喂，这比单独喂药省事且可靠，不浪费药品。

⑦ 喂用方便，既省工又卫生，很少污染兔体和兔笼。加工制粒需花些成本，但饲料很少浪费，加之獭兔发病死亡少和节省人工，所以还是能大大提高效益的。

总之，喂兔用颗粒饲料是一种经济且有效的方法，应当积极推广应用。

🔊 经验之十一：颗粒饲料制作方法

颗粒饲料是用颗粒机将粉状配合料压成颗粒状的一种饲料。这种饲料的制作程序是：根据兔的饲养标准、饲料原料的营养价值、饲料资源的数量与价格，用多种饲料和多种添加剂按一定方法配制而成的混合料。如果配合饲料中各种营养物质的种类、数量及相互比例都适合家兔的营养需要，这样的配合饲料就称为全价配合饲料。如果将兔用全价配合饲料用兔用颗粒机将粉状制成颗粒，即为兔用颗粒饲料。养兔场可以购买大型饲料厂生产在颗粒饲料，也可以自行制作。自行制作颗粒饲料的方法有用颗粒饲料机制作和手工制作两种。

一、颗粒饲料机制作颗粒饲料

1. 混合

这是兔用颗粒饲料加工的重要环节，是保证其质量的主要措施。购买大型饲料厂生产的专业预混料或者将微量添加物料制成预混合料。自行生产预混料的养兔场，为了提高微量养分在全价饲料中的均匀度，凡是在成品中的用量少于 1% 的原料，均首先进行逐级稀释预混合处理。否则混合不均匀就可能造成动物生产性能不良，整齐度差，饲料转化率低，甚至造成动物死亡。

对添加剂预混料的制作，应按照从微量混合到小量混合到中量混合再到大量混合逐级扩大进行搅拌的方法。

2. 原料的准备

被混物料之间的主要物理性质越接近，其分离倾向越小，越容易被混合均匀，混合效果越好，达到混合均匀所需的时间也越短。物理特性主要包括物料的粒度大小、形状、容重、表面粗糙度、流动特性、附着力、水分含量、脂肪含量、酸碱度等。水分含量高的物料颗粒容易结块或成团，不易均匀分散，混合效果难以令人满意，所以一般要求控制被混物料的水分含量不超过 12%。

制造兔用颗粒饲料所用的原料粉粒过大会影响家兔的消化吸收，过小易引起肠炎。一般粉粒直径以 1～2 毫米为宜。其中添加剂的粒度以 0.6～0.8 毫米为宜，这样才有助于搅拌均匀和消化吸收。

3. 适宜的装料量

混合机主要靠对流混合、扩散混合和剪切混合三种混合方式使物料在机内运动达到将物料混合均匀的目的，不论哪种类型的混合机，适宜的装料量是混合机正常工作并且得到预期效果的重要前提条件。若装料过多，会使混合机超负荷工作，更重要的是过多的装料量会影响机内物料的循环运动过程，从而造成混合质量的下降；若装料过少，则不能充分发挥混合机的效率，浪费能量，也不利于物料在混合机里的流动，而影响到混合质量。

各种类型的饲料混合机都有各自合理的充填系数，实验室和实践中已得出了它们各自较合理的充填系数，其中分批（间歇式）卧式螺带式混合机，其充填系数一般以 0.6～0.8 为宜，物料位置最高不应超过其转子顶部的平面；分批立式螺旋混合机的充填系数一般控制在 0.6～0.85 左右；滚筒式混合机为 0.4 左右；行星式混合机为 0.4～0.5 左右；旋转容器式混合机为 0.3～0.5；V 型混合机为 0.1～0.3 左右；双锥型混合机为 0.5～0.6 左右。各种连续式混合机的充填系数不尽相同，一般控制在 0.25～0.5，不要超过 0.5。

4. 物料添加顺序

正确的物料添加顺序应该是：配比量大的组分先加入或大部分加入机内后，再将少量及微量组分加在它的上面；在各种物料中，一般是粒度大的组分先加入混合机，后加入粒度小的；物料之间的比重差异较大时，一般是先加入比重小的物料，后加入比重大的物料。

对于固定容器式混合机，应先启动混合机后再加料，防止出现满负荷启动现象，而且要先卸完料后才能停机；而旋转容器混合机则应先加料后启动，先停机，后卸料；对于 V 型混合机，加料时应分别从两个进料口进料。

5. 严格控制混合时间

一般卧带状螺旋混合机每批混合 2.6 分钟，立式混合机则需混合 15～20 分钟。注意混合时间不可过短，也不可过长。因为混合时间过短，物料在混合机中得不到充分混合便被卸出，混合质量肯定得不到保证。但是，也并非混合时间越长，混合的效果就越好，实验证明，任何流动性好、粒度不均匀的物料都有分离的趋势，如果混合时间过长，物料在混合机中被过度混合就会造成分离，同样影响质量，且增加能耗。因为在物料的混合过程中，混合与分离是同时进行的，一旦混合作用与分离作用达到某一平衡状态，那么混合程度即已确定，即使继续混合，也不能提高混合效果，反而会因过度混合而产生分离。

6. 颗粒的含水量要求

为防止颗粒饲料发霉，水分应控制，北方低于 14%，南方低于 12.5%。由于食盐具有吸水作用，在颗粒料中，其用量以不超过 0.5% 为宜。另外，在颗粒料中还加入 1% 的防霉剂丙酸钙，0.01%～0.05% 的抗氧化剂丁基化羟甲苯（BHT）或丁基化羟基氧基苯（BHA）。

7. 控制适宜蒸汽量

以保证颗粒具有一定硬度和黏度，使粉化率不高于 5%。

8. 装袋时温度

装袋时颗粒料温度不高于环境温度 7～8℃。

9. 颗粒的规格

成品颗粒饲料的直径以 4～5 毫米、长度以 8～10 毫米为宜。用此规格的颗粒饲料喂兔收效最好。

10. 纤维含量

颗粒料所含的粗纤维以 12%～14% 为宜。

11. 注意加工过程中养分流失问题

制粒过程中的变化在制粒过程中，由于压制作用使饲料温度提高，或在压制前蒸汽加温，使饲料处于高温下的时间过长。高温对饲料中的粗纤维、淀粉有些好的影响，但对维生素、抗生素、合成氨基酸等不耐热的养分则有不利的影响，因此，在颗粒饲料的配方中应适当增加那些不耐高温养分的比例，以便弥补遭受损失的部分。

二、手工制作颗粒饲料

手工制作颗粒饲料有三种方法。

第一种方法是将配合饲料搅拌均匀后，放入柳筐或面盆内，再把适量的新鲜青绿饲料用刀切成含粉料粒，双手握住柳筐或面盆做圆周转动，使草粒在筐内滚动（同滚元宵的做法一样）。少时粉料便会均匀地黏附在草粒上，如不粘，可喷洒少量温开水，直到滚成如兔粪大小的颗粒，即可放入食盆内饲喂。可现滚现喂，也可晒干贮存备用。

第二种方法是将混合饲料加适量水搅拌，以手握成团而指缝不滴水为宜（如混合饲料中无添加剂可用开水调制）。然后把拌匀的混合饲料分次倒入绞肉机内，摇动摇把，即可加工成圆柱形颗粒饲料。最好用多少加工多少。加工的饲料如短期喂不完，可烘干或晒干贮存备用。

第三种方法是将混合饲料加水调和后（料中可适当加入少量小麦粉）用擀面棒加工，再用刀切成面条状放在阳光下晾晒，干后喂兔即可，干制面条要妥善保管，以防受潮而发霉变质。

经验之十二：饲料原料霉变不可忽视

因为饲料或原料中含有的水分较多或者在压制成颗粒饲料后没有及时摊晾风干，在适宜的温度下，饲料中的真菌大量繁殖，产生毒素。霉变饲料又往往含有不止一种霉菌毒素，霉变饲料中毒经常都是由多种霉菌毒素之间的互作效应造成的。

发霉饲料主要表现为三种类型。第一种是粗饲料发霉中毒，以花生秧、花生壳和红薯秧为主；第二种是精饲料发霉中毒，以麦麸、玉米和花生饼为主；第三种为颗粒饲料发霉，主要是小型颗粒饲料机在压粒过程中加水过多，没有及时干燥而发霉。

在我国北方由于盛产草粉，在长期的保存过程中，极易受到雨、雪和露水的作用而发生霉变。在南方，由于气候湿润多雨，规模化兔场所用的草粉和玉米等原料大都需要从北方调入，同样在保管和使用的过程中容易发生草料霉变。最为常见的是草粉、玉米或压制成的颗粒饲料霉变。引起饲料霉变的真菌常见有黄曲霉、赤霉、棕霉、黑霉、白霉、甘薯黑斑病霉等。它们产生的毒素具有耐热性，在普通的高温下不易被破坏，毒力又非常强，例如黄曲霉毒素 B_1 是目前已知霉菌毒素中毒性最强的一种，是引起人及其他动物中毒的主要霉菌毒素之一，它主要引起肝脏的损害，其毒性仅次于肉毒毒素，比氰化钾高 100 倍，但在养兔生产中，杂霉引发的霉菌毒素中毒比黄曲霉毒素中毒更为多见。

发病季节一年四季均有，但以春末夏初最多。家兔与其他畜禽相比，对霉菌毒素特别敏感，一旦被家兔摄入就会发生霉变饲料中毒，霉菌毒素对种兔造成的危害远远高于幼兔和成年兔，常造成繁殖障碍、妊娠后期的母兔"瘫软症"和引起妊娠母兔死胎。严重的霉菌毒素中毒往往突然发生批量死亡，且不分老幼、强弱。

因此，种兔场和养兔户在饲喂獭兔时，应严把饲料质量关，杜绝饲喂发霉变质的饲料。

 ## 经验之十三：蚯蚓粉喂兔效果好

蚯蚓是一种蛋白质含量高、氨基酸比例比较适宜的动物蛋白质饲料。据测定，蚯蚓的蛋白质含量高且组成蛋白质的氨基酸种类丰富。蚯蚓干物质中蛋白质含量平均为 56.5%，最高可达 71%。并且几乎含有蛋白质中普遍存在的 20 种氨基酸，其中具备各种必需氨基酸；蚯蚓的脂肪含量较高，其中以亚油酸为主的不饱和脂肪酸含量高，饱和脂肪酸含量较低；蚯蚓中含有相对高浓度的维生素 A、B 族维生素、维生素 E 及多种微量元素、激素和糖类物质；蚯蚓中铁的含量是鱼粉的 14 倍，铜的含量比鱼粉高 1 倍，锰含量比鱼粉高 5 倍，锌含量比鱼粉高 3 倍。1 克蚯蚓干粉中含硒量高达 20 微克；蚯蚓中含有蚯蚓素、蚯蚓解热碱、蚯蚓毒和嘌呤、胆碱、胆甾醇等多种活性成分，能够增强被饲养动物的免疫机能，蚯蚓体内含有多种酶类，如胆碱酯酶、过氧化氢酶、超氧化物歧化酶（SOD）、植酸酶等，在畜牧和环保上有着重要作用。

蚯蚓对泌乳母兔、生长兔和獭兔均有良好效果。据报道，在饲料中加入 2% 的蚯蚓粉，可使肉兔平均日增重量提高 18%，肉料比下降 12.3%。此外，兔子摄食后体质好、受胎率高、被毛品质好。尤其是毛兔和獭兔，可使被毛光亮，加速生长；对于泌乳母兔，可大大提高其泌乳量。

由于蚯蚓是动物性饲料，本身含有一定的气味，草食性的肉兔一般也不采食生蚯蚓，在肉兔生产中，可使用生蚯蚓加工的蚯蚓粉或经过高温蒸煮的蚯蚓，即可提高适口性，又可杀死蚯蚓体内的寄生虫。

蚯蚓是一种动物性饲料，同时也是一种中药材。蚯蚓作为一种中药材，在我国应用已有几千年的历史。其药用名为地龙。地龙味咸，性寒、有清热镇痉、利尿通淋、滋补通乳、消疮解毒、平喘通络的功效。主治高热惊狂、肺热咳嗽、痉挛抽搐、尿涩水肿等疾病。如可治疗家畜高热不退、小便不利、家畜尿血、大便秘结、产后缺乳、肛门脱出、水火烫伤、家畜抽搐、心热风邪等症。但是，蚯蚓体内含有一种 γ-蚁酸，具有麻醉作用，喂量过多会引起肠胃麻痹，影响食欲。因此，肉兔饲料中添加蚯蚓粉的比例不宜过高，以 1％～3％为宜。

 经验之十四：饼粕类饲料喂兔的注意事项

饼粕类饲料是富含脂肪的豆科籽实和油料籽实经过高温压榨或容积浸提取油后的副产品。经压榨提油后的饼状副产品称为油饼，包括大块饼和瓦片状饼；而经浸提脱油后的碎片状或粗粉状副产品称为油粕。饼粕是目前我国养殖主要的植物蛋白质饲料，在畜禽养殖上使用非常广泛。常用的有大豆饼粕、棉籽（仁）饼粕、菜籽饼粕、花生（仁）饼粕、芝麻饼粕、向日葵（仁）饼粕、亚麻饼粕、玉米胚芽饼粕等。

这类饲料如果使用时处理不当，容易出现问题而导致疾病。比如，大豆饼粕含有胰蛋白酶、脲酶、血凝集素等有害成分，如果在使用前没有经过脱毒处理饲喂生长兔，否则会对肉兔产生不良影响，将导致家兔腹泻、消化不良，严重者造成胰腺肿大和诱发肠炎；棉饼（粕）是廉价的植物蛋白饲料，但其含有棉酚，对家兔的毒性较强，尤其是妊娠母兔对棉酚敏感。经试验，普通的棉饼，在母兔日粮中达到 10％以上，就有中毒的危险，达到 15％饲喂 1 周后就会出现明显的中毒症状，如流产、死产和胎儿畸形；菜籽饼粕也是廉价的植物性蛋白饲料，但其含有一定的硫葡萄糖苷及芥子酶，此外还含有氰、毒蛋白和丹宁。当这些成分进入机体后，芥子酶在一定的温度和水分条件下，能使芥子苷水解成有毒物质——异硫氰酸烯丙酯，导致家兔中毒。主要表现为精神萎靡，胀肚、腹泻，耳尖、鼻端和嘴唇等发凉发紫，母兔流产，呼吸及心率加快，最终因心力衰竭而死亡。花生饼粕中含有胰蛋白酶抑制因子，为生大豆的1/5。在加工制作饼粕时，如用120℃的温度加热，可破坏其中的胰蛋白酶抑制因子。另外，花生饼粕不宜贮存，极易感染黄曲霉而产生黄曲霉毒素。特别是在温暖潮湿的条件下，黄曲霉菌繁殖很快，且黄曲霉毒素经蒸煮不能除去。所以，花生饼粕应新鲜时利用，生有黄曲霉的花生饼粕不能再使用；芝麻饼粕实际生产中使用的多数为小油坊生产香油的芝麻酱渣，由于没有及时晒干容易发霉，有的因在地面晾晒而掺进大量泥土，也有的加入一些锯末等，不仅降低了营养含量，而且容易导致疾病的发生，应格外注意；亚麻饼粕中含有生氰糖苷，可引起氢氰酸中毒。此外，还含有亚麻籽胶和抗维生素 B_6 等抗营养因子。亚麻籽饼粕适口性不好，具有轻泻作用。

因此，使用饼粕类饲料时一是要经过脱毒处理。脱毒的方法根据饼粕种类的不同而不同，大豆饼粕豆饼脱毒处理的方法主要是在适当的水分下加热即可使其脱毒。不过，切忌加热过度，否则会降低赖氨酸和精氨酸的活性，同时也会使胱氨酸遭到破坏。棉籽饼粕常用的简易脱毒方法有两种，一种是用硫酸亚铁溶液，另一种方法是加热脱毒。菜籽饼粕的去毒处理方法，国内外研究甚多，但至今仍未彻底解决。常用的方法有水浸法、醇类水溶液处理法、热处理法、坑埋法、化学物质处理法和微生物降解法等，各种去毒方法均有一定的效果，但多存在影响饼粕的营养价值或成本较高、设备尚难普及等弊端。故应根据具体情况和条件合理地加以选择。二是要注意用量，大豆饼粕在肉兔饲粮中的用量可达20%左右。棉籽（仁）饼粕没有脱毒的要限量使用，一般占肉兔日粮的5%左右，最高控制在8%，妊娠母兔应格外慎重，尽量不用；饲粮中的用量可达20%左右。菜籽饼粕的在肉兔饲粮中的用量一般控制在5%以内；向日葵（仁）饼粕由于营养含量差距较大，质量高低不一，在使用前一定要经过营养含量的测定；亚麻籽饼粕不要作为肉兔的主要蛋白质来源使用，最好与其他蛋白质饲料配合使用；玉米胚芽饼粕在肉兔饲料中一般添加量在10%～15%。

经验之十五：粗饲料的选择方法

兔用粗饲料主要包括干草和秸秆两大类。其中常见的有干青草、干苕糠、干甘薯藤、豆秸、玉米秆、统糠等。这些粗饲料要怎样选用才好，我们可以其处理方法和营养价值为标准来选用。就干草来说，可用自然干燥和人工干燥两种方法来完成青草的干制。自然干制是利用阳光或环境温度使饲料脱水，达到干制目的。此法所制干草营养成分损失在20％左右，胡萝卜素损失在70％～80％。其中豆科干草的营养价值最好。人工干制（低温干制和高温干制）的优点是营养素损失少，仅为自然干制损失的1/3～1/10。人工干制中，低温干制是将热源温度控制在几十度到500℃，经数小时，使饲料中水分降低到14％～17％。总的来说，有机物质的损失程度自然干制大于人工干制，低温干制大于高温干制，所以选用人工高温干制的干草营养价值较好，但若考虑饲料成本，则以自然干制的成本最低；豆科干草较禾本科干草营养价值高，应优先考虑。应注意的是：人工干制的干草维生素损失较大，使用时应考虑饲料中维生素的缺乏，相应添加维生素或专用多维来满足。

秸秆类中，小麦草质地粗糙、坚硬、叶带盲刺，有机物消化率低；大麦草质地优于小麦草，春大麦草又比冬大麦草质量好；燕麦草质地软，秆光滑，不带盲刺，是农作物秸秆中最好的；稻草木质素含量低，硅含量高，饲养价值低，因而喂兔效果不好，适口性差，饲料报酬极低。总之，此类饲料质地坚硬，粗纤维中木质素含量高，饲用价值不高。可见，粗饲料中用干草喂兔较秸秆饲料为好。一般干草在配合饲料中可占20％～30％，而秸秆饲料则不能超过10％。另外，粗饲料一般宜粉碎以后与精料混合使用（制成颗粒或拌湿）。优质禾本科干草可直接喂兔。粉碎时不宜过细，过细的粉末反而不利于獭兔的正常消化和排泄。其细度以便于与其他精料混匀、獭兔喜欢采食为度。特别值得注意的是统糠，在农村中用得很广，它是一种质量较差的粗饲料，但很多农户都用它与麸皮等混合来喂兔，然而统糠喂断奶兔不适宜，就是喂大兔和肥育兔时，其用量也不宜超过15％。

经验之十六：豆腐渣是喂兔的好饲料

豆腐渣为制作豆腐的副产品，主要成分是皮糠层和其他不溶部分。豆腐渣质地柔软，容易消化吸收，是营养较好的饲料，干豆渣含蛋白质 28％、粗脂肪 8.7％、粗纤维 13.6％，不仅蛋白质含量高，而且兼具能量饲料的特点。蛋白质是组成兔体的重要部分，如果日粮蛋白质水平过低，家兔的蛋白质的采食量就不能满足其生理需求，不利于兔体健康和生产性能的发挥。而饲料中价格较高的则为蛋白质饲料，只要能把兔饲料中蛋白质的价格降下来，那么养兔效益即可显著提高。豆腐渣价格便宜，还能解决饲料中蛋白质问题，是较合理的饲料。

使用豆腐渣喂兔时，要把豆渣加热煮熟或炒熟。因为生豆渣和生大豆同样含有多种抗胰蛋白因子，阻碍消化，导致中毒。据报道，生豆腐渣中含有胰蛋白抑制素，可直接影响家兔体内胰蛋白酶的活性，使蛋白质分解、消化、吸收的功能降低，因而导致家兔消化机能紊乱。豆腐渣在高温下可破坏胰蛋白抑制素及细胞凝集素与皂角素的化学结构，兔食用后不但不会中毒，而且会增加适口性，提高消化率，同时降低水分，再配合其他干饲料，这样既降低养兔成本，又提供全面营养，饲喂兔生长快、膘情好、体质健壮、抗病力强。

用豆渣喂兔应注意以下几点。

① 注意豆渣的品质，一定务求新鲜，尤其盛夏极易变质，应抛弃之。要求煮熟大豆渣热天不可过餐（不过 4 小时），冷天不可过夜，豆渣货源充足而量大时，可以晒干，用前用开水泡。一般 2.5 千克可晒干品 0.5 千克。0.5 千克湿渣 0.05 元，晒干的成本也不高，非常经济实惠。

② 与小苏打混合喂：因大豆酸性大，最好每 500 克熟大豆中加小苏打 6 片，每片 0.3 克，即苏打 1.8 克，可防止腹泻和消化不良。

③ 大豆喂量不宜大，要有重点。幼兔、孕兔、哺乳母兔多喂，主要是补充粗蛋白质的不足，但必须要掌握好喂量。公兔应少喂，因大豆含雌激素，多喂致雄性降低。大豆含粗蛋白 38％，过量喂可使兔蛋白中毒，引起生长呆滞或死亡，也可引起消化不良，甚至出现腹

泻。干渣可占饲料量的 20%～40%。

经验之十七：兔饲料混合搅拌的技巧

把待配的主要原料如玉米、麸皮、草粉、豆粕等称量好，分别放置，暂时不要混合，再把骨粉、石粉、微量元素、食盐、维生素分别称量好，分别放置。这时，一般以豆粕为载体（因为豆粕的流动性好），并且把豆粕平分成六等份，用来分别混合以上称量好的骨粉、石粉、食盐、微量元素、维生素、药物。一般采用"倍量稀释，逐级搅拌"的方法来混匀这些饲料。

由于骨粉、石粉、微量元素、食盐、维生素等粉料量太少，需要进行倍量稀释，即先将以上粉料加入同等体积（一倍量）的豆粕进行倍量稀释混合到均匀后，再加入同等体积的豆粕，以此递增扩容至所需要的粉料总量。需要添加药物的也依此办法。

逐级搅拌就是先从数量最少的饲料原料开始添加搅拌，最后添加数量最大的原料，直至完全混合均匀。如先从经过倍量稀释而混合均匀的骨粉、石粉、微量元素、食盐、维生素等粉料开始，按照添加豆粕—麸皮—玉米面—草粉的顺序，逐级添加搅拌混合均匀。

经验之十八：青贮料不宜喂兔

青贮饲料具有酒香味儿，适口性较好，且容易消化吸收，是发展节粮型畜牧业的主要饲料，非常适合牛、羊及繁殖母猪食用。但青贮饲料却不宜喂兔，因为青贮料较长时间暴露后很容易腐烂变质，兔食后反应敏感，易引起中毒性下痢。另外，家兔的盲肠特别发达，酷似一个天然的发酵袋，主要作用是对饲料中的纤维素进行消化。盲肠消化纤维素主要靠纤维素酶，而纤维素酶是由盲肠内的微生物分泌的，这些微生物的生长繁殖需要微碱性环境。如果饲料酸度增加，盲肠内微生物的生长繁殖会受到阻碍，致使微生物分泌的纤维素酶数量减少。所以，用青贮料喂兔容易造成消化不良甚至引起酸中毒等不良后果，故应尽量不给獭兔喂青贮饲料。

 经验之十九：喂颗粒饲料也要喂青绿饲料

目前，很多中小规模的养兔场都使用自制的颗粒饲料喂肉兔，但是由于自行配制的颗粒饲料由于受到技术水平和加工的影响，很难达到全价的要求，经常会出现营养缺乏症，而补充一些青绿饲料可以缓解由于饲料配合不当带来的弊端。同时，补充青绿饲料可以预防种兔肥胖症，提高繁殖效率，改善消化机能，调节肠胃功能，预防腹泻。

因此，对于有优质廉价青绿饲料资源优势的中小规模养兔场，补充一些青绿饲料很有必要。

 经验之二十：更换饲料要逐步过渡

兔的采食习惯、消化酶的分泌以及大肠内微生物的种类和比例，在一定时期内与一定的饲料相适应。所以，无论饲料配方、类型还是饲喂制度，都不可突然改变，如果过渡不当，会引起食欲下降或贪食过多，造成胃肠疾病。严重的应激刺激还会引起兔的强烈不适而导致死亡。因此，保持饲料相对的稳定也是减少家兔应激反应的重要方法。

家兔的饲料不论是在夏季以青绿饲料为主，还是在冬季以干草或根茎饲料为主，改变饲料时，都应由少到多逐步过渡。即先更换1/3，过2～3天后再更换1/3，再过1～2天全部更换完毕，以便使獭兔的消化机能有一个逐渐适应的过程。如果饲料突然改变，容易引起獭兔食欲下降或者贪食过多而造成胃肠疾病等不良现象。

 经验之二十一：夜间必须给兔喂饲草

家兔是由野兔驯化而来的，因此家兔还保留着昼伏夜行的习性。

表现为夜间活跃，白天较安静，除觅食外，常常在笼子内闭目睡眠或休息，家兔在晚上的采食量和饮水量占全日量的70%以上。根据兔的这一习性，应当合理安排饲养管理日程，白天尽量减少对兔子的干扰，晚上要供给足够的饲草和饲料，并保证足够的饮水。

所以，要按照"早晨要早，中午要少，晚上喂饱，夜间吃草"的分配原则给兔供应每天的饲料。晚上喂给家兔的饲料要多于白天，特别是夜间要喂一次饲料，对家兔的健康和增膘都有好处。在昼短夜长的冬天，更应如此。若夜间不喂，则应在傍晚增加饲喂量，以满足其昼伏夜出的生活习性。

 ## 经验之二十二：獭兔饲喂要做到定时、定量和看兔给料

定时就是固定獭兔每天饲喂的次数和时间，使獭兔养成定时采食和排泄的习惯。这样久而久之，獭兔在每次饲喂之前，即可分泌大量的消化液，提高食欲，又可提高胃肠的消化能力，充分利用饲料中的营养物质。獭兔所处的生理发育阶段不同，每日饲喂的次数和时间也有一定的差别。如幼兔多于青年兔，青年兔又多于成年兔，所以每种家兔都要有一个具体的饲喂安排。一般掌握在仔兔5~6次/日，幼兔4~5次/日，育肥兔、成年兔3~4次/日。以每天4次为例，早上6:00~7:00，中午11:00~12:00，晚上4:00~5:00，夜间9:00~10:00。

定量就是根据家兔对营养的需要，从实际出发规定出每天应喂给家兔的饲料量，使家兔吃饱吃好。特别是喂给混合精料时，一定要根据獭兔每天的采食量，严格控制，既不能喂量过多，造成浪费，也不能喂量过少，使家兔处于饥饿状态，影响生长发育。根据幼兔、青年兔的消化特点，要求饲喂次数较多，因此，每次喂给的饲料量可以少于成年兔。一般夏季中午炎热，獭兔食欲降低，根据早晚凉爽、家兔胃口较好的特点，饲喂时要掌握早上喂得早、中午精而少、晚上喂得饱的原则。冬季夜长昼短，要做到早上喂得早，中午喂得少，晚上喂得精而饱。根据生产情况、体重大小、膘情好坏、消

化能力而定。

看兔给料就是每次喂料时，在坚持定时定量的基础上，还要结合獭兔的表现调整饲喂量。通常獭兔在饥饿时或没有吃饱的情况下会用前肢扒料槽，或在听到饲养员的脚步身或者看到饲养员过来时会主动在笼门前活动，等待吃料。这种情况就要给兔增加饲喂量。要求每次添加饲料后，饲养员要来回巡视2次。看到所有獭兔都没有要食吃的表现后方可结束饲喂。

 经验之二十三：如何减少饲料的隐形浪费?

1. 合理搭配饲料，保证营养全面平衡

如果饲料中蛋白质氨基酸不平衡，致使多余氨基酸排到体外，不仅造成营养浪费，而且污染环境。

2. 饲槽、草架结构、高度适宜

饲槽要深浅适中，过深兔采食困难，过浅则饲料容易撒落。建议使用自动落料食槽，自动落料食槽具有操作方便、便于采食、保持肉兔食欲旺盛和预防异物性鼻炎等优点。草架和饲槽边缘高度应与兔背等高，超高则兔采食困难，过低则兔爪易将草料扒出踏脏，造成浪费。

3. 加料量适中

每次添料量不宜超过饲槽容量1/3。加料超标，既会引起兔挑食，导致营养不全面，又使饲料容易被扒出，造成浪费。单独喂青饲料应将其放在草架上，否则易被兔践踏污染造成浪费。

4. 饲料形状适宜，喂法合理

饲料粉碎过细容易飞扬，适口性降低，而且在兔消化道内停留的时间短，导致营养物质消化率降低；饲料粉碎过粗容易引起挑食，导致兔营养不平衡，使消化酶接触面积减少而影响消化吸收。因此，应用颗粒饲料喂兔，颗粒长度小于0.64厘米，直径小于0.48厘米，并结合使用难消化而大体积的纤维素，延长饲料在盲肠中的停留时间，

避免腹泻。

5. 加强饲料的保管

饲料的贮存必须选择干燥、阴凉、通风良好的地方，配制饲料不宜贮存过久，防止饲料营养成分的损失。在潮湿多雨季节，饲料中的霉菌会迅速繁殖，容易造成饲料发霉变质。在高温季节，可在饲料中加入适量的抗氧化剂和防霉剂。

6. 及时灭鼠杀虫

鼠害和虫蛀不仅消耗饲料造成浪费，而且还消耗氧气，产生二氧化碳和水，释放热量和排出粪尿，导致饲料局部温度升高，湿度加大，引起饲料结块霉败。更严重的是老鼠传播疾病，所以应利用灭鼠药、捕鼠器做好灭鼠工作，防止饲料的浪费和污染。

7. 严格控制舍温

兔舍温度高低影响采食消耗和生产。如环境温度低于 12℃，兔采食量增加，生长速度、饲料转化率降低；若温度高于 30℃，家兔为减少体热，采食量、生产性能均降低，尤以长毛兔为甚。所以，兔舍温度应保持在 12～25℃。

8. 定期驱虫

寄生虫对肉兔的增重及生产性能有较大影响，养兔必须坚持定期驱虫。要消灭兔的寄生虫病必须根据不同寄生虫的流行特点制定有针对性的综合防治措施，一般在春秋两季应进行两次全群普遍驱虫。驱虫药要选择高效、低毒、广谱、价廉、使用方便的药物，丙硫咪唑就是较理想的驱虫药物，可以驱除线虫。绦虫、绦虫蚴及吸虫。驱虫时还要注意药物剂量要准确；驱虫后对病兔应加强护理和观察；先做小群驱虫实验再进行全群驱虫；驱虫后要加强粪便的无害化处理，防止病原扩散。

 ## 经验之二十四：用青绿饲料喂兔需要注意的问题

① 尽力保持青绿饲料的清洁，不可混入泥土。
② 将豆科与禾本科的搭配饲喂，起到营养互补作用。

③ 有霉烂的一律不喂，防止中毒及引起肠胃炎。

④ 喂青绿饲料应选嫩的喂兔，老的适口性差，养分低。

⑤ 青绿饲料虽适口性好，但水分含量高，体积大，兔食后易饱易饿，一方面应多次添加，另一方面最好适当搭配些精料。

⑥ 喂青绿饲料，特别注意不可喂带毒的野草、野菜。

 经验之二十五：兔子不能吃的草

兔是食草性动物，但不是每种草都适合喂给，在野外自然生长的兔子，可以自己选择。而人工饲养条件下，需要人工选择，将不适合喂兔的青草和野菜剔除。经化验和实践证明有以下情况不适合用来饲喂兔，以免中毒死亡。

① 在任何情况下不可喂以下有毒青草、野菜：马铃薯秧、番茄秧、落叶松、金莲花、白头翁、落叶杜鹃、野姜、飞燕草、蓖麻、狗舌草、乌头、斑马醉木、黑天仙子、白天仙子、颠茄、水芋、骆驼蓬、曼陀罗花、野葡萄秧、狼毒、藜芦等有毒，在任何情况下都不可以用来喂兔。

② 有些青草与青菜在生长发育某一阶段喂兔，很容易引起中毒。例如：黄、白花草木樨在蓓蕾开花时有毒，不可喂兔；荞麦、洋油菜在开花时有毒，不可喂兔；亚麻在籽粒、冠茎成熟时有毒，不可喂兔；马铃薯芽喂兔易中毒。

③ 哺乳母兔对秋水仙、湿林草玉梅、药用牛舌草、酸本酢酱草、野葱、臭甘菊、弧形山芥、芦苇艾菊、毒芹等野草，食后奶中带有难闻气味，仔兔吃奶后会引起中毒。

④ 玉米苗、高粱苗及秋后再生的二茬高粱苗均不可喂兔。

 经验之二十六：养兔采用配合饲料加青草的日粮结构最经济

在生产实践中，为了提高经济效益，降低饲料成本是其重要环节之一。要降低饲料成本，就必须在满足饲料多样化（组成成分）的基础上，应尽量选用价格较低但营养价值相当的饲料，并合理地将各种饲料搭配起来使用。

通常人们将饲料大体分为青饲料、粗饲料和精饲料三种。青饲料来源广，粗饲料价格低廉，粗纤维含量较高；精饲料营养价值高，适口性好，但价格较贵。所以从节约饲料成本的角度出发，养兔应优先选用青饲料，对兔来讲，其适口性也好，但水分较多，营养浓度低，若全部采食青饲料，不能满足獭兔的营养需要，因此还必须选用一定的粗饲料和精饲料。最好是将粗饲料和精饲料合理搭配并制成配合饲料。用配合饲料的好处在于它是以肉兔的营养需要为依据，符合獭兔的营养消化特点，适口性好，肉兔喜欢采食。若只采用粗饲料，首先是其营养含量不能满足獭兔的营养需要；其次是其适口性差，影响肉兔采食量，使肉兔生长发育不良，影响繁殖性能等。若只用精料，一是其价格过于偏高，增加饲料成本；二是精料中粗纤维含量较低，会导致肉兔某些消化道疾病，不利于健康生长。在配料过程中，遵循多种原料，各原料所占比例少的原则。在整个配方中最主要的成分还是粗饲料，如干草粉、玉米秆等。

综上所述，采用配合饲料加青草的日粮结构是最经济的，以青草为主，配合饲料为辅。

🔊 经验之二十七：树叶类粗饲料在养兔中的作用

兔子是草食小动物，需要采食一定量的纤维性食物。我国地域辽阔，林业资源丰富，大量的树叶、嫩枝以及果渣等，除少数不能饲用外，大多数树木的叶子、嫩枝和果实等经过适当处理，都可以作为家兔的饲料和饲料添加剂。

树叶中含有糖、蛋白质、脂肪、纤维素、氨基酸及维生素、矿物元素等多种营养成分，根据兔子的不同生长阶段在日粮中添加合适的比例，能够节约精料，提高家兔的生产性能。鲜嫩树叶的营养价值较高，其次是落叶，枯黄叶较差。新鲜树叶可以直接饲喂。落叶和枯黄叶若经微生物发酵（微贮），能够提高其营养价值。

凡是无毒的树叶和嫩枝，只要无臭味、异味，家兔不拒食的均可作为饲料，如松针、刺槐叶、桑叶、杨树叶、榆树叶、柳树叶等。其中较好的树叶有刺槐叶和松针。

① 刺槐叶：刺槐又称洋槐。新鲜刺槐叶含干物质 28.8%，总能5.33 兆焦/千克，粗纤维 4.2%，粗蛋白 7.8%，钙 0.29%，磷0.03%，富含多种维生素和微量元素，其营养价值不亚于豆科牧草。是优质的饲料资源。刺槐叶以鲜用为好，也可以制成刺槐叶粉。刺槐叶用作饲料具有如下优点：一是利用时间长。刺槐树从 4 月发芽长叶到 12 月份枯萎落叶，整整七八个月时间；二是营养价值高；三是刺槐叶不与地面接触，不易被寄生虫及虫卵污染；四是含有适量的粗纤维，很适应家兔消化道的生理特点，可维持消化道的正常蠕动，促进营养物质的消化吸收，还能预防家兔消化道疾病；五是对促进仔幼兔生长发育、提高成活率效果很好。刺槐叶的饲喂要注意合理搭配，不应长期单独使用，需搭配精料和其他青绿饲料。

② 松针：指松树的叶，因叶状似针，故称松针。为松科松属植物中的西伯利亚红松、黑松、油松、红松、华山松、云南松、思茅松、马尾松等的针叶。用作畜禽饲料添加剂或直接饲喂畜禽，不仅能节省饲料，降低生产成本，而且对促进畜禽生长发育、增强抗病力和提高生殖功能等具有明显的促进作用。

松针加工成松针粉便于贮藏、运输和使用，若能在加工中除去松针中的松香磷脂和单宁，则适口性更好。松针粉的土法加工很简单，将采集到的松针及嫩枝洗净、晒干、粉碎即可。松针粉色绿，有清香味，含有丰富的营养物质。松针粉含蛋白质 7%～12%，有赖氨酸、天门冬氨酸等 18 种氨基酸，氨基酸总量达 5.5%～8.1%；含粗脂肪7%～12%、粗纤维 24%～26%、无氮浸出物约 37%。松针粉中所含的微量元素铁、钴、锰等高于草本和豆科植物干茎叶。松针粉还含有多种维生素，其中维生素 C 和胡萝卜素的含量最为突出。

同时，松针粉还含有植物杀菌素，具有防病抗病功效。在家兔口粮中添加松针叶粉，可以明显促进家兔生长，提高毛兔产毛量，增加母兔产仔数和提高仔兔成活率。同时，松针及松针粉还能防治家兔疾病。用鲜松针加水煮沸 1 小时，取松针汁喂兔，每天 1 次，连喂 3天，可预防和治疗家兔感冒。

树叶使用注意事项如下。

① 不能使用受污染的树叶。受农药污染的以及马路边、受汽车尾气污染严重的树叶不能使用。

② 不能使用受虫害的树叶。

③ 使用前宜用清水洗净晾晒。

 ## 经验之二十八：利用蔬菜喂兔应注意的问题

1. 不能长期喂单一品种

长期给兔喂一种或几种蔬菜，如白菜、莴苣等蔬菜，这些蔬菜的干物质少，碳水化合物含量少，长期给兔喂一种或几种蔬菜，会造成某些方面的营养缺乏，影响幼兔的生长发育，成兔则生产性能不能很好发挥。

2. 饲喂量不能太大

蔬菜含水量高达85％左右，粗纤维含量低，鲜脆适口性好，兔多贪吃。用蔬菜叶喂90日龄内的幼兔，仅几天时间，就会出现腹泻。芥菜、油菜、甘蓝、萝卜等十字花科蔬菜含芥子苷，它是一种配糖体，在芥子酶作用下，可生成硫氰酸盐、异硫氰酸盐、噁唑烷硫酮等促甲状腺肿毒素，可以抑制碘在甲状腺内吸收，而引起甲状腺肿，另外还损害兔的肝脏、肾脏，造成死亡率增加。所以，十字花科蔬菜应尽量少喂或青贮后再喂（青贮可脱毒）。

如果蔬菜叶和萝卜缨喂量大时，加喂金霉素（0.1克/只），可抑制还原性细菌生长繁殖，防止亚硝酸盐中毒。

3. 不能喂严重病虫害的蔬菜与腐烂蔬菜

有严重病虫害的蔬菜和腐烂的蔬菜绝对不能喂兔。喷洒过农药的蔬菜不能喂兔。

用受蚜虫、菜青虫侵害的蔬菜喂兔，可引起兔结膜炎、口炎、胃肠炎、鼻炎、阴道炎和腹痛、下痢。

新鲜青菜含亚硝酸盐为每千克0.1毫克，自然放置到第4天时，为每千克2.4毫克；发生腐烂时，含量高达每千克340～384毫克。

兔只要吃 100 克这样的蔬菜即可引起中毒，乃至死亡。

蔬菜因种植的土壤肥沃，重施过氮肥、除草剂或遇虫害、干旱、日照不足变红时，硝酸盐含量增高。兔贪吃蔬菜叶而摄入较多的硝酸盐，刺激胃黏膜，会引起胃肠炎。

蔬菜遇虫害、踩踏、霜冻、堆放和运输后，尤其是在潮湿闷热的天气下，极易使其中所含的硝酸盐变成毒性更大的亚硝酸盐。

正确用蔬菜喂兔的同时，应饲喂一些含水量低的饲料（如糠麸等）及粗纤维含量高的饲料（如干树叶等）。喂兔的蔬菜要新鲜，不带露水。若发生中毒可注射阿托品，剂量为 1 毫升 20 只兔，因其对微循环有双向调节作用，改善微循环，可缓解中毒；对有机磷类农药中毒，可耳静脉注射解磷定；有机氟中毒加注解氟磷进行治疗，剂量分别为 30 毫克/千克体重和 10 毫克/千克体重。

 ## 经验之二十九：花生秧喂兔应注意什么？

养兔离不开粗饲料，而花生秧是优质廉价的粗饲料之一。其消化能 6.91 兆焦/千克，粗蛋白 12.2%，钙 2.8%，磷 0.1%，赖氨酸 0.40%，含硫氨基酸 0.27%，粗纤维 21.8%，其综合营养仅次于苜蓿粉，而价格远远低于苜蓿。其来源广，产量大，质量高，在中小型养兔场被广泛应用。尽管花生秧是家兔良好的粗饲料资源，如果使用不当也会产生不良效果，需要注意以下的问题。

1. 含土量超标

有些兔场购买的花生秧粉是由饲料商贩提供的，即饲料商贩到农村收购花生秧，而后粉碎。由于按照重量付款，一些卖主没有对花生秧除尘，特别是根部带有一些泥土及病原微生物，甚至有的人故意添加泥土来增加重量，使花生秧的质量受到严重影响。当家兔采食这样的饲料后，往往发生消化不良和出现腹泻现象。因此，在购买花生秧时，一定要认真除尘。用户在购买时，可将底部的部分花生秧粉放入水中，观察沉淀的泥土含量，以此作为判断花生秧质量的依据之一。

2. 受潮发霉

在花生收获期，也正是多雨季节。如果没有来得及晾晒和收藏，经过雨淋后容易发霉变质。当家兔采食这样的饲料后，往往出现腹泻、便秘和腹胀。尤其是发霉饲料引起的腹胀病，近年多发。其主要特征是很少出现腹泻，腹胀严重，盲肠干硬如石。患兔精神不振，采食减少或食欲废绝，磨牙流涎。患此病后很难治愈，多数数日内死亡。因此，花生秧收获期一定要避免受到雨淋，应尽快晾晒，并妥善保存。在粉碎时应认真检查，发现发霉的部分，应及时捡出淘汰。

3. 地膜污染

我国北方一些地区，在种植花生时，为了提前播种和提高产量，往往采用地膜覆盖技术。由于地膜不容易受到破坏，在收获花生时，很多薄膜混在花生秧中。如果不认真剔除而混入饲料，被家兔大量采食后，兔子会出现消瘦，消化不良，腹泻或肚胀，死亡后解剖，薄膜黏附在胃和肠黏膜上，黏膜多数坏死。因此，在收购、粉碎和使用时一定要注意将地膜剔除。

 经验之三十：兔子一天喂多少饲料为宜？

不同生长阶段的兔子，不同用途的兔子，由于营养需要量不同，饲料的营养成分含量不同，对于兔子的喂量也不相同。初生仔兔从18～20日龄开始补饲，饲料应以易消化的蛋白、能量饲料为主，加适量的优质干草粉，添加仔兔专用添加剂，补饲饲料最好用细、短的颗粒饲料，若为粉料则加水拌湿，日喂4～5次，每只每天喂量由4～5克逐渐增加到10～20克。补饲饲料应持续喂到35～45日龄；生长兔从断乳到10周龄饲喂饲料的质量和数量基本不变，饲料供应量应为自由采食量的80%，为充分利用生长兔早期增重快的特点，必须供给营养价值完善的日粮，并任其自由采食；就繁殖母兔来讲，分为配种准备期和妊娠期。准备期母兔不宜过肥，也不宜过瘦，一般应保持7～8成膘的适当肥度，因此准备期母兔的营养水平不宜过高或过低。对体况良好的、体重正常的空怀母兔，不必加强营养、增喂精料。一般小规模兔场以青饲料为主、精料为辅的，根据膘情酌情补料。每只母兔日补充精料 50～100 克。对于规模较大饲喂全价配合饲料的兔场，此期的饲料中可增加粗纤维含量，减少能量和蛋白质的比例，每天每只母兔喂量为 130～150 克。为了提高空怀母兔的繁殖力，在配种前采用"短期优饲"的办法，即提前 10 天左右适当提高营养水平（配种后立即降低营养水平），以促进卵泡发育，早发情，多排卵，以更好的体况进入下一个繁殖期。母兔泌乳期，为保证母兔良好的体况以及充足的泌乳量，自由采食颗粒饲料，每只每日喂量为150～200 克；种公兔颗粒饲料的日喂量为 140 克。

 经验之三十一：饲料的饲喂顺序有讲究

采取合理的饲喂顺序，可使肉兔的食欲旺盛，减少肉兔的消化道疾病，生长速度加快。

夏秋季以青料为主，精料为辅，粗料为补。投放顺序为干草（定量）、精料（定量）、青鲜料（满足供给），饲后 30 分钟供给淡盐水。

冬春季以干草为主，配合精料为辅，鲜青蔬菜、块根、谷物芽为补。投放顺序为干草（日粮的 1/2）、精料（定量）、鲜青多汁料（定量）、干草（满足供给），饲后 30 分钟供给温淡盐水。

 经验之三十二：哪几种饲料不能单独喂兔?

① 白萝卜叶：白萝卜叶中含叶绿素很高，水分多，家兔过多采食后易发生膨胀病、腹泻、伤食等。因此，用白萝卜叶喂兔，应与其他牧草、菜叶等搭配在一起混合饲喂。

② 花生藤：花生藤营养丰富，兔爱吃，但由于其含粗纤维多、水分多，兔采食过量易发生大肚病、拉稀、伤食等，故不宜单独多喂。另外，在用花生藤喂兔时，结合喂给兔一些洋葱、大蒜头等，可有效地防治兔病的发生。

③ 甘薯藤：甘薯藤中缺少维生素 E（即生育酚），如果长期单独

用它去喂种兔，可使公兔精子的形成减慢，使母兔受胎率降低。因此，在用甘薯藤喂兔时，应和其他牧草搭配一起喂，且每次喂量控制在30％左右为宜。

④ 菠菜：菠菜中含有较多的草酸，草酸与钙生成的草酸钙沉淀，不能被兔吸收，故不宜单独给幼兔饲喂，幼兔吃了菠菜容易得佝偻病、软骨症。

 ### 经验之三十三：仔兔什么时候开始补料最合适？

刚产下的仔兔20天内全靠吃母兔的奶生长。随着仔兔的日渐长大，仔兔生长加快，吃乳量增加，而母兔的奶却日渐减少。为了避免仔兔出现营养不良，影响仔兔的正常生长发育，应及时给仔兔补充饲料。

一般从17～18日龄开始进行补料，开始补料时可先喂给仔兔适口性好、易消化的嫩青草、菜叶等，开食后可喂给全价配合饲料，其营养水平，要求含粗蛋白20％～22％，粗纤维6％～10％，消化能12兆焦/千克，并应加入足够的维生素、微量元素、酶制剂及少量食母生、洋葱、大蒜等，以增强体质，预防疾病。

补料数量应由少到多，逐渐增加，严防食多伤胃，造成仔兔胃肠炎；一般在18日龄时，每只兔每天采食3～4克即可，而在30日龄时采食量增加到40～50克。

补料次数应少食多餐，开始时每天投喂6次，至断奶时减少为5次。

补料方法可采用单饲补食，也可随母补食。

注意补料时间不可过早。过早补料，因仔兔的胃肠功能尚未发育健全，容易发生消化道疾病，不但不能促进仔兔生长，反而适得其反。

经验之三十四：大蒜和辣椒是喂兔的好东西

大蒜和辣椒因含有多种营养成分，无毒无副作用，不易在畜产品中造成有害残留，还兼有防疫治疗作用，养兔场可以尽可能多的加以利用。

利用大蒜喂兔，既充实了饲料来源，又降低了饲料成本，而且大蒜中富有的大蒜素具有很强的杀菌、消炎等保健作用。尤其在高温、多雨、潮湿的季节喂兔，能有效地防治腹泻等肠道疾病，减少化学药物用量、促进兔的生长和提高兔的成活率。

大蒜具有消炎杀菌作用，对痢疾杆菌、肺炎球菌、大肠杆菌、沙门菌等常见病菌有显著的效果，大蒜被誉为"天然广谱抗生素"。大蒜的蒜头、叶片均含挥发性辛辣味的蒜素。用大蒜叶喂兔，不仅能提供营养，还能起到消炎杀菌、健胃、促进消化的作用。养兔实践证明，利用大蒜叶喂兔，特别是在多雨潮湿的夏季，可以有效防治兔腹泻等肠道疾病，减少药物用量，促进兔的生长，提高兔的成活率。

利用大蒜叶喂兔，既扩大了饲料的来源，又降低饲养成本。大蒜叶可鲜喂和干喂。鲜喂时可将收集的新鲜干净的大蒜叶直接用来喂兔；干喂时可将收集的大蒜叶置于干燥通风处，晒干后贮存起来，可以用来喂兔。最好粉碎成大蒜叶粉，和其他饲料配合加工成颗粒料喂兔。试验表明，日粮中添加30％的大蒜叶粉效果极佳。

辣椒喂兔防潮增温。在寒冷、阴雨及潮湿的饲养环境，给家兔喂辣椒不仅能补充营养、促进增长，更能起到驱寒防潮增温的功效，可提高家兔的体质，并增强对疾病的抵抗能力。如在天气降温前后喂辣椒，可达到增加兔的体温、抵抗寒冷预防感冒的作用；阴雨连绵或舍内潮湿时喂辣椒，可达到防潮湿、预防腹泻的作用；高温梅雨天气喂辣椒，可以预防兔球虫病。

具体饲喂辣椒时，要掌握适当比例及使用时间。预防可按3％～5％，治疗可用5％～7％。预防时间2～3天，每天1～2次，治疗用3～4天，每天2～3次。不宜长期使用，如连续使用7天以上，或用量过大，容易刺激兔的肠胃或引发便秘等副作用。可将干辣椒粉碎或将青辣椒切碎，按3％～5％加在混合饲料中，用适量的清洁温水拌匀；或者将干辣椒粉按3％～5％比例加入粉状饲料拌均匀后，制成颗粒饲料。

注意添加辣椒的粉状饲料制成后，不宜存4小时以上，最好现用现拌；添加辣椒的颗粒饲料最长也不宜超过3天，以免辣椒减效。

经验之三十五：用葡萄糖治疗新生仔兔不吃奶效果好

　　新生仔兔不吃奶，多发生于怀孕期尤其是怀孕后期营养不平衡的母兔所产的 2～3 日龄仔兔。表现为仔兔突然不吮乳，皮肤凉而发暗，全身软绵无力，有的迅速死亡，有的出现阵发性抽搐，最后于昏迷状态下死亡。病程一般为 2～3 小时，如不及时治疗几乎 100％夭折。往往在一窝内，部分或全部相继发病。

　　可采用给仔兔灌服或腹腔注射葡萄糖的办法治疗。具体做法是：用自行车气门芯乳胶管 2 厘米套在注射器的接嘴上，吸取 25％葡萄糖液后，将乳胶管插入仔兔口中，缓缓推动活塞，每只仔兔灌服 1～2 毫升；对不会吞咽的仔兔，则腹腔注射 5％～10％葡萄糖液 5～6 毫升。15～20 分钟后，仔兔皮温回升，抽搐停止，20～25 分钟后即会吮乳，发出"吱吱"叫声，肚腹很快滚圆，相互挤在一起安然入睡。为巩固疗效，间隔 4～6 小时后再治疗一次，并连续 3 天补喂葡萄糖液，每天 2 次。

第四章 饲养与管理

（1）夜行性　野生兔体格弱小，御敌能力差，根据"适者生存"的学说，兔的这一习性是在长期的一定的生态环境下形成的。所谓夜行性就是白天穴居洞中，夜间外出活动和觅食。家兔在白天表现较安静，夜间很活跃。兔在夜间采食频繁，晚上所吃的日粮和水约占全部日粮和水的75%左右。根据这一习性，在饲养管理上要做好合理安排，晚上要喂足充分的草料，白天要尽量让兔保持安静、多休息和睡眠。

（2）嗜眠性　家兔在一定的条件下很容易进入困倦或者睡眠状态，在此状态下兔的痛觉降低或消失，这一特性称为嗜眠性，这与兔在野生状态下的昼伏夜行有关。利用这一特性，能顺利地投药注射和进行简单的手术，所以兔是很好的试验动物。

（3）胆小怕惊　兔耳长大，听觉灵敏，能转动并竖起耳朵收集来自各方的声音，以便逃避敌害。对环境变化非常敏感。兔属于胆小的动物，遇到敌害时，能借助敏锐的听觉做出判断，并借助弓曲的脊柱和发达的后肢迅速逃跑。在家养的情况下，突然的声响、生人或者陌生的动物如猫、犬等都能导致兔的惊恐不安，一直在笼中奔跳和乱撞，并以后足拍击笼底而发出声响。因此，在饲养过程中，无论何时都应保持舍内和环境安静。动作要尽量轻稳，以免发出易使兔子受惊的声响，同时要防止生人和其他动物进入兔舍，这对养好兔子是十分重要的。

（4）喜清洁好干燥　家兔喜好清洁、干燥的生活环境，兔舍内相对湿度在60%～65%最适于其生活需要。干燥、清洁的环境有利于兔体的健康，而潮湿和污秽的环境则是造成兔子患病的原因。根据这一习性，在搞兔场设计和日常的饲养管理工作中，都要考虑为兔提供清洁、干燥的生活环境。

（5）群居性差、同性好斗　特别是公兔群养活在新组合的兔群中，互相斗咬的情况更为严重，在饲养管理上应该特别注意，家兔应分笼饲养。

（6）怕热不怕冷　因兔子全身被毛，汗腺很少，只分布于唇的周围，因此兔子怕热不怕冷，最适宜的温度为 $15\sim25℃$，一般不超过 $32℃$。如果长期超过 $32℃$，生长、繁殖均受到影响，表现为夏季不孕。夏天应注意防暑。但刚出生的仔兔无被毛，对环境温度依赖性强，当温度降至 $18\sim21℃$ 时便会冻死，所以仔兔要注意保温，窝温一般要求在 $30\sim32℃$。

（7）啮齿行为　兔的大门齿是恒齿，不断生长，兔在采食时不断地磨牙。若兔子没有啮齿行为，一年内上门齿可以长到 10 厘米，下门齿可以长到 12 厘米。门齿的主要作用就是切断食物。修建兔笼时最好是砖铁结构，笼子用砖，笼门用铁丝。如用木头或竹片就容易被咬坏。防止方法是笼壁平整，不留棱角；一年四季放青草。一方面满足粗纤维，另一方面满足啮齿行为；笼内放木棒供兔磨牙；使用颗粒饲料，既营养全面，又能满足啮齿要求。

（8）穴居性　家兔仍具有野生穴兔打洞的本能，以其隐藏自身并繁殖后代。这在兔舍建筑和散放群养应注意防范以免兔兔打洞逃出和遭受敌害。

（9）嗅觉相当发达，视觉较弱　常以嗅觉辨认异性和栖息领域，母兔通过嗅觉来识别亲生或异窝仔兔。所以，在仔兔需要并窝或寄养时要采用特殊的方法使其辨别不清，从而使寄养或并窝获得成功。

 ## 经验之二：獭兔的应激你知道多少？

所谓应激是机体在各种内外环境因素刺激下所出现的全身性非特异性适应反应，又称为应激反应。这些刺激因素称为应激原。应激是在出乎意料的紧迫与危险情况下引起的高速而高度紧张的情绪状态。对兔来说，使兔感到不适的刺激统归为应激。应激是兔对外界刺激的一种应答。导致应激的因素大致可分为心理性的和生理性的。

引起獭兔应激的因素很多，常见的供水上，突然的断水、水质突然变化；供料上，缺料、突然换料；天气变化上，温度过高、过低、温差过大或突然变化，连续阴雨天，南方的梅雨季节等；光照上，突然灭灯、突然亮灯、光照时间的突然变化，光照时间不足，或持续不断的光照等；声响上，突然发出的异常响动，如放炮、鸣喇叭声、大声喊叫、工具碰撞发出的响声、刮风时门窗的响声以及矿山、火车鸣笛等；出现异物上，陌生人或其他动物进入兔舍；抓兔，如运输装卸笼、断奶仔兔分窝；防疫上，每次的免疫接种操作等。还有很多方面都会或多或少的给獭兔带来应激。这些因素中，有些因素是可以避免的，有些因素是无法避免的。适当的刺激对獭兔的生长发育影响不大，甚至有一定的益处，但是过度的、连续的、多方面的应激刺激对獭兔有害无益。

在应激状况下，对獭兔的影响是多方面的，獭兔的正常生理活动不能进行。如血压和心率增加，呼吸频率加强，某些系统如消化系统、生殖系统活动受到抑制，糖的异生作用和利用性增强，脂肪分解加速，机体警觉性升高等，应激反应是机体在超阈值强度刺激源作用下，体内重建恒稳的一个过程。特别是母兔受到突然噪声或持续惊扰后，可引起妊娠流产或胚胎死亡，哺乳母兔拒绝哺乳，严重时会咬死自己所生的仔兔。可见减少獭兔的应激，在生产上具有重要意义。所以，在生产中应设法避免应激的发生。对可以避免的因素必须坚决避免，对无法避免的应激因素，要采取一切可行的措施将影响降到最低。

减少应激的措施如下。

（1）保持稳定性 獭兔的生活规律和喜好一旦被干扰或破坏，生长和生产均会受到影响。要高产稳产，就必须控制好所有的养兔条件和操作的有序性，这是减少应激的最好措施。做到饲养人员、饲喂方法和饲喂时间三固定，每天的加水、加料、清扫、消毒等生产环节应定时、依序进行。不能缺水、缺料。饲养人员不宜经常更换。

（2）防止环节条件的突然改变 每天开灯、关灯时间要固定。开关灯采用渐明和渐暗控制设备，杜绝灯突然亮或灭。

（3）控制好温度 獭兔排汗能力差，不喜高温，獭兔的适宜温度为 15～25℃，温度过高时应加强通风降温，还可以添加多种维生素和抗热应激的药物。冬季做好防寒保温工作，防止贼风。特别是季节转换期间气温多变，应及时调节控制温度。

（4）防止惊吓 主要是防止突然发生的各种声响和突然出现的陌生人和其他动物等各种意外情况的发生。

（5）更换饲料要逐渐过渡 在每次更换饲料时，都要采取逐渐更换的办法。方法是提前 5 天左右，在饲料中逐渐减少原来饲料所占的比例，逐渐添加新饲料的所占比例，5 天后全部换成新饲料。

 ## 经验之三：一个减轻出窝小兔应激的经验

在仔兔 28～35 天断奶时就转移到商品兔笼子里，这项工作是养兔场需要经常做的工作之一，怎么样减少小兔出窝的应激，使小兔平稳渡过这一阶段，需要养兔者认真对待。

小兔具体断奶时间是，窝产的少的，比如 5 只左右的 28 天断奶，8 只以上（含 8 只）在 30 天断奶，挑出弱小的留在母兔身边继续喂几天，到 35 天就完全可以断奶了。在转入前要对商品兔笼进行彻底消毒，消毒采取火焰消毒或消毒液喷洒消毒，也可两者结合，消毒效果更好。

笼位经过彻底消毒，待有刺激性的消毒药液挥发完以后，就可以开始将断奶仔兔转入，转笼后第一步是先给仔兔喂水，在水里添加多种维生素来减少饮水应激，让小兔安静一会儿。第二步是在 3～4 小时后喂料一次，不要多喂，上午转入到下午就可以正常饲喂了，饲料还要使用和母兔在一起时吃的饲料，不要变，也就没有什么应激。喂料要做到少添勤添，同时水里继续添加多种维生素，这样第一天就过了。最重要的就是过夜了。谁都知道，死兔子大都是在夜里，所以夜里要做好管理工作，主要是温度、湿度、不间断供水和夜间加料等，还要做好防暑降温或保温以及防惊吓等工作。第二天，先观察，看哪个精神不好，单独抓出来灌点磺胺药，其余比较精神的正常饲喂。然后注射单联的兔瘟疫苗，多联的效果不好。水里添加抗球虫药（迪克珠利之类的），最好是磺胺类的抗球虫药，不要使用含有马杜霉素的抗球虫药。连续5天上午用抗球虫药，下午用多维，注意上午和下午的水不能混淆了，下午添水时把上午的水倒了。这样就度过了5天了。再以后就要注射波巴二联了。做到这些就基本上可以了。这样饲养断奶仔兔，死亡率很小，成活率几乎都在98％左右，死的也就是本来体弱的。

 ## 经验之四：训练兔用乳头式饮水器饮水的技巧

乳头式饮水器在国内外规模兔场普遍采用，具有饮水方便、卫生、省工、节约等优点，可以大大降低饲养员的劳动强度，提高工作效率。

但是，刚接触乳头式饮水器的兔子不会使用，需要人来教，有几种简单的方法可以尽快使兔子学会。最简单的方法是饲养员用手触碰饮水器的乳头部分，使水流出，然后引导兔子饮水。也可以将乳头式饮水器的出水口用竹牙签别上，注意牙签的长度不能留得过长，以露出的一端长度不超过饮水器最低端为宜，防止扎伤兔子嘴，牙签也不能过粗，过粗时水流大，应使乳头式饮水器的水自然滴出最佳，然后将兔子抓到饮水器出水口，让兔子嘴接触水滴，这样教几次兔子就会自己使用乳头式饮水器饮水了。

还有的人把胡萝卜切得很碎，抹在饮水器口那里，因为兔爱吃胡萝卜，闻到就跑去舔了，饮水器出水了，以后兔子知道自己去那喝水了。还可以在水里稍微放点糖，出水口处也沾一些，这样兔就喜欢喝，待兔子习惯了饮水器饮水不用放糖也会饮水了。

注意训练时要求兔笼内不放水罐等，只有乳头式饮水器，为了防止滴水过多而引起兔舍潮湿，要做好防潮。

另外乳头式饮水器的安装和使用还需要注意以下问题。一是注意安装部位要正确，通常将乳头式饮水器安装在兔笼的前网或后网上，也有的安装在后面的顶网上。如果安装在顶网上，一定要靠近后网，距离后网壁3～5厘米。二是注意安装高度，兔场乳头式饮水器的安装高度以18～20厘米为宜。生产中发现，一些兔场乳头式饮水器安装高度不够，多数在 8～12 厘米，安装高度不够时一方面大兔饮水需要低头，不符合家兔的饮水习惯，也容易出现滴水现象，另一方面，在炎热季节，家兔喜触碰乳头让水流到其身体上，时间一长会造成脱毛而发生皮炎。三是注意乳头角度，如果安装在顶网上，要求乳头饮水器与地面垂直；如果安装在后网上，要求乳头饮水器与后网有一定角度，以 85°左右为宜。四是注意减小水压，乳头式饮水器不可直接接在高压水管上，必须经过 1 次减压，即将自来水管的水放入兔舍的水桶里，再由水桶引入自动饮水器的输水管中。五是注意检查维修，发现漏水、滴水的乳头，要及时修理和更换。发现输水管中滋生苔藓，要及时清理消毒。发现水桶中出现积垢，要及时清除。

 ## 经验之五：怎样配种成功率高？

1. 做好配种前的准备工作

（1）种兔选择　公母兔的比例以 1：10 左右为宜；如采用人工授精，可以提高到 1：（50～100）。一定要掌握好种公兔的初配年龄，可在性成熟后、体重达到成年兔的 75％ 以上时开始配种。一般母獭兔 6 月龄、公獭兔 7 月龄时，作为商品兔生产的种獭兔初配体重达2.6 千克以上，作为种兔生产的种獭兔体重达 3 千克以上，即可开始交配。

青年公兔要适当降低配种频率，以后随年龄和体重的增加再增加配种次数。老龄公兔也要减少配种次数。青年种公兔每天交配 1 次，成年种公兔每天可交配 2 次，安排在上、下午各一次。配种 2 天休息1 天。

平时要定期对公兔进行精液品质检查，发现问题及时解决。及时淘汰精液品质不良的公兔及老龄公兔。

（2）母兔催情　对于达到配种月龄和体重标准的母兔，可在配种前提前进行催情。养兔实践中催情的方法很多，常用的方法有以下几种。

① 性诱催情：将久不发情的母兔放入公兔笼内任公兔追逐爬跨，1 小时后将母兔放回原笼，如此 2～3 次后，即可出现发情。

②信息催情：将母兔与公兔隔笼饲养（以铁丝笼为好），或将母兔放入养过公兔的笼内，公兔释放出的特殊气味可诱发母兔发情。

③光照催情：在日光较短的秋冬季节补充光照，使每天光照时间达到14～16小时，可有良好的催情效果。

④断乳催情：泌乳可抑制发情，对产仔数少的母兔可寄养哺乳或提前断奶，一般母兔断奶后7天左右便会出现发情现象。

⑤剪毛催情：配种前1～2天，对母兔进行剪毛，也有明显的催情作用，配种受胎率达75%～80%。

⑥麦芽催情：将发芽2～3天后的小麦拌入精饲料中饲喂母兔，每天2次，每次20～30克，连喂3天即可见效。

⑦胡萝卜催情：将胡萝卜切成细丁，拌入精饲料中，每天饲喂2次，每次50～100克，2天后母兔便会发情。

⑧碘酊催情：2%医用碘酊涂擦母兔外阴部，可刺激母兔发情，有效率高达70%以上，配种受胎率可达70%～80%。

（3）在准备配种期间，公、母兔每天日粮中的青绿饲料不可缺少。公兔可以喂鱼粉、麦粉、米粉等；母兔增喂马铃薯、白菜、发芽小麦、骨粉等。

（4）公兔笼要宽敞，笼内有食槽、水槽的，要在配种时提前取出。脚踏板间隙不能过大，防止种兔腿被卡在里面造成骨折。

（5）为利于交配，应将公、母兔生殖器周围的毛剪净，以防带脏物而引起生殖器发炎。

（6）交配开始前，先将公兔笼中的食槽、水具全部拿出去，并在笼底垫一块大木板，免得公兔交配时追逐母兔使后脚被笼底缝隙夹伤或扭伤腿脚。

2. 选择最佳配种时机

成年母兔一般每2周发情一次，每次持续3～4天。母兔发情主要表现为兴奋不安，在笼内来回跑动，不时用后脚拍打笼底板，发出声响以示求偶。有的母兔食欲下降，常在料槽或其他用具上摩擦下颌，俗称"闹圈"。俗话说：粉红早，黑紫迟，大红（或者老红、紫红）正当时。即发情母兔外阴部会出现红肿现象，呈粉红色时，说明将要发情，呈大红色时，说明发情正旺，要在母兔的外阴湿润、生殖器肿大和老红色时配种，这个时间一般持续 2~3 天，是配种的好时机。

但也有部分母兔，尤其是有色兔种外阴部无明显的颜色变化现象，仅出现水肿、腺体分泌物增多等含水湿润现象。母兔外阴部含水、肿胀是发情的主要征兆。

因此，为了及时准确地判断发情状况，要每隔 2~3 天观察一次，以免错过母兔的发情期。观察母兔是否发情，可以一只手捏住母兔的耳朵和耳后颈部皮肤，另一只手托起母兔使腹部朝上，并用拇指和食指掰开母兔的生殖器查看。

交配时间以清晨、上午或晚间为最好。具体时间是夏季在清晨或夜间配种，要避免在中午高温时段配种。冬季在中午，春秋季在日落或日出前后更好。

注意选择在公母兔身体状态良好的时候进行配种。做到食欲不振不配种，瘦弱、患病的不配种，特别是患生殖器官疾病、疥癣及其他传染病时不配种。换毛期间不配种，饲喂前后半小时内不配种。天热没有降温设备不配种。长途运输之后、病愈不久、注射了疫苗等情况下也不能马上配种。

3. 将母兔放在公兔笼内交配

公兔应激反应强，对环境要求比较挑剔，一般只能在公兔笼内完成交配任务，若将公兔捉入母兔笼内配种，会严重影响公兔性欲，甚至不爬跨母兔。

另外如果需要用两只公兔同配一只母兔时，一定要在第一只公兔交配后，把母兔送回原笼舍待一段时间，然后再捉入另一只公兔笼舍内配种，目的是让第一只公兔留在母兔身上的气味挥发散失掉，防止第二只公兔拒配和撕咬。

4. 正确配种

对确认发情的母兔，交配前用手轻拍母兔阴户数下，视举尾情况来决定配种方法，母兔不低尾的，可让公母兔自行交配。对母兔不愿举尾的要人工扶助交配。

母兔放入公兔笼中后，公兔会立即开始追逐母兔，母兔开始会逃避，略逃数步后，随即便伏卧。公兔就会爬跨母兔身上，公兔用前爪揉弄母兔腹侧，这时母兔的后脚会离地支起，举尾迎合，公兔生殖器很快插入母兔阴户，即行射精。射精时公兔"咕"叫一声，后肢卷缩，向一侧倒下，或从母兔背上滑落，这是交配的正常现象。

有的母兔虽已发情，但不愿接受交配，可用人工辅助交配的办法。如果初配的母兔或者母兔拒绝翘尾接受交配的，饲养员可用左手提住母兔的耳朵和颈部皮肤，右手快速连续快节奏轻拍母兔后臀部，使母兔产生交配时的感觉，当母兔举尾时立即送入公兔笼内交配。对生殖器较小的初配母兔，可以通过按摩的方法促使其松弛肿大，这样就能方便公母兔的交配。

也可以用细绳拴在母兔尾巴上，将细绳由背部牵向前方，左手抓住细绳、耳朵和颈皮，右手伸到母兔腹下将臀部稍为托起，兔身成头低尾高的姿势，便于公兔交配。细线绳绑住母兔尾巴，然后向前拉动，促使尾巴向上翘起的方法辅助配种。

配种后，可以把母兔腹部托起，然后用手轻拍两三下母兔生殖器附近，促使母兔生殖器收缩，以利于公兔精液向母兔的子宫流淌和防止精液外溢，提高受胎率及产仔数量。

由于母兔在交配后的10～12小时排卵，而精子在2～2.5小时后，就可以到达输卵管的上端和卵子汇合。为了提高母兔的受胎率和产仔率及仔兔的生活力，可在第一次交配后的8～10小时进行复配一次，这样可使母兔的输卵管内，在较长的时间里，保持有活力强的精子，使卵巢先后排出的卵增加受胎的机会。另外，配种之后如发现母兔排尿，应进行补配。

配种时要保持环境安静，禁止陌生人围观和大声喧哗。配种完成后要及时填写配种记录表，以便安排妊娠诊断时间。

 ## 经验之六：要重视獭兔的饮水问题

水虽然不能提供能量，但是对獭兔的作用却是非常重要的。水是养兔最重要的条件之一，獭兔生长发育离不开水，绝对不能忽视。因此，养兔要满足兔的饮水需要量和对水质的要求。

獭兔的需水量与兔的体重、生理状态（如哺乳、空怀）、季节以及日粮组成有关。其饮水量大致为每采食 1 千克干物质，需要水 2～2.3 千克，或者饮水量占其体重的 10%～14%，泌乳母兔加倍。

饮水不足，獭兔会出现精神倦怠、食欲不振、生长缓慢、泌乳量减少、疾病增多。分娩母兔产子后缺水，会发生所产仔兔被吃的事情，长期缺水以及严重的饮水不足还会造成死亡。

采用合理的饮水方式，养兔场宜采用自动饮水器实行不间断供水，保证獭兔随时能自由饮到合格的水。

同时，水的质量是否达标也很关键。獭兔的饮水要求必须符合国家饮用水的标准，以及《无公害食品　畜禽饮用水水质》的要求。严禁用泥土水、死水塘、臭水泡、被污染的水以及不符合饮用标准的水喂兔。对供水的水箱、供水管线、饮水器具要经常检修、清理和消毒，避免产生二次污染。

 ## 经验之七：怎样检查母兔是否受胎？

检查母兔是否受胎是确保养兔生产效益的一项必要技术，熟练掌握受胎检查技术，可有的放矢地做好妊娠母兔营养、保胎和接产准备，对空怀母兔及时进行补配，以提高母兔的繁殖率，增加养兔效益。如果不会检查，不但不能保证效益，反而还会喂坏种群。比如母兔妊娠后期应该加料时却没有及时加料，使仔兔初生重不理想，母兔怀孕后期营养不足会导致母兔产后失重过多，产后前几天奶水不足、质量差；相反，如果没有怀上的母兔本来不能加料，需要重新配种，却按照妊娠标准加料，造成母兔营养过剩偏肥，肥胖母兔配种概率下降，反复几次未配上种兔失去生育能力，搭工费料养无效益的成年母兔。

所以要掌握正确的受胎检查技术，通过检查来决定母兔是否要加料或再继续配种，并做好繁配记录。常用以下 3 种方法检查母兔是否受胎。

（1）复配检查　在交配后 5～7 天进行一次复配，如母兔拒绝交配，沿笼逃窜，发出"咕、咕……"的叫声，就是表示已经受胎；如不发叫声而仍乐意交配，就是表示未曾受胎，但此种方法不一定准确。

（2）称重检查　成年母兔交配前先称重，记下体重，半个月后再复称一次，如此时体重比配种时有显著增加，就表示已经受胎，如果还是相差不多甚至减少，就表示未受胎。

（3）摸胎检查　摸胎是确定配种母兔是否妊娠的最常见的诊断方法。摸胎检查操作简单，准确率高，其技术如下。

① 摸胎时间：摸胎应在母兔配种后 8～10 天进行，安排在母兔空腹时间进行检查。初学者对胚胎及胎位缺乏了解，可在母兔配种后 12～14 天进行，以便于准确鉴定。

② 摸胎方法：摸胎时，先将待查母兔放于平板或地面上，也可以在兔笼中进行，使兔头朝向检查者，一只手抓住母兔的双耳和颈部皮肤保定好，另一只手使拇指与其余四指呈"八"字形，手掌向上，伸到母兔腹下，轻轻托起后腹，使腹内容物前移，五指慢慢合拢，触摸腹内容物的形态、大小和质地，如有触摸到腹内柔软如棉，说明没有妊娠；若触感到有花生大小的肉球一个挨一个，肉球能滑动又富有弹性，这就是胎儿，表明母兔已经妊娠。检查过程中，往往个别母兔怀胎个数少，检查时需由前向后反复触摸，才能检查出胚胎。

以下是胎儿的生长发育规律，供摸胎时参考。

母兔配种后第 3 天，子宫变大，摸着手感像草莓，在肚子的最后边。

第 5～6 天，子宫继续变大，摸着手感像草莓上隐约有小疙瘩。

第 7～8 天，小疙瘩变大，可以一个一个分开，摸胎准确率比较高。有黄豆或小花生米那么大。3～8 天在兔子腹部的最后边偏上。随着胚胎的发育慢慢往前移，11～13 天移动速度最快。

第 11～13 天，连着子宫的膜生长变长，子宫前移到腹部中间偏后点。这段时间最容易摸清配种的天数，如果配种日期没记清，可以确定配种日期。15 天以后占据肚子的中后段大部分位置。

第 15 天，胚胎是圆的，比较硬，有红枣大，新手最容易摸到。如果学习，可以在这个时期练起。

第 20 天，胎儿开始加速发育，手感胚胎开始变长变软、不容易摸到。

第 25 天，胚胎充满整个腹部，胎儿生长迅速，能分清胎儿的头、身体。开始有胎动，用手轻托腹部，能感觉小兔在蹦。

③ 膜胎注意事项：一是早期摸胎，初学者容易把 8～10 天的胚胎与粪球相混淆，粪球多为圆形，表面光滑，没有弹性，有腹腔分布面积大，无一定位置，并与直肠粪球相接。胚胎的位置比较固定，用手轻轻捏压，表面光滑而有弹性，手摸容易滑动，二是摸胎时动作要轻，切忌用手指捏压或捏数胚胎，以免引起流产或死胎。15 天以后可摸到好几个连在一起的小肉球，20 天以后可摸到形成的胎儿，24 天可检查出母兔乳房开始肿胀，腹大而下垂，30 天左右母兔开始产崽。

 ## 经验之八：母兔产前准备工作要细致周密

母兔产前准备很重要，在生产实践中发生的母兔残食仔兔、仔兔被冻僵或冻死、掉到粪尿沟溺死等问题，都是因为产前没有做好准备而造成的。因此，母兔产前准备做得好坏直接关系到仔兔的成活率。

① 根据配种记录，在产前 2～3 天将母兔放入产子箱。箱里装好晒干并经过消毒的柔软的干草和禽毛等，以便于让母兔叼草拉毛做窝。

② 要保持安静的生活环境。分娩前禁止随意捕捉母兔，禁止饲养员以外的无关人员随意进入兔舍，更不允许外来人员参观，还要防止犬、猫、鼠进入兔舍，以及防止母兔突然受惊吓。

③ 准备好食物。母兔分娩很快，一般 30 分钟左右可完成，分娩后身体疲乏、胃中空虚，急需吃喝，如果没准备食物和饮料，母兔就会因饥饿脱水而被迫食子，所以要在其分娩前准备好饮水，最好准备豆浆或稀粥等，并在饲槽中放入优质混合饲料，如萝卜、红薯等，供其自由采食。

④ 帮助母兔拉毛。个别初产母兔不会拉毛，只会叼草做窝，需要人工协助将其胸部被毛轻轻拉下部分放入窝内，这样做还可以促进母兔多泌乳和保护仔兔。

经验之九：母兔白天产崽妙法

兔子分娩的时间通常是在半夜或凌晨，由于此时是饲养员的休息时间，无法掌控母兔产仔过程。为了便于饲养员观察和处理产仔过程中出现的问题，可以通过以下3种方法实现白天产仔。

① 安排母兔在上午8～11点钟配种，多在白天产崽。据试验，母兔在上午配种，白天产崽率可达88％以上。

② 使用催产素：对妊娠期已满且有下奶、挂毛衔草做窝等临产征兆的母兔，白天又未产崽，即注射催产素催产。每只母兔注射催产素1～2单位，注射后一般半小时，母兔就会安全顺利产崽，成活率达100％。

③ 在母兔怀孕30天时，将母兔胸部、腹部的毛轻轻拔掉，净毛范围以裸露乳头的两侧各10厘米为宜，然后用手轻抚母兔的乳头4～5分钟。10～30分钟后即可见效，有效率达95％。

 ## 经验之十：母兔产仔时改用水罐饮水好

笼养种兔一般都使用自动饮水器，供母兔饮水，这种供水方式虽然优点很多。但是，人们往往容易忽略一个细节。就是母兔产仔时，由于母兔身体消耗很大，往往产完仔兔后，筋疲力尽，有的甚至连吸吮饮水器的力气都没有了，不愿意活动，而此时母兔会口渴，需要饮水，如果饮水不足，就会出现食仔兔的现象。所以，饲养员要根据母兔的预产期，在母兔产仔前，将水罐加满水放入兔笼内，供母兔产仔后方便饮水。

 ## 经验之十一：预防母兔食仔的方法

母兔食仔表现为吞食刚初生或产后数天的仔兔，可全部吃光或吃一部分。在实际生产中，引起母兔食仔的因素很多，但多数属于对母兔饲养管理不当造成的。因此只要饲养管理得当，母兔食仔完全可以避免。

（1）产后缺水　母兔产仔后，由于胎水流失，胎儿排出，感觉腹中空、口中渴，往往产完仔后跳出产箱找水喝，若没有水喝，则有可能食仔。

所以，母兔分娩前后应供足洁净饮水，最好产后立即给一碗温盐水，同时供给鲜嫩多汁饲料。

（2）受到惊吓　产仔期间或产后，环境不安宁。如检查过于频繁，来往人员过多，机动车辆或机器突然的噪声或兽类的狂叫及闯入等，使母兔受到惊吓而在产箱里跳来跳去，踏死仔兔或将仔兔吃掉。

所以，产仔哺乳期应保持兔舍四周环境安静，防止猫、犬等动物闯入。养兔场要谢绝外来人员参观，饲养员走动要轻。

（3）患有食仔癖　母兔产仔后将死仔或弱仔当做胎盘吃掉，此后便形成食仔的恶癖。

对于有食仔癖的母兔，在产仔时要人工监护或实行人工催产，注意母兔生产时催产素用量不能过大，否则易造成母兔受到损伤，进而母兔产后惊恐不安，也能出现食仔现象。

产仔后要将母兔与仔兔分开管理，产箱单独放在安全处，每天定时给母兔喂奶或把所产的仔兔寄养出去。20 日龄前每天定时哺乳 2 次（12 小时一次），20 日龄后每天哺乳一次即可。注意在实行分离饲养时必须做到产籍清楚，尤其不能搞错。

（4）产后缺乳　仔兔在奶不够吃时相互抢乳头，甚至咬伤母兔乳头，而母兔则由于疼痛拒哺或咬食仔兔。

在妊娠后期胎儿发育高峰期给母兔加强营养是防止产后缺乳的关键，产前和产后都要多喂多汁饲料。产后出现乳汁不足的，要针对缺乳的原因，采取相应的催乳办法。产仔过多时可将仔兔部分或全部寄养。

（5）异物刺激　产仔箱或垫料有异味，母兔生疑，误将仔兔吃掉。因此，要在母兔分娩前 4 天左右将产箱洗净消毒，放在阳光下晒干，然后铺上干净垫草，放入兔舍内适当的位置。另外，母兔产仔后不要用带有异味的手或用具触摸仔兔，如饲养员用香皂洗手或擦完化妆品后触摸仔兔等。

（6）寄仔不当 母兔是依靠气味来辨别仔兔的，一旦母兔发现仔兔的气味不是自己窝里的气味，母兔就会将仔兔咬死。这种情况一般出现在寄养仔兔和由于检查时不注意，使仔兔带有异味，或掉在地面上的仔兔错给了别的母兔的时候。

所以，仔兔寄养时间以不超过3天为宜，寄养时，先将母兔拿出，在寄养的仔兔身上抹上母兔的乳汁、尿液，将窝内的垫草、兔毛等遮盖在寄养仔兔身上，或者在母兔的鼻部涂上风油精、牙膏等，让母兔不能辨味。在寄养仔兔放入产箱1小时后再将母兔放入喂奶。

检查仔兔时要先用窝草搓手，不要把异味弄到仔兔身上，掉到地上的仔兔要先放到巢外，让母兔自行叼入巢内。

（7）饲料营养不全 主要是饲料中缺乏维生素和矿物质。还有一种情况是，母兔已经妊娠了饲养员却不知道，造成妊娠母兔没有及时增加营养，特别是妊娠后期，造成母兔产子后营养极度缺乏。

母兔的饲料必须营养全面，富含蛋白质、矿物质和维生素，并经常供给青绿多汁饲料。做好配种管理，及时准确地对配种后的母兔进行管理。

（8）母兔患病期 对仔兔哺乳或干扰容易产生厌烦甚至愤怒，将仔兔咬死。对于患病母兔要积极治疗，对无治疗价值的要及时淘汰，并将所产仔兔寄养。

 经验之十二：导致母兔流产的原因

母兔怀孕中断，排出未足月的胎儿叫流产。母兔流产前一般不表现明显的征兆，或仅有一般性的精神和食欲的变化，常常是在兔笼中发现产出的未足月的胎儿，或者仅见部分遗落的胎盘、死胎和血迹，其余的已被母兔吃掉。有的母兔在流产前可见到拉毛、衔草、做窝等产前征兆等。导致母兔流产的原因很多，具体有以下几个方面。

（1）营养缺乏 母兔日粮中缺乏蛋白质、矿物质（如钙、磷、硒、锌、铜、铁等）、维生素，尤其是缺乏胡萝卜素和维生素E时，容易导致胎儿发育中止，引起流产，产出弱胎、软胎或僵胎。

（2）饲料质量太差　饲喂发霉变质甚至腐烂的饲料，采食各种有毒的青草和酸度过高的青贮饲料，冬季采食结冰的饲料，都会影响胎儿的正常生长发育，最终引起流产。

（3）繁殖障碍　家兔患有严重的梅毒病、恶性阴道炎、子宫炎等生殖器官疾病时，不容易交配受精，即使受精也常因胚胎中途死亡而致流产。

（4）发生疾病　妊娠母兔患兔瘟、流感、痘病、流行性乙型脑炎、巴氏杆菌病、魏氏梭菌病、大肠杆菌病、肠炎、中暑及各种寄生虫病时，都会出现流产，有时会产出死胎、畸形胎。

（5）用药不当　家兔怀孕后发生疾病，投喂大量的泻药、利尿药、子宫收缩药或其他烈性药物时，均会造成流产。

（6）注射疫苗　对家兔来说，注射疫苗是一种较强的刺激，必然会引发应激反应，因此，给怀孕母兔注射疫苗，常常会引起流产。

（7）近亲繁殖　近亲繁殖容易使后代体质下降，导致品种退化，严重时可终止妊娠，导致流产，有时会产出死胎、畸形胎。

（8）摸胎粗鲁　妊娠诊断技术不熟练，不能正确辨别胚胎和粪球，长时间揉捏胚胎，导致胚胎受损，若操作动作粗鲁，甚至会捏死胚胎。

（9）过度惊吓　散养的怀孕母兔受到过度惊吓时，会四处奔逃，拼命向墙角、阴暗处躲藏，若腹部受到冲撞或顶触，容易损伤胚胎，轻者造成流产，重者产出死胎。过强的噪声也会引起流产。

（10）孕期采毛　毛用兔在怀孕后应禁止采毛，否则会影响胎儿正常发育，容易引起流产。

（11）捉兔粗暴　随意捕捉怀孕母兔，抓提动作粗暴，保定方法不当，使怀孕母兔受到惊吓或伤害，最容易引起流产。

（12）孕后误配　在混圈饲养环境中，公兔和母兔的交配比较混乱，不易进行控制，若孕后发生交配行为，常会导致流产。

（13）打架撕咬　饲养群体过大时，家兔常出现打架、撕咬、碰撞、跳跃等现象，若伤及孕兔腹部，也会引起流产。

（14）年龄过大　老年公兔与母兔交配，既会影响仔兔的体质，使仔兔抗病力差，也容易造成胚胎死亡或早期流产。

（15）孕兔外伤　木笼毛刺外露，饲槽边缘不整，木板钉头突出，铁笼网格过大，笼边铁丝翘起，兔舍地板潮湿，废气积聚过多，在这些情况下，都有可能造成诸如皮肤外伤、脚部骨折、细菌感染、结膜炎症等疾病，孕兔受害严重，就会引起流产。

（16）注射疫苗　对家兔来说，注射疫苗是一种较强的刺激，必然会引发应激反应，因此，给怀孕母兔注射疫苗，常常会引起流产。

 经验之十三：提高獭兔繁殖力才能取得好效益

1. 强化种兔的选种选配

严格按选种要求选择符合种用标准的公、母兔作种；要避免近亲交配，科学组对搭配。对于一只好的种公兔的要求是：一要体格健壮，不肥不瘦，达到种用膘度；二要性欲旺盛，配种（或采精）能力强；三要精液品质好，与配母兔受胎率高。还要注意种兔是否患有影响繁殖的疾病，包括遗传性生理缺陷和生殖系统的常见病，如母兔阴道狭窄、公兔的隐睾和单睾等。因为隐睾或单睾不能使公兔产生精子，或者产生精子的能力较差，配种不能使母兔受胎或受胎率不高等。又如母兔"难产"后引起阴道炎、子宫炎或子宫留有死胎；母兔子宫肌瘤、公兔睾丸炎都会明显影响母兔的繁殖性能。要在选种选配时注意剔除这类种兔。

獭兔的母兔一般3～4月龄性成熟，公兔较晚，为4～5月龄性成熟。而体成熟比性成熟晚，性成熟时的月龄约为体成熟的一半左右。生产中一般以体重为初配期的判断标准，即达到成年体重的75%以上时即可配种。依此标准，成年獭兔的平均体重以3.5千克计算，核心群的平均体重以4.0千克计算，獭兔的初配体重应为2.6千克以上（商品兔生产）或3.0千克以上（种兔生产）即可。

2. 种兔群结构合理

一是公母兔应保持适当的比例。一般商品兔场和养殖户，公母比例为1∶（8～10），种兔场纯繁以1∶5～1∶6适宜。实行人工授精的可减少公兔的数量，以1∶（50～100）为宜。注意养兔的种兔数量越小，公兔的比例越大，还应保留一定的家系。在配种时要注意公兔的配种强度，合理安排公母兔的配种次数。二是年龄结构合理，一般种兔群老年、壮年、青年兔的比例以 20：50：30 为宜。实践证明，种兔的年龄明显地影响其繁殖性能。1～2 岁的公母兔随着年龄的增长，繁殖性能提高，2 岁以后，繁殖性能逐渐下降，3 年后繁殖能力明显减弱，配怀率低、产仔少、仔兔成活率低，故不宜再作种。

3. 合理搭配公母兔的营养

实践证明，高营养水平往往引起家兔过肥，过肥的母兔卵巢结缔组织沉积了大量脂肪，影响卵细胞的发育，排卵率降低，造成不孕。营养水平过低或营养不全面对家兔的繁殖力也有影响。因为家兔的繁殖性能很大程度上受脑垂体机能的影响，营养不全面直接影响公兔精液品质和母兔脑垂体的机能，分泌激素能力减弱，使卵细胞不能正常发育，造成母兔长期空怀不孕。空怀兔和妊娠前期的母兔，以中等营养水平、保持不肥不瘦的体况为好，种公兔、种母兔都应保证蛋白质和维生素，尤其是维生素 A、维生素 E、维生素 D 的供给。在日粮中适当搭配青饲料，对提高繁殖性能效果良好。

4. 科学安排配种

包括安排适时配种季节和配种时间。虽然兔可以四季繁殖产仔，但盛夏气候炎热，公、母兔食欲减退，公兔性欲降低，母兔多数不愿接受交配，即使配上，弱胎、死胎也较多，仔兔发生"黄尿病"多，不易成活。故一般不宜在盛夏配种繁殖；但为减少"夏季不孕"现象对年产仔数的影响，提倡在立秋前 1 个月左右抢配一批兔，立秋后产仔，成活率较高。在四川等南方地区，冬、春季两季是繁殖的好季节，配种容易，仔兔成活率高，应多配、多生。适时配种，除安排好季节外，还应抓住母兔发情期内的最佳配种时间配种，以提高配怀率。此外，高温时宜早、晚配种，寒冷时宜中午配种。

5. 正确采取频密繁殖法

频密繁殖又称"配血窝"或"血配"，即母兔在产仔当天或第二天就配种，泌乳与怀孕同时进行。采用此法，繁殖速度快，但由于哺乳和怀孕同时进行，易损坏母兔体况，种兔利用年限缩短，自然淘汰率高，需要良好的饲养管理和营养水平。因此，采用频密繁殖生产商品兔，一定要用优质的饲料满足母兔和仔兔的营养需要，加强饲养管理，对母兔定期称重，一旦发现体重明显减轻时，就应停止血配。在生产中，应根据母兔体况、饲养条件，将频密繁殖、半频密繁殖（产后7～14天配种）和延期繁殖（断奶后再配种）三种方法交替采用。

6. 人工催情

在实际生产中遇到有些母兔长期不发情，拒绝交配而影响繁殖，可以使用营养催情和光照催情。营养催情即保持种兔的适宜体况，达到不肥不瘦的种用体况。在此基础上，小规模兔场尽量增加青绿多汁饲料，规模化兔场在饲料中增加维生素A和维生素E，效果较好；光照催情是根据光照对家兔的性活动有重大影响的理论。长光照有利于发情，短光照抑制发情。因此，在配种前6～7天，给要配种的母兔增加光照，使光照时间每天达到16小时，光照强度60勒克斯。

除加强饲养管理外，还可采用激素、诱情等人工催情方法。激素催情可用雌二醇、孕马血清促性腺激素等诱导发情，促排卵素3号对促使母兔发情、排卵效果较好。对长期不发情或拒绝配种的母兔，将母兔放入公兔笼内，让其追逐、爬跨。也可用输精管结扎的公兔爬跨母兔后，进行人工授精；或对阴户含水较多的母兔，采用人工按摩外阴部等方法，刺激母兔发情排卵，促使抬尾接受交配。

7. 重复配种和双重配种

为增加进入母兔生殖道内的有效精子数，可采用重复配种或双重配种。重复配种是指第一次配种后数小时内，用同一只公兔再重配一次，通常是上午和下午各给母兔配种一次。为了减少捕捉母兔的次数、降低劳动量以及减少母兔的应激，还可以采取第一次交配成功后不把母兔拿走，而是待公兔再次与母兔交配一次后再取走母兔，实践证明，效果也很好。重复配种可增加母兔卵子的受精机会，提高受胎率和防止假孕，尤其是在使用长时间未配过种的公兔时，必须实行重复配种，因为，这类公兔第一次射出的精液中，死精子较多。双重配种是指第一次配种后再用另一只公兔交配。双重配种可避免因公兔原因而引起的不孕，可明显提高受胎率和产仔数。双重配种只适宜于商品兔生产，不宜用于种兔生产，以防弄混血缘。在实施中须注意，要等第一只公兔气味消失后再与另一只公兔交配，否则，因母兔身上有其他公兔的气味而可能引起斗殴，不但不能顺利配种，还可能咬伤母兔。

8. 配种后及时检胎，减少空怀

种兔实行单个笼养，避免"假孕"。

9. 创造良好的环境

环境温度对家兔的繁殖性能影响较为明显。家兔"夏季不孕"现象就是典型的环境影响因素。还有低温寒冷对家兔繁殖也有一定影响。环境温度低于5℃就会使家兔性欲减退，影响繁殖。致病微生物往往伴随着温度和湿度对家兔的繁殖产生影响。因为家兔喜干厌湿、喜净厌污，潮湿污秽的环境往往导致病原微生物的滋生，引起肠道病、球虫病、疥癣病的发生，影响家兔健康，从而影响家兔的繁殖。强烈的噪声、突然的声响能引起家兔死胎或流产，甚至由于惊吓使母兔吞食、咬死仔兔或造成不孕。严寒的冬季贼风的袭击易使家兔患感冒和肺炎，炎热的夏天太阳辐射易使家兔中暑，这些都是影响家兔繁殖的不良环境因素，都需要在饲养管理过程中加以注意。

 经验之十四：兔啃咬笼具的预防办法

在笼养獭兔的过程中，养殖户常发现兔子啃咬兔笼，夜晚尤甚，一些木制兔笼常被啃坏，使兔子逃出笼外，既给管理带来麻烦，又造成不应有的损失。

兔子啃咬兔笼除了其本身有啃笼习性外，还有当兔发情时，公兔闻到发情母兔气味或母兔闻到公兔气味时，在异性欲望吸引力作用下，为了外出相聚而将其前面的阻挡物清除而啃咬笼具；哺乳期间母兔与仔兔分开时，母兔哺乳仔兔心切；患皮肤病瘙痒难受；密度过大；兔笼用松木制作；异食癖及饥饿等均可不同程度地引起兔啃咬笼具情况的发生。

养兔生产过程中，要有针对性的采取预防措施，减少啃咬笼具的发生。

　　① 采用颗粒饲料，特别是在颗粒饲料中加适量的粗纤维性饲料，增大颗粒料的硬度。并根据兔的生长营养需要添加盐类物质，如少量的食盐、微量元素。做到定时、定量供应日粮，让兔子吃饱。特别是夜里注意添加夜草。

　　② 使用金属、瓷砖、水泥板等坚固耐用的笼具。不使用松木等木料制作兔笼。

　　③ 将公母兔分舍隔离，分开饲养，不使其气味互相混流。要配种时才将母兔放入公兔笼中进行配种。

　　④ 仔兔哺乳要定时。

　　⑤ 常用伊维菌素粉拌入饲料中给药，并将兔笼用火焰消毒杀虫，半月 1 次，连做 3 次为好。

　　⑥ 减低饲养密度。

 ## 经验之十五：抓兔子的技巧

　　抓兔子是养兔日常饲养管理中经常要做的事情之一，如给兔子分窝、配种、免疫接种、摸胎以及出售时，都需要捕捉兔子。如果不按照正确的方法操作，会造成兔子受伤，操作者也容易被兔子抓伤。因此，必须掌握正确的抓兔子技巧。

　　很多人都认为抓兔子简单，抓住兔子的耳朵将兔子拎起来或者卡住兔子的腰部将兔子抱起来就行。实际养殖过程中也有很多人是这么做的。岂不知，这样做是错误的，要知道兔子的耳朵是绝对不能抓的。因为兔子的耳朵是兔子的重要器官，兔子的耳部是软骨，不能承受全身重量，而且耳部的血管、神经很多，抓耳朵容易引起耳根损伤，也会损害兔子的耳缘静脉，造成兔子的单耳或两耳下垂。同样，兔子的腰部是兔子重要脏器所在，兔子的两后肢和腰部也不能抓，不允许拖兔子的两后肢或拎腰部。

　　正确的做法是，在抓兔子前，要先接近兔子，打开兔笼门的动作要轻，给兔子一个适应的时间，然后用手抚摸兔头部，使兔安静，待兔子不躲避时，操作者一只手顺着毛向抚摸，将兔子的两耳和相连的颈部皮肤一起抓牢并提起，同时另一只手托住兔子的臀部，使兔子的头部朝上，臀部朝下，此时兔子的身体重量要保证落在托手之上，这样抓兔是兔子最舒服的方式（图 4-1）。

图 4-1　正确的抓兔子方法

抓兔时，切忌动作粗暴、惊吓、强行硬拉，特别是在抓妊娠母兔的时候，动作一定要轻缓，以防止怀孕母兔流产。

 ## 经验之十六：仔兔寄养的技巧

一般情况下，母兔只有 8 个乳头，母兔哺乳仔兔数应与其乳头数一致。对于产仔数过少的母兔可为产仔多的、无奶、死亡的、产后发生乳房炎的及母兔食仔的母兔等代乳，称为寄养。实行工厂化养兔的商品兔场，对同期分娩的所有仔兔根据体重大小、强弱等，进行统一调整，重新分组哺乳，也是利用寄养的方法实现高产高效的。

由于兔子具有嗅觉相当发达但视觉较弱的特性。因此，母兔是通过嗅觉来识别亲生或异窝仔兔的。如果母兔嗅出不是自己的仔兔，不但不哺乳还会将仔兔咬伤咬死。所以，在仔兔需要并窝或寄养时要采用特殊的方法使其辨别不清，从而使寄养或并窝获得成功。

合理寄养仔兔的要求是：寄养必须在母兔产后 7 天内进行，需要寄养的两窝仔兔日龄相差不超过 3 日龄为宜，而且承担哺乳的保姆兔乳汁充足且健康无病。

可以采用以下三种办法实施寄养。

第一种寄养方法是混合仔兔与保姆兔的味道。通过被寄养仔兔接触保姆兔产箱原来兔毛和垫草的味道，遮盖仔兔身上的味道，以及实现仔兔身上原有味道与保姆兔产箱内味道的混合，达到寄养成功。首先将保姆兔从产箱里拿出来，然后把被寄养的仔兔放入窝中心，盖上兔毛、垫草，2～3小时后再将母兔放回产箱内即可完成。

第二种寄养方法是改变仔兔身上味道。首先将保姆兔从产箱里拿出来，然后把被寄养的仔兔身上涂抹数滴保姆兔乳汁或尿液，将被寄养的仔兔放入产箱内，盖上兔毛、垫草，2～3小时后再将保姆兔放回产箱内。

第三种寄养方法是扰乱母兔嗅觉。首先将保姆兔从产箱里拿出来，用石蜡油、碘酒或清凉油涂在母兔鼻端，以扰乱母兔嗅觉，然后把被寄养仔兔放入产箱内，盖上兔毛、垫草，2～3小时后再将保姆兔放回产箱内。

保姆兔放回产箱后要注意随时观察保姆兔对仔兔的态度。如发现保姆兔咬被寄养的仔兔，应迅速将寄养仔兔移开，重新按照以上方法再做一遍即可。

寄养的仔兔如果将用作种兔，为了确保血缘清楚，要做好记录。

经验之十七：如何提高仔兔成活率？

仔兔是指从出生到断奶这段时间的小兔。它可分为睡眠期（即从出生到第12天左右）和开眼期（即从开眼到断奶）两个阶段。其特点：仔兔生后裸体无毛，闭眼封耳，皮薄肉嫩，组织器官发育不完全，体温调节机能差，对环境的适应能力弱，而生长发育很快，如初生重40～65克，1月龄可达500～700克。因此，要加强仔兔饲养与管理，重点做好以下几个方面的工作。

1. 加强母兔妊娠后期的管理，生出强壮的仔兔

仔兔阶段成活率及断奶后的生长发育速度均与胎兔期生长发育基础有着直接关系，胎兔期生长发育良好，出生后必然体重大、体质壮、成活率高、生长发育快。而胎兔70%以上的体重是在怀孕后期生长发育而成的。所以，加强母兔妊娠后期的饲养管理非常重要。

在妊娠后期，必须供给数量充足、营养丰富、适口性强、粗蛋白质含量在18%以上的优质全价日粮，让其自由采食，才能保证胎兔

正常生长发育。如果供给的饲料数量少、蛋白质含量低、缺乏某种营养物质，将影响胎兔生长发育。或者母兔动用过多的自身营养物质供给胎兔需要，造成分娩后母瘦仔弱、成活率低。

母兔的营养水平要比空怀期高 1～1.5 倍，喂料量一般每天控制在 140～180 克。但也要视母兔消化和膘情而定。

2. 产前准备周密

母兔产前准备很重要，在生产实践中，发生的母兔残食仔兔、仔兔被冻僵或冻死、掉到粪尿沟溺死等问题，都是因为产前没有做好准备工作而造成的。因此，母兔产前准备做得好坏直接关系到仔兔的成活率。

3. 保证仔兔吃好初乳、吃足奶

保证仔兔及时吃到初乳，多吃奶、吃足奶是提高仔兔成活率的基础。要保证仔兔吃足吃好奶，首先要保证有奶可吃，然后才是吃足吃好。

（1）尽早吃好初乳　初乳是指母兔产后 3 日内的乳汁。初乳水分含量少，蛋白质含量高，富含磷脂、酶、维生素和矿物质，特别是含有较多的镁盐，具有轻泻作用，有助于仔兔排泄胎粪。初乳中还有高浓度的母源抗体，能增强仔兔免疫力。初生仔兔要在 5～6 小时内吃饱初乳，如检查发现仔兔还没有吃到初乳的，则应人工辅助让其吃上初乳。

（2）为了保证有奶可吃，就要提高母兔的泌乳能力　一般母兔每天泌乳量高达 50～150 克，保证有充足的奶水的前提是加强母兔的营养，每天除供给含蛋白质、矿物质、维生素丰富的混合精料外，还应供给新鲜的青绿多汁饲料，还可以添加中草药进行催乳。经试验，在日粮中加入 2％的益母草、干草、蒲公英、王不留行等中草药制剂，可使泌乳力提高 29％，仔兔断奶窝重增加 25％。

（3）为了保证仔兔吃足吃好，要区别哺乳不同情况及时采取相应的解决办法。

① 母兔有奶不喂的，要对母兔进行人工哺乳调教。分娩后需检查母兔有无奶，如果有奶但仔兔并不是围拢在一起睡觉，而是分散开，身体瘦弱、干瘪，稍有动静就向上蹿跳，发出吱吱叫声，是母兔

有奶不喂造成的，其原因主要有两种：一是初产母兔不会喂奶，二是正在喂奶时突然惊吓后跳出来再也不敢去喂了。发现这些情况后应立即进行强制哺乳。将母兔抓住轻轻放进产仔箱让仔兔吃奶，待哺完后再取出，经过几次训练，母兔习惯以后，就可自行哺乳了。

②产仔过多的或者产仔过少的以及母兔死亡或无奶的，要将一窝产仔超过8只的仔兔或者一窝产仔少于5只仔兔，以及因母兔死亡或无奶的仔兔调整出来，进行寄养。如果找不到合适的寄养母兔的，就要进行人工哺乳。人工哺乳的方法是，用注射器或眼药瓶接上气门芯胶管进行清洗消毒后，吸入经煮沸温度降至38～39℃的牛奶（牛奶中加入1.5%鱼油和适量新鲜鸡蛋黄），每天喂1～2次。

③仔兔强弱不均的，要进行分期哺乳。如果母兔产仔过多、强弱大小不一、又找不到合适寄养母兔时，可进行分期哺乳，即将个小体弱兔分为一组后哺乳，个大体壮兔分为一组后哺乳，人为控制让弱兔适当多吃些奶。

4. 科学管理，减少意外伤亡

在生产中造成意外伤亡的原因主要有："吊奶"出巢致死的；被其他仔兔和大母兔挤压踩踏而伤亡；垫草、兔毛过于柔软、韧性过大，仔兔缠绕其中而致死；笼门关闭不严，仔兔从笼里掉到地上摔死；将仔兔放错了笼舍被大母兔咬死咬伤的等。另外，鼠害也是常见的造成仔兔伤亡的原因之一，初生仔兔无毛，老鼠最爱吃，会发生被老鼠咬死咬伤甚至全窝被叼走的情况。

要根据发生意外伤亡的原因，加强日常科学饲养管理，调动好养殖人员的工作积极性，增强饲养员责任心，减少和杜绝发生意外伤亡。采取定期检查修整笼舍门、垫草、隔墙、培训养兔技术人员、消除锋利物体，产仔箱中放入柔软、洁净、干燥的垫草，笼舍要适当宽大，防止因过于拥挤而相互打架、咬伤，做好防鼠灭鼠工作等。

5. 搞好卫生，预防疾病

保持饲养环境干燥，搞好兔舍、产仔箱及兔笼日常清洁卫生。及时清理粪便，经常清洗和更换笼底板，用开水烫或日光暴晒等方法杀死球虫卵。并坚持定期用石灰水或0.1%的氢氧化钠及新洁尔灭等高效消毒药液进行消毒，以消灭环境中的病原微生物，增强兔的体质。

同时做好仔兔常见病的防治工作。仔兔阶段最易感染的疾病是黄尿病和脓毒败血症，这两种疾病也是仔兔阶段最致命的疾病，要彻底进行预防。在饲料中拌入葱、蒜等，以增强兔的抵抗力。如果发现粪便异常，要及时采取药物防治措施。

6. 夏天防暑、 冬天防寒

仔兔从出生到 12～13 日龄以前裸体无毛、闭眼封耳，缺乏调节体温的能力，其体温随着外界温度变化而变化。虽然仔兔阶段需要的外界温度高于成兔，但若高于 35℃，也会引起中暑，而低于 16℃ 后就会被冻僵。所以防寒避暑是仔兔（特别是 12 日龄以前）阶段的一项重要工作。

寒冷季节产仔箱的保温性要高。要选择保温性好、吸湿性强的材料做垫草。如箱底放入塑料泡沫，消毒后的禽毛、兔毛、柔软的野草等。分娩后母仔分离，将仔兔移入温室，每天定时人工辅助哺乳。而在炎热的季节要注意采取防暑降温措施，整个兔舍外边要有遮阴设备（如搭荫棚、树木等），门窗敞开通风；将产仔箱移入通风良好处；取出产仔箱中的一部分兔毛来，安置电风扇，有条件可建地下兔舍，将母仔移入地下兔舍饲养效果最好。

7. 提早补料， 保证发育

仔兔随着日龄加大食量逐渐增多，母乳供不应求，需要提前补料。在正常情况下，仔兔在 17～18 日龄才开始采食。开始时只采食点柔软菜叶、树叶等容易咀嚼、易消化、适口性好的饲料，以后喂给全价配合饲料，供给营养丰富、适口性强、容易消化、蛋白质含量 20% 以上、粗纤维含量低于 10% 的优质饲料，并需加入适量的酵母粉、生长素、维生素及木炭粉、炒高粱面、喹乙醇、土霉素等。严禁用发霉的草料喂兔。这样既可保证仔兔正常生长发育，又可防治拉稀、球虫、巴氏杆菌、胃肠炎等疫病。

饲喂数量要由少到多，逐渐增加，要防仔兔食多伤胃，造成胃肠炎；一般在 18 日龄时，每只兔每天采食 3～4 克即可，而在 30 日龄时采食量增加到 40～50 克。

采取少食多餐的方式，开始时每天投喂 6 次，至断奶时减少为 5 次。补料可采用单饲补食，也可随母补食的方法。

注意喂仔兔料槽应长、窄而矮，不宜过小、过高，否则仔兔采食困难或横卧槽中，造成采食不均，影响发育和成活。

8. 适时断奶

断奶是仔兔一生中的重要关口，断奶后全靠饲料提供营养，而且仔兔对外界环境和疫病的抵抗能力还比较低。所以，仔兔的断奶时间要根据品种、生产用途、生长发育状况等适时断奶，以保证仔兔断奶后能独立生活为原则。特别是弱仔兔，断奶时间要适当延后。

经验之十八：如何提高幼兔的成活率？

幼兔是指从断乳至 3 个月龄的小兔。在养兔生产中，成活率最低，是兔最难养的时期。因此，要特别重视幼兔时期的饲养管理工作。

1. 尽量减少应激影响

从仔兔到幼兔，环境要发生很大变化，有很多应激因素，如断乳、饲料改变、笼舍改变、伙伴改变、疫苗注射、药物预防、打刺耳号等，这些众多的应激因素往往容易导致幼兔的抗病力下降。

从饲养管理的细节入手，尽最大可能减少应激。如断乳后至少一周内实行"三不变"，即饲料、环境、管理三不变，然后实行逐渐过渡，给幼兔充分的适应和准备时间。将分群调笼、打刺耳号、疫苗注射、药物预防等工作分开进行，科学安排。

2. 加强环境调控

幼兔对环境的适应能力差，应给幼兔创造适宜的生长环境。幼兔神经调节机能尚不健全，一旦受到惊吓，容易造成全群惊场，影响采食、消化及排泄，阻碍生长发育，严重时还能诱发疾病。

应该为幼兔提供安静、卫生、干燥、通风、温暖、密度适中的生长环境。要防惊吓、防潮湿、防风寒、防炎热、防空气污浊。

3. 加强营养调控

幼兔对饲料和饲喂制度要求较高。由于幼兔生长发育快，必须采食大量的饲料。而此时，兔子的胃肠容积小，消化力较弱，但食欲旺盛，往往由于贪食而导致胃肠负担过重，造成消化不良。幼兔死亡50％以上是因消化系统异常所致，因此，做好营养调控是预防消化系统疾病的关键。

断奶后的幼兔要多喂营养全面、体积较小、适口性好、能量和蛋白水平较高的、易于消化的颗粒饲料，少喂水分过多的青饲料及粗硬饲料。日粮中的蛋白质应达到16％～18％，但营养含量不是越高越好，用大量的精饲料（高能量、高蛋白、低纤维）饲喂容易造成腹泻及肠炎。一定的粗饲料对调节消化系统功能起着重要的作用。所以，应限制玉米等高能量的精饲料，增加苜蓿等高纤维饲料的喂量，对防止幼兔肠炎有良好的作用。实验证明，幼兔的死亡率与给其大量饲喂玉米等高能量饲料有关。美国肉兔颗粒饲料中的苜蓿粉用量高达54％～60％。

为了促进幼兔生长发育，混合料中应补加适量的维生素、微量元素、氨基酸、酶制剂及抗生素。饲料一定要清洁干净，青绿饲料要鲜嫩，带泥土的青草必须洗净晾干后再喂。

4. 饲喂管理

幼兔食欲旺盛，易贪食。饲喂要定时定量，少喂勤添，每天饲喂4～5次为宜，一般每天喂混合精料2次，青绿饲料2～3次。喂量应随日龄的增长、体重增加逐渐增加，主要根据每次喂食后是否有剩料和结合观察粪便的软硬来判断是否增加饲喂量。还要注意不可突然增加和变更饲料，保持饲料的相对稳定，否则，幼兔极易患消化道疾病或引起死亡。

在幼兔的饲养管理中还应保证供给充足清洁的饮水，一般情况下，冬天每天饮水1次，其他季节每日2次，气温较高时应做到清水不断，饮水常换。

5. 预防疾病

幼兔阶段容易引发多种疾病，最为严重的是球虫病、大肠杆菌病、巴氏杆菌病、兔瘟等。防疫工作一旦疏忽，传染病就容易爆发，有的还会造成全群覆灭。

可见，抓好疾病防治至关重要，制定科学合理的免疫程序，应将环境消毒、药物预防、免疫接种及加强饲养管理相结合。做好兔舍、兔笼的清洁卫生，坚持定期消毒，及时清除粪便。免疫接种兔瘟疫苗、巴氏杆菌、波氏杆菌和魏氏梭菌疫苗。断奶前后至 3 月龄是球虫病的暴发阶段。对幼兔威胁最大。球虫病的死亡率高达 80％ 以上。因此必须在饲料中加入抗球虫、防肠炎、促生长的药物，如地克珠利、敌菌净等药物。

　　春秋季还要预防口腔炎、肺炎及感冒，夏季重点预防球虫病，四季预防肠炎。饲料中经常加入洋葱、大蒜等对于防病和促进幼兔生长都是有好处的。

 ## 经验之十九：怎样给兔测体温？

　　一般采用肛门测温法，测温时，用左手臂夹住兔体，左手提起尾巴，右手将体温表插入肛门，深度在 3.5～5 厘米，保持 3～5 分钟。兔子正常体温为 38.5～39.5℃。对兔子进行体温测定，有助于推测和判断疾病的性质，如出现高热，一般多属于急性全身性疾病，无热或者微热多为普通病，大出血或者中毒以及临死前往往体温低于正常，预后不良。

 ## 经验之二十：仔兔断奶的技巧

　　仔兔断奶要根据兔子的品种、繁殖安排、仔兔体重和仔兔体质强弱等情况而定。断奶的原则是即使母兔有充分时间调养，准备再生育，又可早日锻炼幼兔的适应性，使各器官健康发育，有利成长。

　　断奶仔兔体重越大，说明母仔兔饲养水平越高，母兔泌乳量越足，这样的仔兔断奶后越容易饲养，成活率就越高。实践证明，断奶体重低与小兔死亡率高有直接关系。断奶体重低的小兔应对不良影响的能力差（比如低温、营养不良、细菌或病毒侵害），提高断奶小兔体重对于应对小兔死亡率高有很重要的意义。因此，仔兔 35～40 日龄、体重达到 750 克左右时断奶较为合适。如果仔兔生长发育整齐健壮，可以实行仔兔 35 日龄断奶，如果仔兔瘦弱、发育不良，要适当延长断奶的日龄。

在生产中，常用的断奶有两种方法，即一次性断奶和分期断奶。要根据全窝仔兔体质的强弱而定。如果全窝仔兔生长发育均匀、体质健壮，可采取一次性断奶法，即在同一天将母、仔分开饲养。断奶母兔在断奶后的 2～3 天内只喂给青粗饲料，停喂精饲料，使其断奶。如果全窝仔兔生长发育不均匀，可采取分批断奶法，即先将身强体壮的仔兔断奶，而个小瘦弱的仔兔留下，继续让母兔哺乳，让其再多吃几天母乳。晚几天离开断奶，有利于弱小仔兔的发育，可减少死亡现象的发生。

在断奶前 2～3 天，应减少精料和多汁饲料的饲喂量，可多喂些优质青干草，让母兔收奶，防止发生乳房炎。同时，为了实现仔兔顺利断奶，在仔兔出生 18 天左右开始补料，使断奶后仔兔能依靠自行采食饲料正常的生长发育，并在断奶后继续饲喂同样饲料几天后再逐渐过渡到育肥饲料。

最好在断奶仔兔的饲料中添加酶制剂或微生态制剂。添加酶制剂可弥补仔兔自身消化酶系统发育不健全，减轻仔兔消化系统的巨大负担。微生态制剂的使用，是针对早期断乳仔兔肠道微生态系统的脆弱性，为防止体外有害微生物的侵入和内源有害微生物由于断乳应激而剧烈增殖，控制消化道疾病的发生。

仔兔断奶后不宜立即离开原兔舍，实行饲料、环境、管理三不变。实践证明，仔兔断奶后，继续在原兔笼舍饲养 3～5 天再放到幼兔笼舍，其成活率会高些。因仔兔刚一断奶马上转移到陌生、变化较大的新环境里，看不到母兔，闻不到原笼舍气味，就会表现不安、胆小怕惊，导致应激反应多、食欲不振、生活力下降等。如在原兔笼舍过度几天后，再转移到新的环境里，可提高仔兔对新环境的适应能力，有利于减少伤亡。

断奶时应对断奶仔兔进行编号，并将公、母分群饲养。

 经验之二十一："无水"粗放养兔法

山东省枣庄市山亭区徐庄镇张山湾村的养兔专业户李言堂在养兔

生产实践中，发现仔兔、幼兔腹泻病多、死亡率高。经认真观察，发现与饮水不当有很大关系。由于农村家庭兔场条件所限，环境控制能力差，所用饮水器皿多为瓦盆、罐头瓶等所代替，上部为开放性的，放置或固定于笼门内。由于喂料、风吹及兔子的运动等，将一些草屑、残食、落毛等混入水内，特别是一些小兔，可能将粪尿排入水中，甚至四肢踏入水内，造成饮水的严重污染。当兔再饮水时，造成"病从口入"的危险。一些兔场对饮水器具清洗不经常、消毒不严格、换水不及时，因此，水盆中苔类滋生而呈绿色。长期下去，造成消化道疾病此起彼伏。于是他拆掉了供应兔子水源的自动饮水器，去除了水盆水罐，采取"无水"粗放养兔法，不仅幼兔成活率高，还减轻了劳动强度。

怎样保证饮水的供应而又防止水的污染呢？李言堂经过小规模反复试验，总结出一套以菜代水、以草代水、料中带水的"无水"（或"少水"）粗放养兔技术。

① 以菜代水：即在早春和秋冬，以富含水的多汁蔬菜喂兔，如大白菜、红萝卜、白萝卜、油菜等。

② 以草代水：即在春末、夏季和秋季，以田野杂草，栽培的大豆、玉米青稞，或种植的苜蓿、串叶松香草、苦麻菜（又名苣荬菜）等喂兔。

③ 料中带水：即混合粉料以清洁的井水拌湿，加水的程度以料托在手心里显水而不外渗为宜。一般情况下，冬春季每日喂两次料一次菜，夏秋季喂一次料两次草。

"无水"粗放养兔法，无水是假，不以饮（或少饮）水的方式供水是真。说它粗放，是因为它适于农户小规模粗放养兔。尽管粗放了些，但也有其科学道理。由于该法简便易行，适合小规模养兔户。

 ## 经验之二十二：用肉兔帮助獭兔部分哺乳，仔兔增重快

由于獭兔的泌乳能力不如肉兔，而营养是决定仔兔生长的主要因素。生产中有的养兔场采用肉兔代替獭兔哺乳獭兔仔兔，生长效果较

好。在獭兔养殖效益高于肉兔养殖效益时不妨采用此法。

具体做法是在养獭兔时，同时养上一批肉兔，让它们几乎同时配种或相差几天。当它们生下仔兔时，将肉兔的仔兔适当处理掉几个（如出售作为生物制药或将弱小的淘汰），只留下 2～3 只让母兔喂养。当仔兔生长到 10 日龄后，开始每天给仔兔喂 2 次奶，獭兔喂 1 次，肉兔帮忙喂 1 次。直到仔兔长到 18～20 日龄时，开始给仔兔补喂饲料，如豆制品、仔兔专用饲料、胡萝卜、鲜嫩青草等。经过这样的饲喂，仔獭兔比常规喂法的獭兔增重快，獭兔的体格健壮，抗病能力强，易饲养，成活率高。

 ## 经验之二十三：怎样确定兔的使用年限？

公母兔的使用年限一般为 3～4 年，如果是优良的种兔，体质健壮、遗传稳定、后代表现好，公兔性欲旺盛，母兔产仔多且成活率高，配种利用年限可适当延长。超过繁殖利用年限，衰老的种兔，其受胎率、产仔数和成活率均差，所产仔兔品质也差，要适时淘汰和更新兔群。一般每年淘汰 1/3，做到 3 年一更新，让适龄种兔在兔群中占绝对优势。

实行现代工厂化频密繁殖的，母兔利用 1 年即淘汰。

 ## 经验之二十四：怎样安排配种繁殖季节？

掌握好獭兔的配种繁殖季节是提高仔兔成活率的重要环节，獭兔繁殖虽无明显的季节性，一年四季均可配种繁殖，但因不同季节的温度、光照、营养状况等不同，对母兔的受胎率和仔兔成活率均有一定的影响。

（1）春、秋季　气候温和、干燥，种兔性欲旺盛，母兔受胎率高、产仔数多，仔兔成活率高，是獭兔配种繁殖的最好季节，要抓好配种繁殖工作。不少兔场春繁大都采用频密产仔法（血配），连产 2～3 胎后，再行调整，恢复体力，8 月份开始秋繁。

（2）夏季 凡舍温在 30℃ 以上的时节，应停止配种繁殖，一般是在每年的 6 月份至 7 月中旬停止配种繁殖。但如母兔体质健壮，又有防暑条件，仍可适当安排配种繁殖。

（3）冬季 冬季气温较低，种兔体质较弱，受胎率低，所产仔兔如无保温设备，容易冻僵或冻死。所以，要冬繁，则须供给营养丰富的饲料，以保持健壮的体质；还要有保温措施，一般要求室温不低于 15℃，仔兔窝不低于 30℃，幼兔要求 20℃ 的环境。

 ## 经验之二十五：要做好獭兔换毛期间的饲养管理

獭兔为适应外界环境，其被毛要进行定期脱换。獭兔的换毛顺序是：颈部—前躯背部—体侧、腹部、臀部。獭兔换毛期间体质较弱，消化能力降低，对气候的适应能力也相应减弱，容易受寒感冒。特别是在秋季的换毛期间，对种兔的繁殖性能影响很大，应引起足够的重视。因此，换毛期间应加强饲养管理，供给容易消化、蛋白质含量较高的饲料，特别是含硫氨基酸丰富的饲料，对被毛的生长、提高獭兔毛皮的品质尤为重要。换毛可分为年龄性换毛和季节性换毛。

1. 年龄性换毛

年龄性换毛主要发生在幼兔和青年兔。新出生的獭兔一年中有两次换毛。第一次年龄性换毛始于仔兔出生后 30 日龄左右。仔兔出生后第 4 天开始长出绒毛，到 30 日龄基本长好。从 30 日龄左右又开始逐渐脱换，直至 130～150 日龄结束，尤以 30～90 日龄最为明显。据观察，120 日龄以内的獭兔被毛空疏、细软、不够平整，随日龄增长而逐渐浓密、平整。獭兔皮张以第一次年龄性换毛结束后的毛皮品质最好，屠宰剥皮最合算。第二次年龄性换毛大约在 180 日龄左右开始，210～240 日龄结束，换毛持续时间较长，有的可达 4～5 个月。

2. 季节性换毛

季节性换毛是指成年兔在春季和秋季的换毛。当幼兔完成两次年龄性换毛之后，就进入成年兔的行列，以后的换毛按照季节进行。换毛的早晚和持续时间的长短受到多种因素的影响。如不同地区的气候差异、家兔年龄、性别和健康状况以及营养水平等，都会影响家兔的季节性换毛。

春季换毛，北方地区多发生在3月初至4月底，南方地区则为3月中旬至4月底。脱去冬毛，换上夏毛。此期青绿饲料较多，精料占比例较少，毛囊的代谢机能旺盛，所以被毛生长较快，换毛期较短，所换的被毛枪毛较多，被毛稀疏，便于散热。秋季换毛，北方地区多在9月初至11月底，南方地区则为9月中旬至11月底。这次换毛脱去夏毛，换上冬毛。此期由于饲料的转变，加上皮肤毛囊的代谢机能萎缩，造成被毛生长慢，换毛期较长，绒毛多，被毛浓密，有利于保温。

 ## 经验之二十六：春季养獭兔需要注意哪些问题？

常言道：一年之计在于春。獭兔养殖也是如此，春季对獭兔管理的好坏直接关系到全年的收益。春季天气渐暖，阳光充足，青饲料相继供应，是种兔繁殖的黄金季节，但早春气候多变，又是传染病高发期，兔子又进入换毛期。因此，必须加强獭兔的饲养管理。

1. 继续做好防寒保温，防倒春寒

春天早晚温差大，气温忽高忽低、变化无常，容易诱发感冒和肺炎，特别是冬繁的小兔抗病力弱，保温防寒仍然是饲养管理的重点工作。兔舍门窗的开、关应根据天气变化而定，预防獭兔受冷风侵袭、受凉而致咳嗽、感冒、肺炎、肠炎等病的发生。

2. 抓好春繁工作

春季是獭兔繁殖的黄金季节，此时母兔发情明显，发情周期缩短，排卵数多。此时配种受胎率高，产仔数多，仔兔生长快，成活率高。公兔精液品质好，性欲旺盛。因此，春繁要及早开始，抓住有利时机，采用频密产仔法，要保证春季繁殖至少2胎，最好连产3胎，然后再调整种群，恢复体力。由于这一时期受胎率抵，要采取复配，防止母兔空怀。

3. 加强营养

春季獭兔进入繁殖黄金季节，加上进入换毛期，要喂给营养价值高、不发霉、不变质的优质饲料。对种公兔、种母兔要适当增加精料的喂养，适当提高蛋白质的含量。种母兔怀孕期饲喂量随胎兔增大相应增加；哺乳期应供给优质的精、青、粗饲料和适量的胡萝卜等富含维生素 A 的饲料，最好在晚上 9 点钟后加喂 1 次干粗料。在产仔前后 2～3 天，给母兔投喂磺胺类抗菌药物，以防止母兔乳房炎和仔兔黄尿病。母兔奶水不足，可用"催奶片"催奶并增喂青绿饲料或补充豆浆、米汤和红糖水。种公兔加喂胡萝卜、花生饼、豆饼、磷酸氢钙等富含维生素及矿物质的饲料，以提高公兔精液品质。开始饲喂青绿饲料时，要先少后多，逐渐增加喂量，以免喂食过量造成消化道疾病。在阴雨天要适当增加干粗饲料的投喂比例。

4. 注意饲料质量

冬储的花生秧、青干草等经过冬雪春雨，容易受潮发霉，同时萝卜、白菜保管不当也会腐烂变质，有引起饲料中毒的可能，应特别注意。

獭兔饲料由干草型向青草型的过度要逐步进行，控制青饲料饲喂量，做到青干搭配，避免獭兔贪食。在雨后割的青饲料要晾干后再喂，并注意在饲料中合理搭配杀菌健胃药物。

不喂冰冻、霉烂变质或带泥沙、堆积发热的青绿饲料。菠菜、灰菜含有草酸，能与肠道钙离子结合成不易被吸收的草酸钙，不利于钙的吸收和利用，应控制喂量。

5. 搞好环境卫生

注意保持兔舍干燥和清洁卫生，做到勤打扫、勤消毒、勤洗刷、勤消毒，达到笼舍内无积粪、无臭味、无污染。

6. 预防疾病

春季万物复苏，也是病原微生物及蚊、蝇等复苏滋生的季节，是多种传染病、普通病及寄生虫病的多发季节，要加强笼舍消毒，注意通风换气等。

及时搞好防疫灭病工作，给家兔注射兔瘟、巴氏杆菌、波氏杆菌、大肠杆菌、魏氏梭菌等疫苗，在饲料中交替添加球特（其主要成分为地克珠利）、克球粉等抗球虫药物，给家兔交替饮用0.01％高锰酸钾溶液、氟哌酸溶液。另外还要有针对性地投喂一些预防药，预防感冒、口腔炎等。

另外，春季天气变化无常，常有倒春寒，家兔又处于换毛期，要注意防风保暖工作，谨防家兔受凉感冒。

7. 做好防暑准备

兔舍前加种藤蔓植物，如丝瓜、苦瓜等，以便盛夏遮阴。

 经验之二十七：夏季养獭兔需要注意哪些问题？

夏季气温高、湿度大，而獭兔怕潮湿、怕炎热，在高温环境下，兔的生存力下降，生长发育缓慢，夏季适宜球虫发育，容易发生消化道疾病，对獭兔发育极为不利。因此有寒冬易度、盛夏难养之说。可见做好防暑降温是夏季饲养管理的关键。

1. 防暑降温

夏季避免阳光直射兔笼兔舍是降温的主要措施。可利用藤蔓植物或搭凉棚遮阴蔽阳。为了改善兔舍环境，应经常开窗开门通风。但要安装纱门、纱窗，防止蚊蝇。舍温超过30℃时，兔舍地面应洒凉水或舍顶喷水。有条件的地方应开排风扇或鼓风机，流通空气，以利防暑降温。

2. 防潮湿

兔子怕潮湿，夏季雨水大，尤其是梅雨季节，兔舍空气潮湿，易使细菌及多种病原微生物滋生，应从引起兔舍潮湿的因素上区别解决。兔舍内地面、笼具尽量不用水冲洗，兔子用的饮水盆或饮水器要固定好，防止被兔子拱翻或损坏，使水洒出；经常检查饮水器，发现漏水及时修补。兔笼要保持干燥，金属兔笼可用喷灯火焰消毒，但要注意防火。墙壁用20％石灰乳粉刷。兔舍相对湿度超过60％时，地面可撒生石灰粉或草木灰吸收潮湿。注意撒吸湿剂前要把门窗关好，防止舍外的潮湿空气进入舍内。承粪板和兔舍的排粪沟要有一定的坡度，兔舍内的兔粪、兔尿应及时清除，尽量不使粪尿在兔舍内滞留。同时，要经常检查兔舍的屋顶和门窗，防止漏雨和雨水侵入。

3. 合理喂料

采用合理的饲料配方，配合饲料时要减少能量饲料的比例，以青绿饲料为主，调制新鲜饲料，注意饲料品质，严禁饲喂变质、发霉的饲料以及带有雨水或露水的野草。

对饲喂时间和饲喂量进行调整，早餐要早喂，午餐精而少，晚餐要多喂，晚餐饲喂时间可适当推迟，全日饲喂以晚餐为主。还要增加夜草，把 80％的饲料量集中到早晚。即将晚上 8 时到次日早 7 时作为饲喂时间，分 4～5 次饲喂。其他时间尽可能不喂，让兔充分休息。

4. 保证充足饮水

当兔舍内温度达到 25℃时，兔子的饮水量开始增加，这时要保证 24 小时不间断供给新鲜、清洁、足量的饮用水，并在水中加入 1％的食盐或电解多维，以起到降温的作用，同时补充兔体液的消耗。

5. 调整密度

兔舍内的饲养密度不宜过大，密度越大，产热越多，同时兔舍内空气也会变得污浊，二氧化碳、氨等有害气体浓度过高，引发兔呼吸道疾病。因此，一定要注意兔群的密度，青年兔要隔笼分开喂养，降低饲养密度，保持兔舍内空气清新，每平方米底板面积商品兔的饲养密度由 16～18 只降低到 12～14 只，泌乳母兔和仔兔要分开饲养，定时哺乳，既利于防暑，又利于母兔的体质恢复和仔兔的补料，还有助于预防仔兔球虫。

6. 搞好兔舍内外清洁卫生

夏季蚊虫多，病菌容易繁殖，要切实搞好笼舍、食具和兔场周围的环境卫生，笼舍要勤打扫、勤消毒，饲槽、饮水器要勤清洗、勤消毒，粪便要每天清理，并实行粪便集中发酵处理。每天用 1％～5％来苏水消毒一次，同时注意杀虫灭鼠。

7. 控制繁殖

夏季由于高温高湿，公兔性欲低下，精液品质下降，母兔体能消耗大，自身营养储备不足，即使母兔成功受孕，也会造成胎兔发育不良、母兔产后奶水不足、仔兔死亡率高。因此建议在自然环境下，避免母兔在夏季繁殖。配种产仔宜安排到 8 月下旬集中进行。

8. 预防疾病

夏季蚊蝇滋生，多种疫病易发生流行，特别是兔瘟和球虫病。适时接种疫苗，投喂一些抗球虫病药物，如氯苯胍、克球粉、敌菌净，实行母子分养，定期哺乳，可以减少互相传染的机会。

9. 保持安静

夏季通常兔舍的开放程度提高，兔群易受到外来声音和动物的惊扰。因此，兔舍的门窗和运动场要采取安装铁丝网等隔离设施，避免其他小动物进入，防止兔子受到伤害。给兔子创造一个良好的、安静的环境，以利于兔子充分休息，促进其生长和安全度夏。

10. 满足饮水

水的功能是任何营养物质所不能代替的。在夏季水的作用更大，兔子对水的需求更多，约为冬季的 2 倍以上。除了满足獭兔自由饮水，为达到防暑降温，可在水中加入 1%～1.5% 的食盐。为预防消化道疾病，可在饮水中添加一定的抗菌药物（如环丙沙星、痢特灵等）。

 经验之二十八：秋季养獭兔需要注意哪些问题?

秋季温度适宜，饲料充足，是獭兔生长和繁殖的黄金季节。此时正值成年兔的换毛季节，体质虚弱，要加强营养，饲养管理上应注意以下问题。

1. 搞好秋季繁殖

秋季是獭兔繁殖的大好季节，要抓好种兔的繁育工作，要使獭兔尽快恢复盛夏后的弱体质，适应秋季白照较短的特点，这就要求加强营养，精心饲养，光照时间不足 14 小时的，可采用人工光照补充。使种公兔适应环境，增强体质进行秋繁。由于种公兔较长时间没有配种，应采取复配或双重配种的方式，提高受精率。

2. 注意饲料搭配饲喂

秋季是獭兔的季节性换毛期，也是繁殖期，因此要多喂些适口性较好的青绿饲料，适当加一些蛋白质较高的粗饲料。不同饲草所含营养不同，喂料时要注意搭配，确保饲草多样化，以利于家兔健壮生长。除了多喂青绿饲料外，还应适当增喂麸皮、豆粉、鱼粉、玉米等蛋白质含量高的精料。公兔要多喂一些富含维生素的青饲料，如韭菜等，以提高配种能力；母兔要多喂消炎、解毒、化瘀、通乳之类的饲料，如金钱草、益母草等，以提高受胎率。

3. 精心管理

秋季气温不稳，有时早晚温差达 $10\sim15℃$，必须防感冒、肺炎、肠炎和巴氏杆菌病，遇降温天气应关好门窗。群养兔每天早上太阳出来时放出去活动，傍晚应赶回室内，每逢遇到大风或降雨，不能让其露天活动。

4. 适当增加运动和光照

舍饲和笼养的獭兔，每周可让它们在围好的运动场上自由活动一天，以促进新陈代谢，增进食欲，增强抵抗力，同时要经常让獭兔晒晒太阳，以促进獭兔体内维生素 D 的合成。

5. 做好消毒和环境清洁卫生

做好兔舍消毒和环境卫生。定期对兔舍、食具和笼具洗刷消毒。秋季早、晚气温较低，应注意保暖。保持空气流通。不喂带露水的草料。

6. 预防疾病

獭兔度过炎热的夏天后，抗病能力已有所下降，到了秋季又正值换毛和母兔分娩期，所以，抓好疾病预防工作十分重要。

每年进入秋季，家兔饲养就进入了一个消化道问题的怪圈，除了众所周知的腹泻病以外，还有更多的腹胀、腹水、便秘以及一些肠道疾病等问题的出现，所以，此类疾病是防治的重点。法国专家介绍，应用金霉素进行预防及治疗流行性腹胀效果显著，在我国多地实际应用效果不错。同时此期也是球虫病、疥癣等病害的流行季节，也要做好这些病的防治。

秋季还有注射疫苗的问题。适用的疫苗主要有兔瘟疫苗、兔瘟巴氏杆菌二联苗和 A 型魏氏梭菌灭活菌苗，预防兔瘟、巴氏杆菌和兔腹泻病等。一般断奶以上，不分大、小兔子，每只兔子皮下注射兔瘟蜂胶苗 1 毫升或者兔瘟普通疫苗 2 毫升，也可以用兔瘟-巴氏-魏氏三联苗每只皮下注射 2 毫升。

为了使獭兔安全越冬，增强体质，越冬前（秋末）应用伊维菌素或阿维菌素、驱虫净等药物，采取注射或拌料服用的方法，对所有成兔和幼兔进行一次体内外寄生虫的驱治，以防寄生虫病的侵袭和危害。

7. 做好越冬饲料储备

立秋以后，树叶开始凋落，农作物相继收获，应抓紧时机进行越冬饲料的贮存。饲料的贮存量可按照整个冬季加上半个春天的需要量计算，并增加 5%～10% 的变异系数。将越冬用番薯藤、红薯秧、花生秧、玉米秸、青草、树叶等及时晒干，合理贮存，并且有防霉变的措施。

8. 做好越冬兔舍准备

冬季到来之前，必须对所有兔舍进行修整，简易兔舍根据当地气候特点做好防风防寒遮挡和封堵。华北、西北、东北等地区的兔舍要做好防寒准备，封堵北面窗户，在兔舍门外搭设防风门斗，做好供水管线保温，安装冬季舍内增温的火炉、电热取暖器等。

 ## 经验之二十九：冬季养獭兔需要注意哪些问题？

饲养獭兔管理是极其重要的，特别是在冬季，此时气温较低，日照时间短，青绿饲料缺乏，给养兔带来一定困难。如果饲养管理不当，不但造成因饲料消耗量增加、患病死亡率增高而加大开支，而且严重影响毛皮质量，同时也制约着生产的快速发展。冬季饲养管理重点是做好防寒保温和冬繁冬养工作。獭兔冬季饲养管理应当注意以下几点。

1. 兔舍保温

防寒保温是冬季管理的中心工作，兔舍温度要保持相对稳定，切忌忽冷忽热。獭兔比较耐寒冷，但其耐寒能力有一定限度，气温降到5℃以下就会感到不适，最适宜的生活和繁殖温度是15～25℃，高于或低于这个温度范围都会降低其生产和繁殖性能。尤其是仔兔，裸体无毛的仔兔尤其怕冻，10℃以下就会冻僵，5℃以下就会冻死。要保持产箱内的温度在20～25℃。主要采取关门窗、挂草帘、堵缝洞，防止寒风侵入和贼风侵袭，以减少热能的放散，有条件的兔舍可以安装土暖气、生煤火、扣塑料棚，冬季养兔宜增加密度，笼底可垫草或用其他材料进行保温。小兔切莫单笼饲养。

2. 抓好冬繁工作

实践证明，只要做好保温工作，冬季繁殖的仔兔、幼兔成活率高、疾病少。要加强产箱保温，垫草要干燥、柔软、保温性强。

冬季注意让空怀母兔和公兔多晒太阳，以增加运动，提高公兔性欲，刺激母兔排卵。冬季母兔发情时间间隔长，情期短，要勤观察母兔外阴部的变化（浅红早，黑紫迟，大红配种正当时），抓住有利时机促其交配，并要进行复配（即用同一只公兔配后1小时之内再配一次），以提高母兔受孕率和产仔数。种公兔连续使用2天要休息1天，并注意增加青绿多汁饲料和精料。

3. 增补饲料营养

一方面要增加饲喂量，因为冬季寒冷需要热量多，饲喂量要比平时多20%～30%，另一方面饲料配合时，要适量配合能量饲料的比例，最好保证青绿多汁饲料的供应不间断，粉料要热水拌食，少喂多添，防止剩料结冰。

冬季缺乏青饲料，易发生维生素缺乏症，每天应设法喂一些菜叶、胡萝卜、大麦芽等，以补充维生素的不足。

夜间8～9时再加喂一次草料，不要饲喂冰冻饲料。

4. 精心管理

为了保温，兔舍密闭性好，但通风不良，有害气体增多，因此，晴朗的中午要打开门窗排浊气。白天应选择风和日暖的天气，将兔放在运动场活动，但必须在每个兔有耳号的情况下，否则不可这样做。

5. 做好兔舍清洁卫生

对仔兔巢箱要加强管理，勤清理，勤换垫草，做到清洁、干燥、卫生。清洗食具，保持笼具、食具和舍内的清洁卫生。冬季粪便不可堆积过久，一般 1～2 天清洁一次。以防粪尿堆积，减少氨气、硫化氢等刺激性气体的产生，防止鼻炎、肺炎等呼吸道疾病。每隔 7～10 天，选晴朗无风天，选择刺激性小、毒性小的消毒液消毒 1 次兔舍。

6. 防冻伤

要增加獭兔的饲养密度，靠兔体散热增温。仔幼兔切勿单笼饲养，必须移至保暖的房间内。若遇刮风、下雪和降温等恶劣天气，一定要仔细检查兔子的身体状况，发现有冻伤的兔子时，要及时救护。将冻伤兔转移到温度高的地方，在冻伤部位涂抹植物油；如果肿胀得厉害，可涂擦碘甘油；若冻伤处出现破溃，可在挤出破溃处的液体后，涂上适量的抗生素软膏，并做必要的包扎。

7. 防疾病

獭兔在 1 月龄时，应全部注射兔瘟、兔巴氏杆菌二联苗。具体的使用剂量为：1 月龄兔 1.5 毫升，2 月龄兔 2 毫升。对于怀孕母兔，注射时操作要轻。在做好防疫的同时，还要注意做好对感冒、腹泻等常发病的防治，平时在饲料中按规定剂量加入敌菌净、复方新诺明等药物。如果用药时间过长，除及时停药外，可在饲料中加入微生物制剂以恢复肠道功能。禁止使用土霉素、PPA（盐酸苯丙醇胺）等杀菌药物。

8. 增加光照时间

充分而合理的光照是獭兔正常生长发育的必备条件，一般多采用人工光照和自然光照两种方法。可在兔舍前后覆盖透明塑料薄膜，以充分利用太阳光照，尽量增大室内采光量，实现人工增温。獭兔在每天光照 12～16 小时的情况下，可获得良好的生产性能。

 经验之三十：獭兔育肥宜选择微暗环境

现在饲养的獭兔是由野生穴兔驯化而来，虽然经过长期的自然选择和人工选择，在体型、外貌、品质等方面发生了很大变化，但是它们在野生时期养成的某些特点，如昼伏夜出、胆小怕惊、喜欢打洞穴居等习性至今仍然保留着。合理利用獭兔的这些习性，对于獭兔的科学饲养管理、增加养兔效益有着重要的作用。如我们利用獭兔喜欢微暗的环境来饲养育肥的獭兔，可以取得非常好的育肥效果。

光照对于獭兔的育肥有一定影响。生产中发现，处于光照和强光照条件下，兔毛发锈，毛纤维变得粗糙，被毛生长缓慢。而在光照时间短而弱的环境下，家兔的被毛光亮、洁白和细致，生长速度加快。根据国外的经验，育肥期实行弱光或黑暗，仅让兔子看到采食和饮水，有抑制性腺发育、促进生长、减少活动、避免咬斗、提高饲料利用率等多种作用。獭兔整天都处在较暗、较静的条件下，改变了白天昏睡、不愿意吃食、夜晚活跃、食量大的习惯。白天和夜晚吃食比较均衡。另外兔在微暗的兔笼中对外界声、光，人和动物活动，环境、光线的变化看不清楚，对本身应激性刺激小，不受惊吓，情绪稳定，因此食量增大，消化率提高，增重快。

试验证明，在同样的饲养管理标准和饲料等条件相同的情况下，喂养在光线较暗的笼中的獭兔试验饲养 6 个月，其獭兔体重比相同的但喂养在院落座北朝阳、光线充裕的兔笼中的獭兔重 250～350 克。

因此，獭兔育肥，在微暗有光的环境中增重较快，是一项简单而有效的措施，值得推广和提倡。

但由于家兔长期得不到充足的阳光，为保证其健康生长，需注意以下两点：一是要切实注意笼具的清洁卫生，要增加消毒次数，预防各种病疫的发生和传播；二是注意饲料营养的全面，特别是维生素、矿物质添加剂用量要足量全面。

 ## 经验之三十一：42 天繁殖模式要点

42 天繁殖模式是指母兔两次配种的时间间隔为 42 天，于母兔产子后 11 天再次配种，哺乳和怀孕同时进行 24 天，仔兔在 35 日龄断奶，仔兔断奶后 7 天母兔再次产仔，开始新的一轮哺乳，再过 11 天配种，以此类推。该模式可以将复杂的繁殖工作变成流程化、固定化，降低员工劳动强度，大大减轻了管理难度。可实现每年产仔 7～8 窝，最大限度地挖掘母兔的繁殖潜力，提高生力力，是国际上应用广泛的高效繁育技术。42 天繁育模式日常工作计划管理表见表 4-1。

表 4-1　42 天繁育模式日常工作计划管理表

周次	周一	周二	周三	周四	周五	周六	周日
第一周	配种-1						
第二周	配种-2				催情-3	摸胎-1	
第三周	配种-3				催情-4	摸胎-2	
第四周	配种-4				催情-5	摸胎-3	
第五周	配种-5	安产箱-1	产仔-1	产仔-1	产仔-1 催情-6	摸胎-4	
第六周	配种-6	安产箱-2	产仔-2	产仔-2	产仔-2 催情-7	摸胎-5	休息
第七周	配种-7	安产箱-3	产仔-3	产仔-3	产仔-3 催情-1	摸胎-6	
第八周	配种-1	安产箱-4	产仔-4 撤产箱-1	产仔-4	产仔-4 催情-2	摸胎-7	
第九周	配种-2	安产箱-5	产仔-5 撤产箱-2	产仔-5	产仔-5 催情-3	摸胎-1	
第十周	配种-3	安产箱-6	产仔-6	产仔-6	产仔-6 催情-4	摸胎-2	

　　注：此表是指将全场的母兔分为 7 批进行繁殖管理。

　　要求：

　　① 需要同期发情、同期排卵和人工授精等繁殖技术的配合。

　　② 这种繁育模式对母兔和公兔的生理压力较大，必须供给充足和较高的营养。

　　③ 必须有"全进全出"的现代化养殖制度配合。如果条件不允许，至少要一栋舍内将不同批次的母兔分开饲养。

 经验之三十二：49 天繁殖模式要点

　　49 天繁殖模式原理同 42 天繁殖模式一样，只是母兔两次配种的时间间隔变为 49 天，于母兔产子后 18 天再次配种，哺乳和怀孕同时进行 31 天，仔兔在 35 日龄断奶，仔兔断奶当天母兔再次产仔。可实现每年产仔 6 窝。

要求同 42 天繁殖模式一样。

也可以将全场的母兔分成 7 个批次进行管理，每个批次间的间隔为 1 周时间，每个批次在 49 天轮回 1 次生产。49 天繁育模式日常工作计划管理表见表 4-2。

表 4-2　49 天繁育模式日常工作计划管理表

周次	周一	周二	周三	周四	周五	周六	周日
第一周					催情-1		
第二周	配种-1				催情-2		
第三周	配种-2				催情-3	摸胎-1	
第四周	配种-3				催情-4	摸胎-2	
第五周	配种-4				催情-5	摸胎-3	
第六周	配种-5	安产箱-1	产仔-1	产仔-1	产仔-1 催情-6	摸胎-4	休息
第七周	配种-6	安产箱-2	产仔-2	产仔-2	产仔-2 催情-7	摸胎-5	
第八周	配种-7	安产箱-3	产仔-3	产仔-3	产仔-3 催情-1	摸胎-6	
第九周	配种-1	安产箱-4	产仔-4	产仔-4 撤产箱-1	产仔-4 催情-2	摸胎-7	
第十周	配种-2	安产箱-5	产仔-5	产仔-5 撤产箱-2	产仔-5 催情-3	摸胎-1	
第十一周	配种-3	安产箱-6	产仔-6	产仔-6	催情-4	摸胎-2	

 经验之三十三：怎样确定合适的配种时间？

（1）自然交配配种时期的确定

① 根据母兔发情表现确定配种时间：肉母兔的发情周期变化较大，一般在 8～15 天，发情期一般是 3 天左右。发情表现为举止不安，食欲减退，常以前肢扒箱或后肢"顿足"，有时还有衔草做窝现象，外阴部潮湿红肿。整个发情期分为前期、中期、后期，其判断主要看阴户的变化情况：发情前期变得较湿润、微肿、粉红色；中期湿

润、肿大、呈大红色（俗称老红）；后期湿润、肿大、紫黑色。最佳的配种时间是发情的中后期。

② 试情法确定交配时期：把母兔放入公兔栏内，当公兔追逐爬跨时，如母兔做接受交配姿势，说明母兔已发情，即可进行配种。否则，未发情，不能交配。

③ 血配：即母兔产仔后 1～2 天进行配种。

（2）人工授精配种时期的确定　母兔是刺激性排卵动物，不经交配或药物刺激不会自动排卵，所以人工输精前要进行刺激排卵。一般采取注射生殖激素刺激排卵，在进行刺激排卵后 2～8 小时期间输精受胎率最高。为了提高受胎率，要在发情盛期进行刺激排卵。

（3）在配种的当天选择合适的配种时间　春、秋两季最好安排在上午 8～10 时，夏季在清晨和傍晚较清凉时进行，冬季选在比较暖和的中午进行。另外，饲喂前后 1 小时不宜配种。

另外，据有关资料介绍，1 天之中，中午 12 时配种受胎率最低，只有 50％；傍晚次之；晚上 24 时配种受胎率最高，可达 84％。生产上，应提倡晚上 21～22 时配种。养殖者可以按照这个规律配种，会取得非常好的效果。

 ## 经验之三十四：母兔奶水不足的解决办法

母兔奶水不足是养兔业普遍存在的问题。母兔产仔后由于母兔奶水不足，而仔兔又较多，则会引起母兔拒绝哺乳，甚至吃掉仔兔。有些兔场有时仔兔出生后成活率只有 50％左右，出现丰产不丰收的局面。

解决母兔奶水不足问题，首先要保证种母兔自由采食，每天 24 小时给足料和水，吃好喝好，确保种兔体质健康，这样才能奶水充足。

其次是给母兔增加营养，如补黄豆粒（炒熟后用），自己生产兔料的可直接添加在兔料里；使用全价兔料的，每天晚上喂一次黄豆粒。科学的补豆方法是根据母兔体质和奶水情况补。每年每只母兔产 8 窝崽的，从母兔怀孕后开始补，产前每天晚上补喂 20 粒，产后第 5

天开始补喂，补到 25 天结束。逐渐加量，最多每天可补喂 50～100 粒；每年每只母兔产 6 窝崽的，产后 5 天开始，补到 25 天结束。这种给母兔补豆方法已在很多家大型兔场推广，奶水不足问题彻底得到解决。

另外还可以采用以下办法给母兔催奶。

① 母兔产崽后 1～2 小时内，取米汤水 50～100 毫升，加入红糖 5～10 克，拌匀后给母兔饮用。

② 用豆浆 20 毫升，煮熟晾温，再加入捣烂的生大麦芽 50 克，最后加入红糖 5 克，将三者混合后供母兔饮用，每天 1 次，连喂 3 天。

③ 每日适量投喂具有催奶作用的蒲公英、胡萝卜、苦荬菜和生大麦。可以单一投喂，也可用 2～3 种配合投喂，每日每只母兔投喂 50～100 克，连续饲喂 2～3 周。

④ 把黄豆煮熟晾干，每日投喂 1～2 次，每次投喂 10～20 粒。

⑤ 将蚯蚓用开水烫死，焙干或晒干，研成粉末，添加在饲料中喂母兔，每日每只兔喂 1 条蚯蚓的量。

⑥ 用芝麻一小撮，花生米 10 粒，食母生 3～5 片，捣烂混合后饲喂，每天 1 次，连喂 3 天。

⑦ 用豆浆、大麦芽、红糖催奶：取豆浆 200 毫升煮熟候温，加入捣烂的生大麦芽 50 克、红糖 5 克混合喂服，每天 1 次，连喂 3 天。

⑧ 用南瓜催奶：选择成熟皮红的南瓜，蒸熟后拌入其他精料中饲喂，每日每只母兔喂 300～400 克；或取生南瓜子适量，连壳研碎拌入少量精料中喂兔，每天 2 次，连喂 3～6 天。

经验之三十五：獭兔胆小，谢绝参观

獭兔胆小易惊，遇有异常响动则竖耳细听，惊慌失措、乱窜，这对兔的饲养极为不利。尤其是哺乳母兔，还会出现不安、来回乱窜、踩伤踩死仔兔、将所产仔兔吃掉等现象。故在管理上应保持安静。

饲养场应建造在偏僻地带，远离噪声，饲养人员进入饲养间禁止

大声喧哗、打闹嬉笑，非饲养员严禁入内，更不能有其他畜禽进入饲养间，保持兔舍安静。

 ## 经验之三十六：检验獭兔皮绒毛密度的方法

獭兔皮绒毛密度指獭兔皮肤单位内生长的毛纤维根数，优良獭兔毛纤维密度为每平方厘米含毛量在 1.6 万～3.8 万根。

检验者用嘴逆方向吹被毛，兔毛呈旋涡状。如露出皮肤面积小于 4 平方毫米（大头针头大小）为特密，一般在 3 万根以上；如露出 8 平方毫米（大约火柴头大小）为中密，一般在 2 万根左右；吹露面积不超过 12 平方毫米（约 3 个大头针头大小）的为基本合格。

 ## 经验之三十七：养獭兔要学会"活体验毛"

所谓"活体验毛"，就是在獭兔活着的时候，检验它换毛的情况。由于商品獭兔的出售时间一般是以第二次年龄性换毛结束后为最合理时间，因此正确判断獭兔换毛是否完毕，就显得尤为重要。

根据獭兔的生长发育规律，商品獭兔 5～6 月龄是取皮的最佳时机，因为獭兔第一次换毛，开始于出生后 3 天到两个半月，称为胎毛期；第二次换毛从两个半月到四个半月，称为青年毛；第三次换毛从第 4 个月开始，这时候的毛就是成年毛了，此时獭兔的毛皮品质最好，屠宰取皮也最合算。但是，由于受到品种、营养与饲料、疾病等方面的影响，有可能提前或滞后完成换毛以及达到优质皮的标准，仅凭獭兔的年龄和体重判断是不够的，最重要的是要学会从兔毛上断定换毛是否已经结束，因为这种方法能最直接地反映出商品獭兔的皮毛质量。

獭兔的正常换毛顺序大都从背中线开始，逐渐向两侧及腹下延伸，至换毛部位接近腹中线，换毛就完成了。也有一些獭兔换毛起点不定，有的从胸部开始，有的从腹部或臀部开始，呈地图状，但都能得到好的皮张。

对于 5 月龄以上的獭兔，应每隔 15 天检查一次。检查时，检查者将被检查的獭兔放到桌面上，然后逆方向轻搂兔毛，如果是正在换毛的地方，就会看到一条旧毛和新毛相交界的、高低不平的边缘，这种情况就说明这只獭兔的毛还没有换完，如果在这时屠宰取皮，就会形成"龟盖皮"。另外，由于换毛没有结束，检查时用手轻搂被毛也会带下很多原有的兔毛，而换毛结束的獭兔是不会轻易掉毛的，以此也可以判断出獭兔此时不适合取皮。

如果看不到新旧毛交替，獭兔的被毛长齐，毛绒丰厚，皮张厚度、韧性等都符合要求，就可以断定此时就是取皮的最佳时机。

 经验之三十八：獭兔扒料的原因及其克服方法

獭兔扒料现象普遍存在。严重时会有大量的兔料散落下来，会造成很大的浪费，也给兔场卫生工作带来不必要的麻烦。其原因主要是兔子有扒料的毛病和饲养管理不当这两方面造成的。

兔子扒料的毛病主要是个别兔子只要料盒里有料就愿意扒，而且与兔料的质量好坏无关。还有母兔在怀孕后扒料。怀孕期间的母兔可能会通过扒料来挑选自己需要的食物。

饲养管理上造成的扒料有饲料搭配不当，长期饲料单调，营养不全，獭兔缺少某些营养物质时易出现此现象；或者獭兔挑食。兔子对特定的食物有自己的喜好，如兔喜食清淡素食及微带甜、酸、辣、香的植物性饲料，对不喜欢的食物就会用前肢刨出去。兔子的嗅觉十分灵敏，对陌生的气味戒备心很强，突然改换兔粮的品牌也会造成扒料；或者饲料中有异味，如混入有腥味的动物性饲料、具有刺激性异味的化学合成药物等；或饲料突变，难以适应，獭兔就会拒食而扒料。又如獭兔吃草时往往把嫩叶吃光，剩下一堆光秃秃的草杆儿就会被獭兔刨出来。另外，兔每采食5～8分钟就开始饮水，一旦供水不足或饮水不清洁即表现为焦急，开始扒笼门、食槽、水槽。

根据以上原因，在饲喂时要做好以下几点。

① 使用设计合理的料槽：无论是何种原因的扒料，都可以通过设置合理的料槽加以控制。翻转式饲槽可有效防止兔扒料。也可采用大肚料槽、卡脖料槽或料槽边带1厘米的卷边。如生产中有的兔场使

用外挂式料槽，类似于养蛋鸡的料槽，料槽外挂的位置要稍低一些，让兔子只能伸出头部吃料，这样一般兔子不会扒料，即使能扒到，因为料槽的外檐较大也不会散落出去。在食槽前放一块砖头，也可以起到防止扒料的作用。

② 保持饲料的适口性、稳定性和饲料新鲜：不突然换料，更换饲料要严格实行过度。不喂发霉变质的饲料，不喂异味大的饲料。养兔场自己压制好的颗粒料不能暴晒，阴干或集中晾晒不超过30分钟，防止因饲料过硬而引起扒料。颗粒料要过筛后使用，防止因粉料过多引起扒料。

③ 添加饲料的数量要适当，切不可贪图省事一次添加过多的饲料。应少喂勤添，每次加料量以不超过料槽容量的1/2为宜，最多不能超过料槽的2/3，以保持其旺盛的食欲。

④ 供给充足干净的饮水。

⑤ 对有扒料癖的兔连续饥饿1～3天（不加料或加少许料）后逐渐增加料量至正常采食量，一旦又出现"扒癖"的再重复用这种方法，一般2～3次即可，也可以剪去扒料獭兔的前肢指甲。对有"扒料癖"的兔坚决不留作种用。

经验之三十九：断奶仔兔笼内放木板可提高仔兔成活率

农村大众网介绍过一个养兔者的小经验，就是在养刚离开母兔和产箱的断奶兔子的笼子里放块木板，解决了刚断奶仔兔死亡率居高不下的难题。

有一个养兔一年多的养殖者。他在养兔过程中遇到了出生的小兔满月离开产箱后，总是死亡率很高的难题。由于他是刚开始养也弄不清是什么原因，咨询别人有的说是球虫，也有说是消化不好，还有说饲料有问题的。经过他的认真分析，也没有找到具体原因。因为他在配制的饲料里加了治球虫的药，饲料的成分和质量也肯定没问题。再有消化问题的话就更想不通了，一窝里为什么有的没有死，难道没有死的就是消化好的？

　　他无意中在网上看到有人说：刚离开母兔和产箱的小兔子，在笼子里放块木板，让小兔子过渡下，会比较好。于是他按照这个方法做了，没想到真的有用，从此以后小兔子很少死了。

　　他分析是小兔出生后是一直在产箱里待着的，断奶后把产箱拿了出来，小兔会有点不适应的。所以，往兔笼里放块木板，和产箱大小差不多，让小兔过渡一下，适应过来后再把木板拿出来，成活率自然就高了。最为重要的是，兔子小毛还较短，发育还不完全，皮下脂肪也较少，如果环境暴露，外界温度变化较大或有冷风等因素，就易使腹部受凉，因此易得消化道病，再引起其他疾病，把一个板子放在笼中，小兔子趴在木板上面腹部就不易受凉了，成活率自然就会高了。

经验之四十：獭兔恶癖的调教方法

　　在獭兔的饲养过程中，会遇到獭兔咬架、咬人、母兔拒绝哺乳、乱排便等恶癖，养殖者应根据发生恶癖的原因及时给予调教，使獭兔尽快改正过来。

1. 咬架

　　兔子有同性好斗的习性。成年公兔相遇时，会相互追逐咬架；母兔在一起时，也有互相咬架的现象。同时兔子还有独居的习性。家兔虽有群体，但群体性很差。群养时不论公、母及同性别的成年兔经常发生互相争斗现象，特别以公兔为甚。这些习性是与生俱来的，改变不了的，要求在獭兔的饲养管理上实行一兔一笼，特别是3个月以上的獭兔，无论公母必须单笼饲养。还有一种情况需要养兔者注意。就是当母兔发情时将其放入公兔笼内配种，有的公兔却先扑过去，猛咬一口。这种情况多发生在双重交配时，在前一只公兔的气味还没有散尽时便将其放进另一只公兔笼中，久而久之，便形成了咬架的恶癖。对此种情况可采取公兔互相换笼位，也可以在公兔鼻端涂些大蒜汁或清凉油予以预防。

2. 咬人

　　有的兔当饲养人员饲喂或捕捉时，先发出"呜——"的示威声，随即扑过来，或咬人一口，或用爪挠人一把，或仅仅向人空扑一下，然后便躲避起来。这种恶癖，有的是先天性的，有的是管理不当形成的（如无故打兔、逗兔，兔舍过深或过暗等）。对这种兔的调教首先要建立人兔亲和，将其保定好，在阳光下用手轻轻抚摸其被毛和颜面，并以可口的饲草饲喂，以温和的口气与其"对话"，不再施以粗暴的态度。经过一段时间后，恶癖便能改正。

3. 拒哺

有的母兔无故不哺喂仔兔，有的母兔因为人用手触摸了仔兔而不再喂奶。一旦将其放入产箱便挣扎着逃出。对于第一种情况，在摸小兔之前，先去按摩母兔被毛，使手沾上它的气味，经常与兔接触，让兔闻人的手味；第二种情况多发生在初产母兔，无育仔经验，或因乳房有炎症，或因乳汁不足，或因环境嘈杂，曾在喂奶时受到惊吓，在排除乳房炎的情况下，可采取如下方法：左手抓住兔耳及领皮，右手不断由前向后按摩母兔被毛，使之安静下来，然后轻轻将其放在产仔箱上，并不断按摩被毛。只要使之安静，不强行哺喂，经几次之后便可自行哺乳。对于乳汁不足的母兔，要进行人工催乳，对所有的母兔，必须定时喂奶，让其形成条件反射，若打破常规，母兔还可能出现拒哺的现象。

4. 乱排便

多数獭兔自行定点排便，排便点多在兔笼的后部一个角落。但有个别兔到处乱排，或往笼子的前部排，或排到食槽和水槽里，给管理带来麻烦。对这种不能按照指定地点排便的獭兔，调教时可把獭兔所排的便及时清理，将该处洗刷干净，并用食槽或水盆占据这个位置，然后在指定排便的地方撒些兔所排的粪尿，以诱导排便。这样，獭兔很快便改掉恶习。

 经验之四十一：商品公獭兔育肥去势还是不去势？

公兔去势育肥，即劁骟，是通过手术、结扎或药物等方式将公兔的睾丸去掉，使其失去性功能后育肥。试验表明商品肉兔育肥无需去势，这是由于商品肉兔 3 月龄即可出栏，此时多数公兔接近性成熟或没有达到性成熟。而獭兔与肉兔不同，其出栏时间长，一般需要在 5～6 月龄，此时公兔性成熟已经 2 个多月。如果公兔不去势，达到性成熟的公獭兔群养时会出现相互爬跨和咬斗，不仅影响生长，还会造成皮肤损伤，影响皮张利用率，以及劣种传播的问题。公兔去势后性情温顺，便于群养，可增快育肥速度，提高肉和皮毛质量，防止劣种流传等。因此，凡不留作种用的商品公獭兔还是去势育肥好。

公獭兔的去势时间宜选择在 2.5～3 月龄时进行。公兔在实施去势之前应该由兽医做一个身体检查，检查是否符合去势的条件和时机。对于兔子存在高风险的手术并发症，任何疾病状态下都不应该进行重大外科手术。常见的去势方法有以下 3 种。

（1）结扎法　将兔腹部朝上，用绳把兔四肢分开绑在凳子上，将公兔睾丸挤到阴囊中，再在精索处用尼龙线扎紧，或用橡皮筋套紧。两侧睾丸分头进行，切断睾丸血液供应，几天后结扎的睾丸便枯萎脱落，达到去势目的。

（2）刀割法　使公兔腹部朝上，四肢分开固定，将睾丸由腹腔推入阴囊并用手捏住防止回抽，用碘酒消毒切口处，然后用消毒手术刀片或刮脸刀片，在阴囊中线处顺阴囊方向做一纵向切口，再将睾丸用力挤出。如果是成年大公兔，由于血管较粗，为防止流血过多，可采用捻转止血法止血，也可先进行结扎然后切断精索。用同样的方法摘除另一侧睾丸，最后在切口处用碘酒消毒，切口不必缝合。手术后将兔放于干燥兔舍内，垫上柔软干草，防止伤口感染。一般 5～6 天伤口即可愈合。

（3）药物法　用 3% 碘酒注入睾丸，每只睾丸 0.5～1 毫升。注射后睾丸肿胀，半个月后逐渐萎缩消失。此法适用于性成熟后睾丸下降到阴囊中的较大公兔。应该注意，一定要将药液注射在睾丸正中，药液注在睾丸外时可引起公兔死亡。

经验之四十二：仔兔受冻的急救法

仔兔出生后身上没有毛，非常怕冷。如果在寒冷的冬季，舍内温度低，常发生初生仔兔离群或吊乳冻僵和休克的现象，需要立即采取急救措施。生产中常采用以下方法。

（1）利用温水急救法　将 40℃ 左右的温水倒入盆内，把受冻的仔兔全身浸泡在水中，仅露出鼻孔用来呼吸。然后用手轻轻地托起仔兔的头部，在温水中慢慢地晃动，经过 10～20 分钟，当仔兔开始蠕动时，将仔兔提出水面，把全身的水轻轻地擦干，用柔软的棉絮把仔兔包裹起来，放回到原来的产仔箱内。

（2）利用毛巾包裹取暖法　用干净、柔软的毛巾将受冻的仔兔包裹好，只露出头部，然后把包裹好的仔兔放在炉火旁或装有温水的热水袋上，也可以用 25～40 瓦白炽灯照射取暖，不断地翻动，直至仔兔苏醒为止。

（3）利用兔体互相取暖法　将受冻的仔兔放入同窝或另一窝比受冻仔兔稍大一些的仔兔群体中去，然后用毛巾或布片将此窝兔全部盖上（不可盖得过厚，以防闷死仔兔），2～3 小时后，受冻的仔兔就会慢慢地苏醒过来。

（4）利用人体体温急救　将受冻仔兔放入贴身怀里，用人的体温抢救。10 分钟左右，如发现仔兔在怀中蠕动，即可放入产箱内保温。

经验之四十三：仔兔断奶的正确方法

① 分窝的小兔，最低 2 个一窝。不使他们孤单。

② 第一天不喂饲料，清理肠胃，以免引起饲料应激。

③ 水中加药，防止大肠杆菌病和球虫病的发生。

④ 第二天加料，只一顿，少量的。第三天两顿，半饱……五天达到正常量。

⑤ 加药 3 天后水中加 2％ 的益生素液。

⑥ 不要急于注射疫苗，达到 40～45 日龄再注射不迟，以免引起疫苗应激，注射后有死亡。

⑦ 有个别拉稀的要隔离，注射庆大霉素 1 毫升，止血敏 0.5 毫升。一般一次就好。

经验之四十四：养兔必须做好生产记录

养兔生产正向着规模化、集约化的方向发展。生产记录勾画出有关生产日常活动的总体情况，在场内生产记录提供生产参数的信息。这些记录形成兔场内部管理的基础，在管理职能中是最重要的。通过各种完善的生产记录，汇总成生产报表，使管理层可以及时了解兔场生产经营中的各种状况，从而根据分析结果作出决策，例如对成本进行分析，可以找到降低成本的方法。对各种生产指标进行分析比较，可以建立起科学的考核方法，充分调动员工的积极性，提高劳动生产效率。各种记录的完善可以使兔场实行信息化管理，全面提升兔场的管理水平，使各项决策均有据可依。通过对过往疾病的记录，可以了解兔场内每次疫情发生的时间、原因，当时发病的兔群、发病症状，怀疑是什么病、是否经确诊、确诊的结果。当时采取的措施和取得的效果，从中可以获得很好的经验教训。同时使对全场兔群的保健更有依据，在疾病易发时间段前做好预防工作。通过详细的免疫记录可以使兔群免疫计划更完善，详细记录好兔群的免疫情况并定期检查，有效地避免种兔漏打疫苗的情况。

做好生产过程中的各种记录，就是向经营管理要效益。经营管理从某种意义上来说就是数字管理。相反，随着兔场规模的增大，如果没有完善的生产记录，就会令生产处于无序混乱状态，如在种兔系谱、档案的管理方面出现混乱，就会导致种兔群系谱不清，档案漏记，这样就没法保证种兔的质量。出现乱交乱配现象，浪费了饲料，增加了成本。

养兔场的生产记录包括配种日期、产仔日期、产仔数、断奶日期、断奶数、出栏数等；种兔系谱、生产性能记录；各阶段使用的饲料配方及添加剂成分记录；免疫、用药、发病和治疗记录等方面的记录。要求所有记录应准确、可靠、完整。资料应最少保留3年。

经验之四十五：獭兔皮质量鉴别的方法

獭兔皮质量的优劣主要从兔皮的绒毛品质、板质优劣及面积大小几个方面评定。也就是人们常说的"一毛、二板、三面积"。检验时可以通过看、抖、摸的方法来鉴别。

首先看毛面，主要从被毛色泽、被毛长度、被毛平整度、被毛密度等方面鉴别。獭兔皮毛应当平顺，富有光泽，如皮毛平整不一、暗淡无光或有残缺都会降低等级。

被毛色泽要求要符合品种色型的特征，毛色纯正，富有光泽。色泽的纯正度主要受遗传和年龄的影响。品种不纯的有色獭兔后代容易出现杂色、色斑、色块和色带等异色毛。年龄不同色泽也有很大差异。獭兔一生中以 5 月龄至周岁前后色泽最为纯正而富有光泽；4 月龄前的青年兔及 3 岁后的老年兔，毛皮色泽大多淡而无光泽。此外，管理不善、营养不良、疾病等因素均会影响被毛色泽。

被毛长度要求被毛长度均匀一致、平整度好，一般等内皮的绒毛长度均应达到 1.3～2.2 厘米。

平整度是指针毛与绒毛的整齐度，品种纯正的獭兔皮应不含或含少量不突出于毛面的针毛。优质獭兔皮要求针毛含量在 3%～6%，并且针毛不允许突出于毛被之上，绒毛、针毛长度相等，这是獭兔毛皮的重要特点之一。否则会使獭兔皮失去固有的特色。影响被毛长度和平整度的主要因素有营养水平、取皮时间、性别等。营养条件越差，被毛越短且枪毛含量高；未经换毛的毛皮枪毛含量往往高于换毛后的适龄皮张。

被毛密度的鉴别可用手摸或用嘴吹的方法鉴别，可用手指插入毛被中，感觉毛被的密度、弹性以及有无旋毛等。优质獭兔皮绒毛密，手摸有丰厚足壮的感觉。

现场鉴定被毛密度的方法是逆向吹开被毛，形成蝶形旋涡中心，根据旋涡中心露皮面积的大小来确定其密度。优良獭兔皮吹开毛被后几乎看不到皮面；如果旋涡中心明显看出皮肤，则表明毛稀。不露皮或露皮面积小于 4 平方毫米（似大头针头大小）为极好，不超过 8 平方毫米（约火柴头大小）为良好，不超过 12 平方毫米（约 3 个大头针头大小）为合格。通常母兔的被毛密度略高于公兔，臀部被毛密度最大，背部次之，肩部最差。

板质应当厚薄适中，皮板坚实、无残缺，板面有油性，被毛附着牢固，色泽鲜艳。然后看皮板有无孔洞、伤痕或过分伸拉等现象，这些都会降低等级。

青年兔在适宜的季节取皮，一般板质较好；老龄兔取皮则板质粗糙、过厚。夏季取皮皮板较薄，易破裂，绒毛也易脱落。部分毛皮板质不良，多因饲养管理粗放，剥取技术不佳（如残留脂肪未刮净）或晾晒、贮存、运输不当等所致。通常獭兔皮张厚度为 1.72～2.08 毫米，以臀部最厚，肩部最薄。

獭兔皮面积的大、小直接关系到商品的利用价值，在品质相同的情况下，面积越大利用价值就越大，特等皮全皮面积在 1400 平方厘米以上，一等皮全皮面积在 1200 平方厘米以上，二等皮全皮面积在 1000 平方厘米以上，三等皮全皮面积在 800 平方厘米以上。

经验之四十六：獭兔取皮的最佳时机与取皮方法

商品獭兔的屠宰取皮是养殖场的最后生产环节。无论饲养的獭兔品种多么优良，投喂的饲料多么全价，饲养管理多么精细，一旦这一环节没有掌握好，将前功尽弃，因此，獭兔的屠宰和去皮必须讲究科学。

1. 适龄、适时取皮

獭兔以产皮为主，肉为副产品。獭兔取皮的时机，除了要达到一定的出栏体重外，更重要的是皮板的被毛必须达到成熟，即第二次年龄性换毛结束，被毛长齐，毛绒丰厚，皮张厚度、韧性等达到加工的要求。因此，獭兔取皮要求适龄和适时，绝对不可在换毛期取皮。獭兔是否处于换毛期，简易的方法是扒开被毛，如发现原有的绒毛容易脱落，有短毛纤维长出，就是换毛的开始；被毛丰厚整齐，表示换毛结束。如果被毛没有长齐就屠宰取皮，将形成"盖皮"而降低皮张质量和利用价值。生产经验证明，商品獭兔 5～6 月龄是取皮的最佳时机。对于非商品獭兔（多为淘汰的种兔），最好在非换毛季节屠宰，即避开春、秋季节，一般在 11 月份以后和 3 月份以前屠宰最好。此时取的皮，绒毛足、不脱绒、板质优。

2. 宰前准备

宰前要检查兔的营养、被毛、体重和健康状况，若兔子有病应转入隔离舍饲养和治疗；若被毛没有长齐，应再饲养一段时间后屠宰。宰前 8～12 小时应停止喂料，仅供给饮水。小规模屠宰，可采用颈部移位法，即左手用力握住其颈部，右手托其下颌往后扭动，使其颈椎脱位而死亡。大型屠宰厂可采用电麻法，以 40～70 伏、0.75 安的电麻器触及其耳根部致其死亡。有些小型兔场采用棒击脑的方法致兔死亡，虽然有效，但容易造成兔颈部出血而影响该部位的皮张以及肌肉的质量。为了杜绝苍蝇和外界污染，应在远离兔舍处设立简易屠宰间，屠宰人员需穿戴工作服、水靴、帽子、口罩及手套。

3. 屠宰与取皮方法

（1）挑裆放血　将兔左后肢用绳索吊起倒挂，以剥刀切开跗关节周围的皮肤，沿大腿内侧通过肛门平行挑开至另一侧，将周围皮毛向外剥开翻转，以倒扒皮法将皮脱下，然后抽出前肢，剪除眼睛和嘴唇周围的结缔组织等。剥皮时，防止刀伤皮肤而造成破洞。皮剥完毕后以利刀割断颈动脉，悬吊放血 3～4 分钟。

（2）剖腹净膛　以利刀切开兔趾骨，分离出其生殖器官和直肠；沿兔腹中线切开腹腔，取出兔子全部内脏（半净膛保留肾脏），并在兔子第一颈椎处割掉兔头，在跗关节处割掉后肢，在腕关节处割下前肢，在第一尾椎处割下尾巴，最后用清水清洗兔子胴体上的血迹和污物。

注意，剥皮时不能用力过大，否则很容易破坏纤维组织，还要注意防止利刀割伤皮肤而造成破损。整个屠宰过程要做到肉不沾毛、血不染皮。

（3）储前清理　獭兔生皮易吸潮、腐败、变质，因此，应经防腐处理后贮存或出售。屠宰完毕后，将剥下的兔皮沿腹中线拉开，将皮板上残留的油脂、残肉和血迹及其他结缔组织除掉，使皮板洁净，尤其是颈部要刮净，否则影响皮张的延伸率或干燥后出现塌脖的缺陷。然后按照淡干板与盐干板的要求进行加工贮存。

 ## 经验之四十七：鲜獭兔皮的处理与生皮保存

　　刚从兔体上剥下的生皮叫鲜皮，取下后，要及时清理干净。清理鲜皮时，将皮板上残留的油脂、残肉和血迹及其他结缔组织除掉。否则很容易造成油烧、腐烂、脱毛等伤残，降低使用价值。鲜皮清理后，如果不能及时送入鞣制厂，应立即做防腐处理。

　　最常用的方法是盐腌法。就是将干燥的食盐均匀地抹在板面上，通过盐来吸出鲜皮内的水分。涂抹时，要保证每个部位都要抹到，要腌透，尤其是边缘卷曲的部位要特别注意，盐腌法的用盐量为鲜皮重量的 $30\%\sim40\%$。用盐腌法防腐的毛皮，紧实而富有弹性，可以长时间保存，不容易生虫。抹盐后，将鲜皮放平，用一块大小适中、光滑的木板将皮板撑起来，用锋利的刀沿兔皮腹部的中线切开，最后，将皮张放平，剪掉前肢、尾部和头部。这样就得到了一个完整的皮张。如果不急于将皮板送入鞣制厂，可在抹盐后，将皮板抹盐的一面平整地铺在水泥地上。注意，不能人为撑拉扩张皮板，这样会有损皮质，使绒毛变薄。

　　将皮板放置在阴凉通风处，2～3天后，皮板便会干燥，再翻过来晾半天左右，就可以贮藏了，然后将板面对板面、毛面对毛面堆叠在一起。另一种方法是将抹盐后的皮板用绳子晾在阴凉通风处。

　　经过防腐处理的生皮，按照等级、色泽分类，以毛面对毛面、皮板对皮板、头对头、尾对尾，层层堆码。一定要注意淡干板与盐干板分开放，垛与垛之间要保持一定距离。獭兔毛皮容易吸潮，因此要放在通风、干燥、隔热、防潮的地方，否则阴雨天会潮，需要重晒。搞好灭鼠工作，十天半月检查一次，发现问题及时加以解决。垛与垛之间保持一定距离，以利通风、散热和防潮。夏季屠宰取皮，还需定期喷洒气雾杀虫剂防止苍蝇在皮上产卵生蛆。

　　库房应保持卫生，控制相对湿度在 $50\%\sim60\%$，温度 $10℃$ 左右，最高不超过 30℃，原皮中的含水量宜保持在 12％左右。如果保管不当，一旦回潮、发热、发霉，皮板就会变黄或发霉。所以在贮藏过程中要定期检查，妥善保管，防止陈旧皮、烟熏皮、霉烂皮和受闷皮的发生。

 经验之四十八：商品獭兔的早期营养很重要

被毛密度是指单位皮肤表面毛纤维的数量，它取决于毛囊的分化，而毛囊的分化有其特殊的规律。根据有关研究资料介绍，仔兔生后早期，毛囊分化剧烈，如果营养满足，被毛密度可大幅度提高。3月龄以后，毛囊分化缓慢，5月龄以后，毛囊的分化基本结束，这时提供再高的营养也无济于事。因此，对商品獭兔进行早期培养至关重要。

经验之四十九：种公兔饲养管理要点

① 单笼饲养：种公兔必须单笼饲养，并尽量离母兔远些，保证其能安静休息。

② 加强运动：经常给予充分运动，每周要让种公兔在舍外运动1～2次，并定期让种公兔晒太阳，以增强抵抗力和配种能力。

③ 保持公兔八成膘情：不要喂得过肥或过瘦。过肥其性机能不够旺盛，影响配种。

④ 调配好饲料：精液的质和量取决于饲料中的营养价值，主要是蛋白质和维生素 E。因此应多给豆饼、花生饼和鱼粉等，如营养不足，会引起公兔亏虚和性活动力下降。配种前和配种期间饲料中的蛋白质和维生素含量要高些，同时搭配其他营养成分，但休情期可降低标准，防止兔体过肥。

⑤ 初配体重要达到 3 千克左右。后备种公兔不能过早利用，以免影响生长发育，造成早衰。

⑥ 控制配种次数：强壮的种公兔可每天配种 1～2 次，连续配种

2 天停 1 天；体质一般的种公兔，可隔一天配种 1 次。还要避免长时间不配种，连续 15 天不配种，种兔的死精较高，影响受胎率。换毛期的公兔要少配或不配。

⑦ 配种要把母兔拿到公兔笼配，禁止颠倒。禁止把母兔放在公兔笼内时间过长，一般配完种 1 分钟后把母兔拿回原笼。

⑧ 对于无配种能力、死精多、受胎率低、疾病严重、无种用价值的及时淘汰。

 ## 经验之五十：种母兔的饲养管理要点

① 后备种兔要前促后控：对于有生长潜力的后备种兔，要采取前期促体重增长、后期控制体重过快增长的策略，后期不能使其体重无限生长。一般采取限制饲养的办法，即当达到一定体重后，每天控制喂料量 85％ 左右。对于配种期的种兔，要控制膘情，防止过肥。鸡肥不下蛋，兔肥不产仔，是同一个道理。

② 初配体重要达到 2.6 千克以上。特别注意兔子的膘情一定达到八成膘才能配种。母兔体膘不能过肥或过瘦。种兔体重并非越大越好，母兔过肥会将胎儿吸收，造成不孕。过瘦往往会不发情，产仔后奶水不足，哺乳不好仔兔。平时要多喂些青饲料和一定数量的精料，使母兔保持适当的肥度。

③ 空怀母兔每天检查一次发情情况。发现发情后应及时进行配种。检查母兔外阴，呈现大红色，外阴肿胀水润，此时受胎率最高。

④ 人工催情：在实际生产中经常碰到有些母兔因长期乏情，拒绝交配而影响繁殖，尤以秋、冬两季更甚。为使母兔发情、配种，除加强饲料管理外，还可采用激素、中药、性诱和增加光照等人工催情方法。

⑤ 重复配种：在正常情况下，大多数母兔只要交配一次即可受胎。但是，为了确保妊娠和防止假孕，可以采用重复配种，即在第一次配种后 20～30 分钟，再用同一只公兔交配一次。据试验，此法受胎率可达 90％ 以上，产仔数可比一次配种的增加 2～3 只。

⑥ 双重配种：一只母兔连续与两只公兔交配，中间相隔时间 5

分钟以上，但不超过 30 分钟，采用这种方法能避免由于公兔原因而引起的不孕，明显提高受胎率和产仔数。但是，双重配种只适于商品生产，不宜作种兔生产，以防混淆血统。

⑦ 母兔配种后 12 天摸胎，摸胎时动作要轻柔，已断定受胎者尽量不要再触及腹部。没有受孕的继续配种。

⑧ 尽量不捕捉妊娠母兔，特别是在妊娠后期更应加倍小心。必须捕捉时，要保持母兔安静、温顺，不使母兔身体受到冲击，轻捉轻放，以防止流产。

⑨ 母兔自交配怀胎后，饲料要逐日增加，应多给含有丰富维生素 A 的胡萝卜、南瓜、嫩绿的青草和豆科作物及适当的精料，以保证母兔的健康和胎儿的正常发育。母兔怀胎半个月后，应适当增加蛋白质饲料和矿物质，以满足胎儿的需要。严禁喂给发霉变质及冰冻的饲料。冬季应饮用温水，水太凉会引起子宫收缩。

⑩ 根据预产期提前 3 天准备好产仔箱，先清理、消毒、日晒，然后铺上柔软的垫草，放入母兔笼内。产仔箱内的垫草可随气温变化多放或少放，但不能不放。产仔后清除污物，保持产箱干燥。

⑪ 分娩时保持兔舍及周围环境的安静。分娩后及时提供清洁饮水，因母兔分娩后口渴，如无供水会咬伤甚至吃掉仔兔。生产中为了防止母兔食仔，可给母兔提供糖盐水。

⑫ 做好仔兔哺乳和寄养。可实行仔兔和母兔隔离，一般头窝带仔 6 个，以后最多不超过 8 个。母性不强的母兔，可将仔兔拾出单放箱内，每天早、中、晚人工辅助喂奶，将母兔前腿撑起，后腔蹲地坐，腰部弓起，让仔兔在腹下扒扶乳头，仰面吃奶。连续辅助 2～3 天，即会养成自喂的习惯。

⑬ 母兔产后 3 天内食欲不振，体质衰弱，应喂些新鲜的青饲料和精料。对产前未拉毛做巢的母兔进行人工辅助拉毛，供做窝絮巢之用，并刺激母兔泌乳。

⑭ 产后 3 天内给母兔投喂药物（如长效磺胺 1 片，2 次/天），以预防乳房炎。

⑮ 母兔一般在产后 10～15 天和断奶后 2 天内配种。

对于个别达到膘情、发情良好、配种连续 3 次配不上的及时淘汰。疾病严重、无治疗价值的及时淘汰。

经验之五十一：残次獭兔皮产生的原因及采取的对策

养殖獭兔的主要目的是为了获得量多质优的獭兔皮，但在生产实践中由于饲养管理不当，宰杀取皮不适时，取皮、处死、初加工或保管过程中方法不合理或技术不够熟练等，往往会产生不少残次、缺陷或低档獭兔皮，这样既影响养殖者的经济效益，也造成社会资源的浪费。应采取有效措施，降低残次兔皮比率。现将常见残次、缺陷或低档獭兔皮的形成原因简述如下。

（1）伤疤皮　群养斗殴，咬伤或撕裂皮板，伤口感染溃烂，愈合脱痂后形成伤疤；或患脓肿，形成溃疡，伤及皮层。此类皮张制裘后多呈孔洞。

预防措施：对商品公兔要去势，3月龄后需单笼饲养，以避免斗殴发生。

（2）尿黄皮　笼舍潮湿，卫生条件极差，导致臀部、后躯被毛被粪尿长期污染形成棕黄色。此类皮张制裘过程中染色困难，影响品质。

预防措施：平时做好兔笼清洁卫生，保持笼内干燥。

（3）癣癞皮　患疥螨病獭兔的被毛粗乱、缺少光泽，严重者被毛成片脱落，失去制裘价值。

预防措施：做好疥螨病和毛癣病的预防，特别是引进种兔时，绝对不能引进带病种兔。淘汰本场患有疥螨病和毛癣病的种兔。如发现患有这两种病的獭兔时要及时做好隔离和治疗。

（4）轻薄皮　4月龄前后、体重2千克左右的青年兔，绒毛不够丰满，板皮轻薄，使用价值不高。

预防措施：注意取皮的时机。5～6月龄的壮龄兔，体重长到2.5～3千克，绒毛浓密，色泽光润，板质厚薄适中，取下的皮可达到一级皮面积标准，这时取皮质量最佳。

（5）松针皮　换毛初期有些绒毛脱离皮板，但仍残留于绒毛中，呈小撮状露出绒面，对毛皮质量影响较大。

预防措施：注意取皮的时机。5～6 月龄的壮龄兔，体重长到 2.5～3 千克，绒毛浓密，色泽光润，板质厚薄适中，取下的皮可达到一级皮面积标准，这时取皮质量最佳。

（6）龟盖皮　背部绒毛丰厚平整，腹部绒毛空疏，形成"龟盖"状；有的背部绒毛长短不一，腹部绒毛基本一致；还有的背腹毛基本一致，但在其连接处出现一圈短毛。这类皮张一般只能作为三级皮或等外皮处理。

预防措施：应等腹部绒毛与背部绒毛长齐时宰杀。

（7）偏皮　片皮开割不正，使皮板背脊中绒两侧面积大小不均，这种皮制裘时将降低出材率。

预防措施：筒皮开皮时，沿腹部中线切开。

（8）歪皮　剥皮时不是从肛门处后腿内侧腹背分界处挑开，造成背部皮长、腹部皮短，或背部皮短、腹部皮长。

预防措施：剥皮时从肛门处后腿内侧腹背分界处（腹中线）挑开。

（9）撑板皮　采用已被废弃的撑板或钉板，撑皮用力过猛，撑拉过大，使皮板干燥，后腿、腹部皮张薄如纸，制裘时容易破损。

预防措施：做好生鲜獭兔皮的加工。将腌透的皮板面朝上，用手抚平，置通风阴凉处晾干即可。

（10）受闷皮　生皮加工晾晒不及时或方法不当，损伤了毛囊，使皮板变色，毛绒脱落，局部糟烂，严重的失去使用价值。

预防措施：做好生鲜獭兔皮的加工。干燥时保证适宜的温湿度条件，最好采用吹风干燥或阴干，如用热源干燥，温度和湿度均不能太高，最适温度为 10℃左右。相对湿度在 55%～65%。

（11）皱缩板　鲜皮晾晒时由于没有展平或周边未固定，干燥后皮板皱缩，在皱缩处皮板易脱毛、断裂。

预防措施：做好生鲜獭兔皮的加工。干燥时保证适宜的温湿度条件，最好采用吹风干燥，如用热源干燥，温度和湿度均不能太高，最适温度为 10℃左右。相对湿度在 55%～65%，否则容易造成闷板而导致掉毛。

（12）油烧板　剥下的鲜皮未去净油脂、肉屑或皮板全身油性较大，受烈日暴晒后，油脂渗透到皮层，使胶原纤维溶化成胶，渗固后皮板呈紫黑色，出现伸缩，严重时一折即断，失去使用价值。

预防措施：做好生鲜獭兔皮的加工。

（13）陈皮板 生皮存放时间过长，使皮层纤维变性，皮板发黄，失去油性，被毛枯燥，缺少光泽，制裘时浸水后难以回鲜，皮板柔软性差。

预防措施：注意獭兔皮的贮存时间不宜过长。长时间贮存，既增加贮存成本，又降低獭兔皮等级，同时大量的资金被占用。应做好每批獭兔皮的成本核算，计算最佳出手价格。

（14）冻糠板 在寒冷的冬季，鲜皮放在露天晾晒受冻，皮板增厚、发白、发糠，制裘时毛绒容易脱落，皮板延伸性差。

预防措施：做好獭兔皮的保管工作，獭兔皮的保存最适温度为10℃左右，相对湿度在 55％～65％。

（15）石灰板 剥下来的鲜皮，涂上生石灰或贴在石灰墙上，使胶原纤维发生变化，皮层组织受到损害。

预防措施：生皮粗加工时宜采用盐腌法。

（16）虫蛀皮 保管不当发生虫蛀，轻者被毛部分脱落或呈断毛，重者皮板蛀成孔洞，失去制裘价值。

预防措施：夏季贮藏兔皮时要喷洒驱虫药物预防虫蛀的发生。

（17）竖沟皮 皮上隐隐约约有数条竖沟，毛短或缺毛，造成整个皮张不平。要等到竖沟处毛长到与周围毛相齐时宰杀。

预防措施：注意取皮的时机。5～6 月龄的壮龄兔，体重长到2.5～3 千克，绒毛浓密，色泽光润，板质厚薄适中，取下的皮可达到一级皮面积标准，这时取皮质量最佳。

（18）波纹皮 皮上可以看到有似水波的条纹，条纹处毛短或缺毛。需等到条纹处毛长齐再杀。

预防措施：注意取皮的时机。5～6 月龄的壮龄兔，体重长到2.5～3 千克，绒毛浓密，色泽光润，板质厚薄适中，取下的皮可达到一级皮面积标准，这时取皮质量最佳。

（19）季节皮 是指季节性换毛尚未完成的兔皮。有的皮张整个毛稀，有的毛高低不平。

预防措施：注意取皮的时机。应等换毛结束时，绒毛长齐后取皮。

经验之五十二：獭兔皮质量好坏与哪些方面有关系？

　　獭兔皮质量的好坏与宰杀取皮季节、地域生态环境、饲养管理、良种等有密切的关系。

　　通常獭兔宰杀取皮的季节不同，皮板与毛被的质量也有很大差异。如冬皮是每年的 11 月至翌年 2 月，因此时气候寒冷，经秋季换毛后已全部换为冬毛。这时所产的皮张，毛绒丰厚、平整，富有光泽，板质足壮，富含油性，特别是冬至到大寒期间所产的毛皮品质最好。秋皮是每年 8～11 月份宰杀獭兔取的皮，因此时气候逐渐转冷，且饲料丰富。早秋所产的皮张，毛绒粗短，皮板厚硬，稍有油性；中、晚秋皮毛绒逐渐丰厚，光泽较好，板质坚实，富含油性，毛皮品质较好。夏皮是每年 5～8 月份宰杀獭兔取的皮，因此时气候炎热，经春季换毛后已退掉冬毛，换上夏毛。这时所产的皮张被毛稀短，缺少光泽，皮板瘦薄，多呈灰白色，毛皮品质最差，制裘价值最低。春皮是每年 2～5 月份宰杀獭兔取的皮，因此时气候逐渐转暖，这时所产的皮张底绒空疏，光泽减退，板质较弱，略显黄色，油性不足，品质较差。从以上分析可以看出就季节而言，獭兔皮的质量以冬皮最佳，秋皮次之，而后是春皮，最差的是夏皮。要注意取皮季节对青年兔影响不大，但对成年兔和老龄兔影响较大，对成年兔和老龄兔来说则以冬皮品质最佳。

　　我国由于地区差异，由此造成各地生产的皮张质量不同，獭兔皮的价值也不一样。大体可分为北方、中原、南方三大区域。北方獭兔皮基本上以黄河为界，东北、西北、河北的北半部。具有张幅大、皮板肥壮、毛绒面厚平顺的特点；南方獭兔皮产于浙江、江苏一带，具有毛绒平齐且较细、板质适中的特点；中原獭兔皮产于四川、河南区域，具有张幅较小、毛绒平顺且较细、板质薄的特点。由此可以看到，越冷的地区生产的獭兔皮越好。我国优质的獭兔皮生产地主要在东北和西北，河北也仅是北半部。

　　但需要注意的是，在北方一些产区，昼夜温差大，加快了兔子换毛，季节皮与非季节皮之间质量差异显著。在一些干旱少雨地区，所产獭兔皮往往板质粗糙，绒毛干枯，鞣制成熟皮后，缺乏光泽度与细洁度，自然就卖不上好价钱。但在东南沿海，四季分明，雨量充沛，昼夜温差不大，即使到了春末夏初，在良好的饲养条件下，所产獭兔皮与冬皮相差无几，从而延长了生产优质皮的时间段。

饲料营养因素与獭兔皮质量的关系也很大。保证日粮中充足的蛋白质和含硫氨基酸含量是提高皮张质量的最基本要素。使用"三高"的饲料喂獭兔，即适当提高配合饲料中的蛋白质、能量水平，且使粗纤维同步提高。同时在獭兔怀孕期、哺乳期的日粮中增加含硫氨基酸添加量，可使兔毛毛囊充分发育，为被毛浓密打下基础；在4～5月龄至屠宰期的日粮中增加含硫氨基酸添加量等一系列加强营养供应的措施，可改善兔皮被毛光泽和增强弹性，显著提高獭兔皮质量。相反，如果营养跟不上，就会直接影响獭兔皮的质量。

在品种上，如果通过不断地选育和提纯复壮，培养适合本地特点的獭兔品种，形成了具有当地特色的优良群体，同样能获得较好质量的獭兔皮。

经验之五十三：养獭兔要利用好经济杂交和优种选育技术

目前我国饲养的獭兔品种，主要有美系、德系、法系，由于各品系间互有优缺点。美系獭兔繁殖力高，德系繁殖力低，但生长潜能最大。可以利用经济杂交的办法，做到优势互补，提高獭兔的养殖效益。

如采用品系间杂交，一般以美系獭兔为母本、德系或法系为父本进行经济杂交，或以美系獭兔为母本，先以法系为第1父本进行杂交，杂交一代母兔，再与第2父本德系獭兔进行杂交，形成三元杂交后代。杂交的后代直接育肥，从而保证育肥兔体重大、品质优、毛皮质量好。

同时，为了不断提高獭兔种群质量，在饲养过程中要适当对獭兔进行品种选育，如把体形大、体形好、繁殖性能（配种受胎率、产子数及断奶成活率等）良好、母性好的母兔作为繁殖母兔，将体重大、生长速度快、被毛密度好、配种受精率高、后代平均成活率高的獭兔作为种公兔，选育出优良兔群，从而选育出大量优秀的后代，生产出大量毛皮面积大、质量好的皮张。

 ### 经验之五十四：兔场应坚持防鼠和灭鼠

鼠类是人畜多种传染病的传播媒介，老鼠消耗粮食、传播病菌、破坏物品并污染饲料和饮水，对兔场的危害也极大，可以说有百害而无一利，因此，必须诛杀之。兔场要坚持做好防鼠灭鼠工作，定期灭鼠也是兔场搞好环境卫生的一项重要工作。

养兔场灭鼠要从防鼠开始。因为老鼠是杀不绝的，即使本场内的老鼠都被灭掉，还会陆续有场外的老鼠进入。所以，防鼠是上策。防鼠可以在以下几个方面做好预防。

① 兔舍内外地面尽可能用水泥硬化，兔舍的顶棚、门、窗、通气孔等，这些部位是老鼠进入的地方，必须做好防鼠保护，如门缝和木制门要钉上镀锌铁皮、窗户和通气孔要安装铁丝网、发现有洞随时用石块和水泥堵塞。

② 保持兔舍内和兔舍周围无散落的饲料，将散落的饲料等老鼠能吃的食物及时清理干净。精饲料原料贮存在防鼠的仓库里，经常清理仓库，物品摆放整齐，墙角不摆放东西，不让老鼠有躲藏和做窝的地方，容易被老鼠咬坏的东西尽可能放在上层。用完的饲料袋须将剩余的饲料清理干净并打包，摆放整齐。

③ 做好消毒工作，包括定期熏蒸仓库，可以采用 3 倍高锰酸钾和甲醛反应熏蒸（一倍剂量是 1 立方米使用 7 克高锰酸钾和 14 毫升甲醛），注意安全，一般先放高锰酸钾，后倒甲醛。还有不要忽视兔舍和兔舍外围的消毒，定期消毒和更换消毒液不仅杀死细菌病毒，同样能破坏老鼠熟悉的路线，限制它们的活动。

一旦发现有老鼠进入，就要开始灭鼠。目前灭鼠的方法很多，可分为器械灭鼠法和药物灭鼠法两种。

器械灭鼠即利用各种工具扑杀鼠类，如关、压、扣、堵（洞）、灌（洞）等。此类方法可就地取材，简便易行。使用鼠笼、鼠夹之类工具捕鼠，应注意诱饵的选择、布放的方法和时间。诱饵以鼠类喜吃的为佳。捕鼠工具应放在鼠类经常活动的地方，如墙角、鼠的走道及洞口附近。

药物灭鼠法是使毒物进入鼠体，使老鼠死亡或绝育，进而达到灭鼠的目的。药物灭鼠的途径可分为消化道药物和熏蒸药物两类。

消化道药物主要有磷化锌、安妥、敌鼠钠盐和氟乙酸钠。药剂通过鼠取食进入消化系统，使鼠中毒致死。这类杀鼠剂一般用量低、适口性好、杀鼠效果高，对人畜安全，是目前主要使用的杀鼠剂。熏蒸药物包括氯化苦和灭鼠烟剂。其优点是不受鼠取食行动的影响，且作用快，无两次毒性；缺点是用量大，施药时防护条件及操作技术要求高，操作费工，适宜于室内专业化使用，不适宜兔舍使用，但可以在仓库等其他地点使用。

杀鼠剂的投放原则：选择老鼠经常活动和行走的地方，易于老鼠采食但又不能太靠近鼠洞，以免引起它们的猜疑，一般紧贴墙壁、角落。

投放地点：天花板上，门的两侧，门窗上面，下水道，饲料仓库，鼠粪和鼠洞比较多的地方，靠近水源的地方，注意不要让兔只采食到杀鼠剂。

经验之五十五：国外肉兔快速育肥的主要做法

国外的快速育肥方式科学和先进，采用成套的设备、配套的技术和规格的品种，属于高投入、高产出的生产经营方式。

（1）育肥期采用高营养全价配合饲料　仔兔 28 天断奶后直接转到育肥群，饲喂全价配合颗粒饲料（含粗蛋白 18％左右，粗纤维 10％～12％，消化能 10.47 兆焦/千克），自由采食，自由饮水。

（2）采用高密度笼养方式　育肥兔笼养，每平方米笼底面积饲养育肥兔 18 只左右，以减少活动量，提高饲料的利用率。

（3）采用人工环境控制　采取人工小气候，即人工控温、控湿、控光、控风等，给兔子提供一个最佳的生活环境。适宜的温度、湿度和通风，可使兔子对于营养利用率提高，疾病减少。人工控光，采取全黑暗或弱光育肥，可抑制性腺发育，促进生长，保持安静，减少咬斗。

（4）充分利用肉兔早期增重快的特点实现高效养殖　养兔发达国家，肉兔育肥期很短，一般是 6～7 周，即 28 天断奶，70～80天出栏，可充分利用肉兔早期增重快的特点。育肥期日增重 45 克左右，饲料报酬 3∶1，全进全出，年周转 4～5 次，笼舍利用率很高。

经验之五十六：断奶仔兔快速育成技术要点

1. 选用优良品种和杂交组合

育肥兔的生产可有 3 条途径。一是优良品种直接育肥，即选生长速度快的大型品种（如比利时兔、塞北兔、哈白兔等）或中型品种（如新西兰兔、加利福尼亚兔等）进行纯种繁育。二是经济杂交，一般来说，国外引入的品种与我国的地方品种杂交，均可表现一定的杂种优势。用国外引进良种公兔和本地母兔或优良的中型品种交配，如比利时兔×太行山兔，新西兰兔×塞北兔，也可以 3 个品种轮回杂交。三是饲养配套系，目前我国配套系主要有伊拉配套系、齐卡配套系、艾哥配套系和伊普吕配套系，我国培育的康大 1号、康大 2 号、康大 3 号和齐兴肉兔等。大型养兔场可以直接饲养配套系。

2. 育肥方式选择

肉兔育肥通常分为直线育肥和阶段育肥两种形式，直线育肥也称为"一条龙"育肥，是一种高产高效的育肥方法。而阶段育肥，可充分利用青粗饲料，节约饲料成本。但育肥时间长，不符合快速育肥的要求。

快速育肥宜采用直线育肥的方法。由于肉兔的育肥期很短，从断奶到出栏仅 60 天左右。应采取直接育肥法，即满足幼兔快速生长发育对营养的需求，使日粮中蛋白质达到 17%～18%、能量达到 10.47 兆焦/千克以上，保持较高的水平，粗纤维控制在 12% 左右。使其不因营养不良而使生长速度减退或停顿，并且一直保持到出栏。

3. 育肥前准备

育肥前的准备分为四个方面。一是特别弱小和个别有病的断奶仔兔应及时淘汰。二是兔舍、笼具、饲喂设备等安装准备到位。兔舍防风雨、夏季防暑降温、冬季防寒保暖以及彻底进行消毒，笼具数量充足、坚固耐用、结构合理。饲喂设备主要有自动饮水器和料槽安装位置合理。三是分群编组。育肥应实行小群笼养，切不可一兔一笼。分组时最好原笼原窝饲养，即采取移母留仔法。实行大群饲养的，也可按幼兔体质强弱、日龄大小，将断奶日期接近或生长发育差异不大的幼兔编群分组，群养的每组 20～50 只，每平方米 1.0～1.5 只；笼养时每笼以 3～4 只为宜。四是准备好过渡期饲料和育肥用的全价配合饲料，最好是颗粒饲料，颗粒饲料可提高增重和饲料利用率。要做好饲料过渡，断乳后 1～2 周内要继续饲喂断乳前的饲料，以后逐渐过渡到育肥料。切忌突然改变饲料，否则肉兔会在 2～3 天出现消化系统疾病。

4. 营造良好环境

育肥效果的好坏在很大程度上取决于环境控制。环境控制包括养兔的温度、湿度、密度、通风和光照等。温度过高或过低都是不利的，最好保持在 25℃ 左右。湿度过大容易患病，应保持环境干燥，湿度控制在 55%～65%；密度根据温度及通风条件而定。在良好的条件下，每平方米笼底面积饲养育肥兔 18 只是完全可以的；通风不良，不仅不利于家兔的生长，而且容易患多种疾病。育肥兔饲养密度大，排泄量大，对通风的要求比较强烈；光照对于家兔的生长和繁殖有影响。根据国外的经验，育肥期实行弱光或黑暗，仅让兔子看到采食和饮水，有抑制性腺发育、促进生长、减少活动、避免咬斗、提高饲料利用率等多种作用。

5. 做到自由采食和饮水

有研究表明，让育肥兔自由采食和保证充足的饮水，可保持肉兔较高的生长速度。只要饲料配合合理，不会造成育肥兔的消化不良、过食等现象。总的原则是，保证育肥兔吃饱吃足，饮水充足。只有多吃不断水，方可快长。

6. 适当使用添加剂

除了满足育肥兔在能量、蛋白、纤维等主要营养的需求外，还可适当使用添加剂。如稀土添加剂具有提高增重和饲料利用率的功效；喹乙醇有促进蛋白质合成及防病的作用；腐植酸添加剂可提高肉兔生产性能；多酶制剂可帮助消化，提高饲料利用率；维生素、微量元素及氨基酸添加剂对于提高育肥效果已起到举足轻重的作用。可根据本场情况选择使用，上述添加剂总量控制在占总饲料量的 1％ 左右为宜。

7. 预防疾病

育肥期间，由于缺乏阳光和运动，对疾病抵抗力差，所以要特别注意环境卫生，预防疾病的发生。不喂霉烂变质的饲料，有杂质泥土的饲料不喂。兔笼舍、食具和工具等经常消毒。可用日光暴晒或煮沸消毒；也可用药剂消毒，如 2％ 烧碱溶液（只能用于兔笼和地面消毒）、2％ 的石灰乳、20％ 的草木灰水溶液、5％ 的来苏儿液均可。

育肥期肉兔的主要疾病是球虫病、腹泻和肠炎、巴氏杆菌病及兔瘟。球虫病是育肥期的主要疾病，尤以 6～8 月份多发。采取药物预防、加强饲养管理和搞好卫生工作相结合；腹泻和肠炎主要是饲料的合理搭配、粗纤维的含量、搞好饮食卫生和环境卫生；预防巴氏杆菌病一方面搞好兔舍的卫生和通风换气，加强饲养管理，另一方面在疾病的多发季节适时进行药物预防；再就是定期注射疫苗，兔瘟只有注射疫苗才可控制。断乳后，每只皮下注射 1 毫升，一次即可出栏。

8. 适时出栏

出栏时间根据品种、季节、体重和兔群表现而定。在正常情况下，90 日龄达到 2.5 千克即可出栏。大型品种，骨骼粗大，皮肤松弛，生长速度快，但出肉率低，出栏体重可适当大些；中型品种骨骼细，肌肉丰满，出肉率高，出栏体重可小些，达 2.25 千克以上即可；冬季气温低，耗能高，不必延长育肥期，只要达到出栏最低体重即可；其他季节，青饲料充足，气温适宜，兔子生长较快，育肥效益高，可适当增大出栏体重；当兔群已基本达到出栏体重，而此时环境条件恶化（如多种传染病流行，延长育肥期有较大风险），应立即结束育肥。

 ## 经验之五十七：獭兔养殖"163"模式

一、模式介绍

獭兔养殖"163"模式是指"一个农户建一栋兔舍，饲养 100 只母兔，一年繁殖 6 批，出笼商品獭兔 3000 只"。此模式标准化兔舍建筑面积 400 平方米，投资约 8 万元，附属设施设备约 2 万元，流动资金 5 万元，出笼一只兔子均利 15 元，年纯利约 4.5 万元。

二、关键技术

1. 兔舍设计标准

① 兔舍建设基本要求是坐北朝南、地势高燥、就地取材、经济实用，条件允许可按照钢结构进行建筑。

② 兔舍采取全开放三列式兔舍，舍内总面积 385 平方米（55 米×7 米），水泥地面，舍顶部滴水坡度一般不小于 25°，前后檐高 3 米，基深 0.8～1.0 米。

③ 窗户要求：墙面设窗户 10～12 扇，采取南北对称窗户，每扇窗高 2 米，宽 2 米，窗台距地面 0.8 米。采用半自动雨帆作挡风窗或有条件的养殖场可安装滑动玻璃窗。

④ 兔笼的安装：兔舍安装三列兔笼，每列 25 组兔笼，商品兔笼每组 18 个笼位，每个笼位能饲养商品兔 2～4 只，商品兔笼与母兔笼以 2∶1 的比例安排。

⑤ 粪尿沟：粪尿沟设在接粪板的下檐位置，设三条"U"形排污沟，宽度以粪尿落入沟内，清理方便为宜，一般宽 0.25～0.3 米，深 0.15～0.3 米，坡度为 5%。

2. 獭兔养殖技术要点

（1）科学选购兔品种　现在市面上主要供应法系、美系品种的獭兔。作为种用的獭兔一定要系谱清楚，繁殖能力强，有一定的抗病能力。

(2) 断奶兔的管理　幼兔对环境变化很敏感，舍温忽高忽低、密度过大、分群独处、饲料突变等可引起应激反应。因此易患呼吸系统、消化系统疾病，应注意防范。刚断乳仔兔，舍温不能过低，应保持在15℃以上。仔兔绝不能一兔一笼单养，以免引起孤独和恐惧。天气异常应特别注意观察小兔呼吸、排粪等变化，出现异常及时处理。

(3) 定期驱虫　兔体内有一定数量的寄生虫，影响生长效果，对断乳后的仔兔可进行一次驱虫，以便提高生长效果。用磺胺二甲基嘧啶，每日每千克饲料添加0.2克，1天1次，连服3天，可有效预防和治疗球虫病。驱虫最好安排在下午或晚上进行，以便其第2天排出虫体，并及时清理出去。一些没有死亡的虫体待药性过后，又会重新寄生，可安排2~3天后再进行一次驱虫，药量要减半，投药前最好停食4~6小时，只给饮水，以提高药效。如有疥癣病，可用阿维菌素按每千克体重口服0.2~0.3克进行治疗。

(4) 疫苗防疫标准　28日龄注射波氏杆菌+巴氏杆菌二联苗2毫升；35~38日龄注射兔瘟单联苗2毫升；60日龄注射兔瘟+巴氏杆菌二联苗2毫升。

(5) 选择营养全价、适口性好的饲料　獭兔日粮配制时，应按照营养标准，做到粗精结合、青干搭配、饲料多样化，以满足营养需要。可适当补给添加剂，保证饲料全价性。獭兔喜吃甜的、有香味的饲料，不喜吃酸味的饲料。饲料变化逐步进行。夏秋季喂青绿饲料，冬季增喂多汁饲料等，饲料更换应逐步进行，使兔肠胃有个适应过程，以免突然更换，引发消化道疾病。另外，季节不同，生理阶段不同，也要相应调整饲料和饲喂方法。如冬季寒冷采食量增加，饲料能量水平和给量应高于夏季。

(6) 配种方法　一是把母兔放在公兔笼内，当公兔爬跨，母兔抬尾迎合交配完毕后，公兔倒向一侧，发出咕咕叫声并蹾足，为配上的标志，待其弥留2~3分钟，将母兔轻轻提出，将其倒置轻拍臀部，放回原笼，6小时后，再用同一只公兔复配一次，做好配种记录即可。二是人工辅助交配，当母兔发情接触到公兔后，不愿举尾迎合，公兔无法交配，可采取人工辅助，即拴住母兔尾巴，从背部拉向前方，辅助人一手抓住耳朵和颈部及细绳，另一手伸向母兔腹下靠后肢处，将臀部微微托起，让公兔爬跨。交配完毕，公母分开。

（7）适时出栏　獭兔适时出栏是提高养兔经济效益的关键环节，一般獭兔到 3～4 千克可以出笼。

第五章 防病与治病

 经验之一：养兔防病应做好哪些方面的工作？

1. 饲养健康兔群

保证基础群的健康，因为兔场的基础群是养兔场的核心，基础群的健康状况对安全生产至关重要。如果基础打不好，兔场将不得安宁，效益就更无从谈起。为此，兔场应坚持自繁自养的原则，有计划、有目的地从外地引种，进行血统的调剂。引进种兔时，不应从疫区引进种兔，应从具备种兔生产经营许可证的种兔场引进，种兔应生长发育正常，健康无病。在引种时应经产地检疫，并持有动物检疫合格证明。兔只在起运前，车辆和运兔笼罩具要彻底清洗消毒，并持有动物及动物产品运载工具消毒证明。引进兔只后，要及时报告动物防疫监督机构进行检疫，并隔离 30 天，确认兔体健康方可合群饲养。

2. 提供良好环境

良好的生活环境对于保持家兔健康非常重要。兔场应建在干燥、通风良好、采光充足、易于排水的地方。兔场周围 1 千米内无大型化工厂、采矿场、皮矿场、皮革厂、肉品加工厂、屠宰场或其他畜牧场污染源。兔场应距离干线公路、铁路、居民区和公共场所 0.5 千米以上，兔场周围应有围墙。生产区要保持安静并与生活区、管理区分开。兔场应设有病兔隔离舍，避免传染健康兔。兔场还应设有焚尸坑及废弃物贮存设施，防止渗漏、溢流、恶臭等污染。兔场内不应饲养其他动物。

兔舍建筑应符合卫生要求，内墙表面光滑平整，地面和墙壁便于清洗，并耐酸、碱等消毒液，兔舍建筑能保温、隔热。兔舍内通风良好，舍温适宜，舍内空气质量良好。按兔体型大小和使用目的配置不同型号的饲养笼，兔笼底网设计应防止脚皮炎发生等。

3. 科学饲养

科学饲养是防病的基础。在日常饲养过程中，要对种公兔、种母兔、仔兔、幼兔、青年兔采取科学的饲养管理方法进行饲养，增强各类兔的自身抗病力，才能少发病甚至不发病。

青绿饲料应使用草料架，不应直接放在笼底网上饲喂。保持料槽、饮水器、产仔箱等器具的清洁。饮水的水质应符合《无公害食品 畜禽饮用水水质》的要求。饮水设备应定期维修，保持清洁卫生。及时清扫兔笼粪便，保持兔舍卫生；兔舍应有防鼠的措施，及时清除死鼠。

4. 提供营养全面的饲料

饲料、饲料原料和饲料添加剂应符合《无公害食品 肉兔饲养饲料使用准则》的要求。青饲料应清洁、无污染、无毒，晾干表面水分后饲喂。并根据獭兔的不同生长阶段，按照营养要求配制不同的饲料。不使用冰冻饲料或被农药、黄曲霉毒素等污染的饲料。使用药物饲料添加剂时，应执行休药期规定。生产无公害食品时禁用肉骨粉。

5. 严格消毒

严格采取各种消毒方法，对兔舍、笼具、饲槽、饮水盒、各种用具及饲养人员的工作服等进行消毒，这是消灭和控制传染源、病原体，切断传播途径、传播媒介的最有效措施。因此，要建立严格的消毒制度，预防和扑灭传染病的发生发展。

具体做到：每2～3周对周围环境消毒1次。每月对场内污水池、堆粪坑、下水道出口消毒1次。兔场、兔舍入口处的消毒池使用2%的水碱或煤酚皂等溶液；工作人员进入生产区，要更衣、换鞋、踩踏消毒池，接受5分钟紫外线照射；进兔前应将兔舍打扫干净并彻底清洗消毒；兔笼消毒用火焰喷灯对兔笼及相关部件依次瞬间喷射；定期对料槽、产仔箱、喂料器等用具进行消毒；用消毒液喷洒兔体本身及周围笼具。獭兔出栏后必须对兔舍及用具进行清洗并彻底消毒。应选择对人和兔安全、对设备没有破坏性、没有残留毒性的消毒剂。

6. 预防接种

獭兔饲养场应结合当地疫病流行情况和本场疫病发病实际情况制

定适合本场的免疫程序，并认真实施。要注意选择和使用适宜的疫苗、免疫程序和免疫方法。由微生物引起的家兔疫病种类很多，常用的疫苗有 14 种以上，在选用疫苗时首先要选那些危害大、死亡率高、药物预防无效和无治疗药物的疫病的疫苗。有药物预防的疫病尽量用药物预防，因为一种药能预防几种疫病，甚至能预防多种疫病。当然对特殊情况还应采取特殊方法对待，重新制定和调整免疫程序。对家兔的疫病防治工作，一定要坚持"预防为主"的方针。家兔有了病，一定要按照早发现、早确诊、早隔离、早采取措施的原则，防止扩大蔓延造成更大损失。

7. 合理的药物保健

合理用药可以预防家兔某些疾病的发生，促进家兔生长。在饲料或水中添加某些抗生素或化学合成的抗菌药物，有目的、科学地选用某些药物，预防某些疾病的发生，是重要的防病措施之一。例如用喹乙醇按每千克体重 50 毫克，每日内服 2 次，连服 3 日，可预防巴氏杆菌病和魏氏梭菌病的发生。产后 3 日内母兔每次内服 0.5 克的长效磺胺，每日 2 次，连服 3 天可预防乳房炎等疾病的发生。或每千克体重用痢特灵 5～10 毫克，混入饲料中内服，每日 2 次，可预防沙门菌病及大肠杆菌病的发生。将磺胺二甲嘧啶按 0.4%～0.5% 的量混入饲料中内服，每日 2 次，连用 3 周，可预防巴氏杆菌病、波氏杆菌病及球虫病的发生。

在兔群中，防止球虫病的感染是提高仔兔成活率的关键。平时可在饲料中经常混入一些葱、蒜等食物，同时要注意用药物预防。在仔兔开食或断奶期间，可用球痢灵，每千克体重 50 毫克，每日内服 2 次，连用 5 日；或氯苯胍，每千克饲料中加药 150 毫克，断奶开始连用 45 日，可预防球虫病、滴虫病及其他细菌的感染。在使用药物预防时，应注意产生耐药性，影响防治效果，要经常进行药敏试验，以便选择高敏感性的药物用于防治。注意无论是药物搅拌喂饲，还是把药物放在水中饮用，都必须按用药要求用药。

8. 定期驱虫

要消灭兔的寄生虫病，必须根据不同寄生虫的流行特点制定有针对性的综合防治措施。一般应在春、秋两季进行两次全群普遍驱虫。

预防兔的寄生虫病，必须坚持"预防为主"的方针。在选用驱虫药时一定要掌握以下原则：一是低毒，即对家兔和人应无副作用；用药后在兔体残留量少；残留时间短，不污染环境；二是用药后就能彻底驱除兔体内的寄生虫；三是广谱，即一种驱虫药可以驱除多种寄生虫；四是价廉；五是使用方便。

抗球虫的药物过去主要用磺胺类药物、痢特灵、克球粉、氯苯胍、盐霉素等，近年使用迪克珠利，有的使用某种药物的缓释注射剂。以上药物对于控制球虫病都有一定效果。但都会不同程度地产生耐药性。效果好一点的有丙硫咪唑和家兔专用抗球虫药物——球净。丙硫咪唑可以驱除线虫、绦虫、绦虫蚴及吸虫。球净的最大优点是药效可靠，不产生耐药性，在一些兔场连续使用该药 8 年，没有发现耐药性的产生。

驱虫时还要注意药物剂量要准确；驱虫后对病兔应加强护理和观察；先做小群驱虫实验再进行全群驱虫；驱虫后要加强粪便的无害化处理，防止病原扩散。

9. 预防中毒

一是防止农药中毒，如有机磷化合物（乐果、敌敌畏、敌百虫、杀螟磷等），严格防止饲料源被农药污染、严格控制青饲料的来源、治疗外寄生虫病时严格遵守使用规则防止家兔啃咬；二是防止饲料中毒，如霉饲料霉菌中毒、棉籽饼中毒、马铃薯中毒、有毒植物中毒等；三是防止灭鼠药中毒。

一旦发现家兔中毒，应立即采取洗胃、缓泻、应用解毒剂、放血、利尿、对症等处理。

 ## 经验之二：别小看中药在防病中的作用

中草药是我国中医药中的国宝，有几千年的历史。中草药具有资源丰富、品种多、无耐药性、经济性、实用性、绿色性、低毒和低残留性等主要特点。具有促进动物生长发育、提高动物生产性能、增强动物体质、防病和治病等作用。兔用中草药制剂有单方和复方制剂，复方中有多味草药配伍，也有中西药配伍。通过加工或提取有效部分，制成散剂、丸剂、水剂、冲剂、酊剂、针剂等剂型。

科学研究证明，中草药防治獭兔疾病的优势主要表现在以下几个方面。一是中草药具有抗感染作用，许多清热药对多种病毒、细菌、真菌、螺旋体及原虫等有不同程度的抗生作用，若配伍或组成复方，其抗生范围可以互补、扩大并显示协同增效作用；二是中西药能相互取长补短，兼顾整体与局部，起到立体化协同治疗，减轻西药的毒副作用；三是增强免疫作用，许多中药对免疫器官的发育、白细胞及单核-巨噬细胞系统细胞免疫、体液免疫、细胞因子的产生等有促进作用，由此提高机体的非特异性和特异性免疫力；四是抗应激和使机体在恶劣环境中的生理功能得到调节，并使之朝着有利方向发展，增强适应能力的作用；五是可起到一定的营养作用和可成为动物机体所需的物质；六是激素样作用和调整新陈代谢等。

中草药取自天然植物，所含成分保持了天然性及生物活性，经精制和科学配伍可长期使用，可起到防治疾病和改善生长的效果。中草药没有传统所用抗生素和化学合成类药物引起耐药性和药物残留等弊病，非常适合我国养殖业饲养模式和生产发展水平的需要。

常用的防治兔病的中草药很多，而且分布面广，资源丰富，在农村随手可得，并具有简便、易用和疗效好的特点，很适合农村家庭养兔。

① 车前草，又名车轮菜、车车子，具有利尿、止泻、明目、祛痰的功效，可用于防治兔呼吸道、肠道感染和球虫病，采鲜草直接喂兔，或用干品煎水内服，每次 10～15 克，每兔每天 2 次，连用 3～5 天。

② 蒲公英，又名婆婆丁，具有清热解毒、消肿、利胆、抗菌消炎的作用，可用于防治家兔肠炎、腹泻、肺炎、乳房炎，采鲜草直接喂兔，或取干品 5 克，煎水内服，每只兔每日 2 次，连用 3～5 天。

③ 艾蒿，又名野艾子、艾叶草，有止血、安胎、散寒、除湿的功效，可防治家兔便血、血尿、胎动不安和湿疹，采鲜草直接喂兔，或取干品煎水内服，每只兔每次 15 克，每日 1 次，连用 3～5 天。

④ 马齿苋，又名马齿菜，有清热解毒、散血消肿、止痢止血、驱虫、消炎的作用，多雨季节喂兔能防止家兔腹泻和球虫病。

⑤ 紫花地丁，又名地丁草、老鼠布袋，有清热解毒、拔毒、消肿、抗菌消炎作用，治疗家兔流感、喉炎、肺炎、乳房炎、肠炎、腹泻等。让兔自由采食，或取干品 6～9 克，煎水内服，每兔每日 2 次，连服 3 天。

⑥ 葎草，又名拉拉秧、割拉蔓，有清热解毒、利尿、止泻、健胃抑菌功效，治疗家兔大肠杆菌、魏氏梭菌肠炎、肠道感染。采集全草（茎、叶、根）让兔自由采食，或用干品 15 克煎水内服，每兔每日 2 次，连服 5～7 天。葎草营养丰富，适口性好，夏季用来喂兔，能有效地防止腹泻。

除上述之外，还有黄蒿（又名香蒿）、茵陈（绵茵陈）、蛇床子（野胡萝卜蒿）、地肤子（扫帚苗）、益母草（野麻蒿）、白头翁（白头草、野丈人）、败酱草（苦苦菜）、鱼腥草（荠菜）、铁苋菜（刺苋菜）、仙人掌（观音掌）、槐花（槐树花）、紫苏（苏叶）、韭菜、生姜、大葱、西瓜皮、橘皮等。

养兔场还可根据獭兔的食草特性，选择种植一些常用的大青叶、板蓝根、金银花等中草药。这些中草药种植管理简单，生产性好，除含抗菌促生长物质外，还含蛋白质、矿物质、维生素等，是獭兔喜食的药、草兼用型青饲料，大青叶属两年生草本植物，四季常青，夏播和秋播用于冬季喂兔，既解决了獭兔青饲料的缺乏，又对繁殖母兔有明显的催情、促乳和增膘作用，将大青叶、板蓝根晒干粉碎，按 2% 掺入饲料中，能有效地防止兔瘟、巴氏杆菌的发生。母兔在怀孕和哺乳期经常用金银花藤、叶作饲料，不但可消除母兔本身的隐性疾病，还能使药物通过乳汁的传递，进入仔兔体内，达到预防和治疗仔兔疾病的目的。幼兔在断奶、饲料变换等应激条件下，用金银花藤粉作添加剂，能防止腹泻病和呼吸道病的发生。高温梅雨季节，可用野菊花煎汤加入饲料或饮水中，可防治热应激引起的兔湿热下痢、厌食、中暑等症。经常使用 1% 野菊花作添加剂，能有效控制兔群传染性鼻炎、结膜炎、乳房炎等病菌的发生，四季添加效果更好。

生产实践中，人们总结了很多实用的中药验方。如用旱田草、地锦草各 10 克，凤尾草 5 克，水煎灌服，每只每次服 10～15 毫升，每日 2 次，连用 2～3 天，治疗兔痢疾；用黄柏、黄连各 6 克，黄芩 15 克，大黄 5 克，甘草 8 克，共研细末，早晚各服 2～3 克，也可拌料喂服，连用 3～5 天，治兔球虫病；用花椒 25 克，高度白酒 250 克，混泡 3 天后，用棉签涂擦病兔患部，早、晚各 1 次，3 天后，兔脚癣病自然消失；用生姜数片，加少量红糖，水煎服，每日 3 次，每只每次 15～20 毫升，治腹泻；用土党参 50 克，王不留行 15 克，用淘米水煎汤喂服，每只每次服 20 毫升，每日 2 次，连用 2～3 天，治母兔缺乳；用石菖蒲、青木香、野山楂各 6 克，橘皮 10 克，神曲一块，加水煎服，每剂药供 2 只兔服用，治肚胀病；用金鸡脚、积雪草、金银花各 15 克，水煎灌服，每只每次服 15～20 毫升，治中暑；用金银花、连翘各 9 克，野菊花、蒲公英、紫花地丁各 15 克，水煎服，每日 2 次，每只每次服 15～20 毫升；也可采摘蒲公英、紫花地丁、剪刀草共捣汁敷患处，治母兔乳房炎；用冰硼散适量，装入小吸管内，对准病兔的口腔把药吹入，每日 3 次，连续用药 3 天，治流涎病；内服藿香正气丸，每天 2 次，每次半包，拌入饲料中喂兔，幼兔减半，连用 3 天，治巴氏杆菌病；用紫苏 12 克，薄荷 10 克，金银花 15 克，甘草 8 克，水煎，每只每次患兔服 15 毫升，每日 2～3 次，治兔感冒；用紫草 25 克放入麻油 250 毫升中浸泡 12 小时，然后用火将紫草炸至焦黑状滤取汁液，待凉后装瓶备用，治疗时，先用 3％双氧水把患兔耳内脓液洗净，用棉签擦干，然后把药油滴入耳内 3～4 滴，每日 3～4 次，治兔中耳炎等。

很多獭兔场的实践证明，在兽医临床上使用中草药防治兔病可以取得非常好的效果，为兔病的防控创出了一条新的思路，尤其是生产绿色无公害兔肉的獭兔养殖场不妨一试。

经验之三：獭兔场消毒绝不是可有可无

消毒是獭兔养殖场最常见的工作之一。保证獭兔养殖场消毒效果可以节省大量用于疾病免疫、治疗方面的费用。随着獭兔养殖业发展趋于集约化、规模化，养兔人必须充分认识到兔场消毒的重要性。

但是很多兔场经营者还对此认识不足，主要存在以下几个方面的问题。

① 认为消毒可有可无。有的做消毒时应付了事，兔舍没有彻底

清扫、冲洗干净，就急忙喷洒消毒药液，使消毒剂先与环境中存在的有机物结合，以致对微生物的杀灭作用大为降低，很难达到消毒效果；有的嫌麻烦不愿意做，有的隔三差五做一次。听说周围兔场有疫情了，就做一做，没有疫情就不做。本场发生传染病了，就集中做几次，时间一长又不坚持做了；有的干脆就不做。有的虽然做了消毒，但结果兔还是得病了，所以就认为消毒没什么作用。

② 不知道消毒方法。在消毒方法上，不懂得消毒程序，不知道怎样消毒，以为水冲干净、粪清干净就是消毒。有的养兔场配制消毒剂时任意增减浓度。消毒剂的配比浓度过低，不能杀灭病原微生物。虽然浓度越大对病原微生物杀灭作用越强，但是浓度增大的范围是有限的，不是所有的消毒剂超出限度就能提高消毒效力。因为各种化学消毒剂的化学特性和化学结构不同，对病原微生物的作用也是各不相同。

③ 不会选择消毒药品。消毒药品单一，不知道根据消毒对象选择合适的消毒药品。有的养兔场长期使用 $1 \sim 2$ 种消毒剂，没有定期更换，致使病原体产生耐药性，影响消毒效果。有的贪图便宜，哪个便宜买哪个，从市场上购进无生产批号、无生产厂家、无生产日期的"三无"消毒剂，使用后不但没达到消毒目的，反而影响生产，造成经济损失。

消毒的目的是消灭病原微生物，如果存在病原微生物就有传播的可能，最常见的疾病传播方式是兔与兔之间的直接接触，引入疾病的最大风险总是来自于感染的兔。其他能够传播疾病的方式包括：①空气传播，例如来自相邻兔场的风媒传播；②机械传播，例如通过车辆、机械和设备传播；③人员，通过鞋和衣物；④鸟、鼠、昆虫以及其他动物（家养、农场和野生）；⑤污染的饲料、水、垫料等。

疾病要想传播，首先必须有足够的活体病原微生物接触到兔只。生物安全就是要尽可能减少或稀释这种风险。因此，卫生、清洗和消毒就成了生物安全计划不可分割的部分。

因此，一贯的、高水准的清洗和消毒是打破某些传染性疾病在场内再度感染的循环周期的有效方式。所以，兔场必须高度重视消毒工作。

经验之四：兔场怎样实行消毒

1. 进场进舍的消毒

进入场区的人员要更衣、换鞋，踩踏消毒池，接受 5 分钟紫外线照射。车辆必须经药物喷雾消毒后才能进入场内；出售家兔必须在场区外进行，已调出的家兔严禁再送回兔场；严禁其他畜禽进入场区。

2. 场区和环境的消毒

兔舍周围每隔 3～5 天扫除 1 次，每隔 10～15 天消毒 1 次；晒料场和兔子运动场每日清扫 1 次，每隔 5～7 天消毒 1 次。每年春秋两季，兔舍墙壁上和固定兔笼的墙壁上涂抹 10%～20% 的生石灰乳，墙角、底层笼阴暗潮湿处应撒上生石灰；生产区门口、兔舍门口、固定兔笼出入口的消毒池，每隔 1～3 天清洗 1 次，并用 2% 的热碱水溶液消毒。

3. 地面的消毒

兔舍地面是兔舍小环境的重要组成部分，也是兔排泄粪便的场所，因此地面消毒很重要。每天应及时清扫粪便，地面可撒一些生石灰，经常保持兔舍通风、干燥、清洁卫生。定期喷洒消毒剂如来苏儿液或 20% 的烧碱溶液。

4. 空置兔舍的消毒

引种前 2～3 天，应对兔舍进行彻底消毒，首先要对兔舍进行彻底清扫，然后再进行消毒。消毒方法应根据兔舍的开放程度确定，对于封闭式兔舍可用熏蒸消毒法，而开放式以及达不到封闭条件的兔舍，可用喷雾和火焰消毒。

① 熏蒸消毒法：即取高锰酸钾 25 克，甲醛溶液 70～100 毫升，两者混合会发生剧烈反应，挥发到空气中的甲醛气体有强烈的杀菌消毒作用。但应注意消毒后须放置 2～3 天再放兔。有条件的还可在兔舍安置紫外线灯，紫外线有强烈的杀菌消毒作用，可持续照射 5～6 小时，停 12 小时，反复使用效果更好。

② 喷雾消毒法：即选用高效消毒液对笼具、地面、食槽、水槽等喷雾消毒。

③ 火焰消毒法：即用火焰喷灯喷出的火焰消毒，通常喷灯的火焰温度达到 $400 \sim 800 \, ℃$，火焰可达到笼具的每个部位，消毒数小时后便可放兔。可用于消毒兔笼、笼底板、产仔箱等，兔毛、各种病原、灰尘等一烧而光。消毒时用火焰喷灯对兔笼及相关部件依次瞬间喷射。此法消毒效果好，但要注意防火。

5. 设备及用具的消毒

① 兔舍、兔笼、通道、粪尿底沟每日清扫 1 次，夏秋季节每隔 $5 \sim 7$ 天消毒 1 次。粪便和脏物应选择离兔场 150 米以外的地方堆积发酵后掩埋。在消毒的同时，有针对性地用 2% 的敌百虫水溶液喷洒兔舍、兔笼和周围环境，以杀灭螨虫和其他有害昆虫，同时应做好灭鼠工作。

② 兔舍的设备、工具应固定，不互相借用；兔笼的料槽、饮水器和草架也应该固定；用具用完后及时消毒；产仔箱、运输笼等用完后要冲刷干净并消毒后备用；家兔转群或母兔分娩前，兔舍、兔笼均须消毒 1 次。

③ 养兔所用的水槽、料槽、料盆、运料车等工具每日都应该冲刷干净，每隔 $7 \sim 10$ 天用沸水或 4% 的热碱水溶液消毒 1 次；治疗兔病所用的注射器、针头、镊子等器具每次使用后在沸水中煮 30 分钟或者用 0.1% 的新洁尔灭浸泡消毒；饲养人员的工作服、毛巾和手套等要经常用 1%～2% 的来苏儿或 4% 的热碱水溶液洗涤消毒；使用过的产箱应先倒掉里面的垫物，再用清水冲洗干净，晾干后，在日光下暴晒 $5 \sim 6$ 小时，冬天可用紫外线灯照射 $5 \sim 6$ 小时，再用消毒液喷雾消毒后备用。

6. 带兔消毒

兔舍带兔消毒，既可以有效地杀灭兔舍内空气中和环境中的病原微生物，又可直接杀灭兔体表、呼吸道浅表滞留的病原微生物，并对葡萄球菌、大肠杆菌、沙门菌病等有良好的防治作用，是净化兔舍环境卫生的重要措施。配合疫苗免疫和科学的饲养管理，能消除疾病隐患，使兔群健康生长，提高养兔生产水平和经济效益。

应选择高效低毒、杀菌力强、刺激性小的消毒剂，如百菌灭、百毒杀、二氯异氰尿酸钠、抗毒威等。消毒液喷洒兔体本身及周围笼具。根据兔的生长发育期确定消毒次数。仔兔开食前每隔2天消毒1次；开食后断奶前，每隔4～5天消毒1次；幼兔期每7天消毒1次；青年兔每15天消毒1次。免疫接种前后3天停止消毒，兔群发生疫病时可采取紧急消毒措施。配制消毒液的水要清洁，夏季用凉水，冬季用温水。喷雾数量以兔体和兔笼表面见潮为好。门窗关闭后喷雾，结束后开窗通风换气，要保持舍内空气清新干燥。消毒液的雾滴粒度应控制在50～80微米，所以应选择质量好的喷雾器。背负式喷雾器省力、价格适中，中小型兔场选用较为实用。

7. 发生疫病后的消毒

兔场发生传染病时，应迅速隔离病兔并对其进行单独饲养和治疗。对受到污染的地方和用具要进行紧急消毒，病死兔要远离兔场烧毁或深埋。病兔笼和污物要用酒精喷灯严格消毒。加强饲养人员出入饲养场区的消毒管理。发生急性传染病的兔群应每天消毒1次。兔舍消毒应选择在晴天进行，并注意做好通风工作。当传染病被控制住后，若不再发现病兔及有关症状，全场范围内应进行一次彻底消毒。

 ## 经验之五：兔子的给药方法

獭兔的给药方法有内服给药、直肠给药、注射给药和外用给药等4种，不同的用药方法，直接影响到兔体对药物的吸收速度、吸收量以及药物的作用强度。因此，养兔户应该掌握常用的给药方法。

1. 内服给药法

内服给药包括自行采食法、投服法、灌服法和胃管投药。此法的优点是简单易行，适用于多种剂型投药。但缺点是吸收慢、吸收不规则、药效迟等。

（1）自行采食法 对于量较少又没有特殊气味的药物，可按一定比例将药物拌入少量适口的饲料中，让病兔自行采食；对于易溶于水又没有苦味的药物，可按一定比例将药物直接放入饮水中任兔饮用。

（2）投服法 适用于药量少、有异味的药物或兔拒食时。由助手保定，操作者固定兔头并握着面颊使兔口张开，用筷子或镊子夹取药片送入口中，令其吞下。

（3）灌服法 对于拒食的病兔，可用汤勺或注射器、塑料眼药水瓶吸取药液，缓慢地从口角缓缓注入口腔。对于片剂要研细，用厚纸折起，慢慢倒入病兔口腔，然后喂水服下。注意要防止误入气管及呛入呼吸道，引起异物性肺炎。

（4）胃管给药 对于有异味、毒性较大的药物或拒食的病兔，可采用胃管给药。即将开口器置入病兔口腔，由上颚向内转动直到兔舌被压于开口器与下颚之间为止。可把导尿管作为胃管，前端涂石蜡润滑油，沿开口器中央小孔置入口腔，再沿上颚后壁轻轻送入食道约20厘米以达胃部，将胃管另一端浸入水杯中灌药，若有气泡冒出，应立即拔出重插。为了避免胃管内残留药物，需再注入5毫升生理盐水，然后拔出胃管。切忌投入肺中。

2. 直肠给药

直肠给药是指通过肛门将药物送入肠管，通过直肠黏膜的迅速吸收进入大循环，发挥药效以治疗全身或局部疾病的给药方法。操作简单，无创伤，对不能吞服的病兔更适合此法给药，药物在直肠吸收较口服为快，尤适宜于便秘的治疗，见效快，疗效可靠，无明显不良反应和副作用。

直肠给药对于便秘的病兔，可将兔侧卧保定，将后躯抬高，用一根适当粗细的橡皮管或塑料管涂上凡士林润滑，缓缓插入病兔肛门内7～8厘米，再把吸有药液的注射器接在橡皮管上，把药液注入直肠，可软化直肠积粪并让其自然排出。注意药液的温度应接近体温；发生便秘毛球病时内服给药效果不好，也可用直肠灌注法。

3. 外服给药法

外用给药包括洗涤、涂擦、药浴、点眼。对于外伤、体表寄生虫病、皮炎、皮癣等需要从外部施药。对这种病兔要单笼饲养，以防止其他兔误食药中毒。

（1）洗涤法 将药物制成适宜浓度的溶液，清洗局部皮肤或鼻、眼、口及创伤部位等。

（2）涂搽法　涂搽法是将药物制成洗剂或酊剂、油剂、软膏等剂型，涂搽于皮肤或黏膜表面患处的一种外治法。

依据病情选药物，然后把药物研成细末，因患病部位及皮损不同，可把药末与水、酒精、植物油、动物油或矿物油调成洗剂、酊剂、油剂、软膏等不同剂型外涂患处。在配制洗剂时，应尽量将药物研细，以免刺激皮肤。因酊剂有刺激性，凡疮疡破溃后或皮肤病有糜烂或皮肤薄嫩处或皮肤黏膜交界处，均应禁用。急性皮炎和有明显渗液之皮损处忌用软膏。局部有感染时，需先用清热解毒、抗感染制剂，感染控制后，再针对原来皮损选用剂型与药物。先用低浓度制剂，根据病情需要提高浓度。随时注意药物的过敏反应，一旦出现过敏现象，应立即停用，并及时处理。

（3）药浴法　即用药液或含有药液水洗浴全身或局部的一种方法。药浴时将药物制成适宜浓度的溶液，浸泡去除病兔被毛的患部。

（4）点眼法　点眼法是将眼药水点入兔子的眼角内，以治疗疾病的一种方法，也是眼病常用的外治法。点眼操作时先用棉签或食指充分地翻开兔的上眼皮，然后在眼皮内的组织上滴 2 滴眼药水，然后再把下眼皮向外拉开，在下眼皮靠近前眼角的位置与眼球之间的缝隙中滴入 2 滴眼药水，不宜滴太多，以免浪费药液。之后轻轻地按住兔的眼睛，使之闭眼，让药液充分地分布在眼内，尽可能让兔闭眼 1 分钟以上再松开，以防药水外溢。如有药液流出眼外可用药棉或纸巾或干净毛巾擦去。双眼滴药时，要先滴健眼，后滴患眼。滴眼时，切勿让滴眼液滴管口接触眼部，至少距眼睑 1～2 厘米，以免污染滴眼液。若使用两种或两种以上滴眼液时，两者间应隔 5 分钟以上，否则第二种药物会将第一种药物冲洗掉或者两者之间发生反应而影响疗效。混悬剂滴眼液滴用前需摇匀；需另加溶剂溶解的滴眼液，使用前应将主药加入溶剂中溶解摇匀后使用。

4. 注射给药法

注射给药包括皮下注射、肌内注射、静脉注射、腹腔内注射、气管内注射。此法的优点是药物吸收快且完全，剂量和作用确实，但要严格消毒，注射部位要准确。

（1）皮下注射　皮下注射就是将药物注入皮下结缔组织中，经毛细血管、淋巴管吸收进入血液，发挥药效作用，达到防治疾病的目的。由于皮下有脂肪层，注入的药物吸收比较慢。皮下注射的药物不如肌内注射那样很快地随血液进入身体的所有组织，但是它会大大减少对于胴体外观的损害。如需注射大量药液时，应分点注射。

注射部位一般在耳根后面（图5-1、图5-2）、腹下中线两侧或腹股沟附近等皮肤松弛、容易移动的部位注射，先剪毛，再用酒精或碘酊消毒，然后，用左手将皮肤提起，右手将针头刺入被抓皮肤的三角形基部，大约皮下0.8厘米左右，将药物注入。注意针头不能垂直刺入，以防进入腹腔。拔出针头后要对注射部位重新消毒。必要时可对局部进行轻度按摩，促进吸收。凡是易溶解、无强刺激性的药品及疫苗、菌苗及肾上腺素和阿托品等，均可皮下注射。该方法主要用于疫苗接种。

图5-1　皮下注射一

图5-2　皮下注射二

（2）肌内注射　由于肌内内血管丰富，注入药液后吸收很快，另外，肌肉内的感觉神经分布较少，注射引起的疼痛较轻。一般药品都可肌内注射。肌内注射是将药液注于肌肉组织中，一般选择在肌肉丰富的臀部和颈侧的厚重肌肉无大血管和神经的区域（图5-3）。注射前，调好注射器，抽取所需药液，对拟注射部位剪毛消毒，然后将针头垂直刺入兔的肌内适当深度，回抽活塞无回血即可注入药液。注射后拔出针头，注射部位涂以碘酊或酒精。注意，在注射时不要把针头全部刺入肌肉内。不要在近尾部的大腿肌肉进行肌内注射，这可能会导致跛行和坐骨神经损害。一次药量不能超过10毫升，若药量多应更换注射部位。注意不能伤及血管、神经和骨骼。为了避免针头误入

图 5-3　肌内注射

血管内，应抽一下注射器的活塞，看注射器内是否回血。如果有血液出现，要完全退出针头，在新的部位重新刺入针头。

一般刺激性较强和较难吸收的药液，进行血管内注射。而有副作用的药液，油剂、乳剂等不能进行血管内注射的药液，为了缓慢吸收、持续发挥作用的药液等，均可应用肌内注射。过强的刺激药，如水合氯醛、氯化钙、水杨酸钠等，不能进行肌内注射。

（3）静脉注射　静脉注射是利用药品注入血管后随血流迅速遍布全身、药效迅速、药物排泄快的特点，常用于急救、输血、输液及不能肌内注射的药品，适用于急性的严重病例。

静脉注射时通常选择两耳外缘的耳静脉（图 5-4、图 5-5）或股静脉注射。剪毛后，若耳静脉太细不易注射时，可用手指弹击耳廓边缘，或用酒精棉球用力擦，使血管怒张，用左手捏住耳尖，食指在耳下支撑，右手持注射器，将针头顺静脉平行刺入耳静脉内，见有回血，迅速放开被压迫的耳基部，将药物慢慢注入。做肌静脉穿刺时，将病兔腹部朝上平卧，四肢用绳固定，用食指、中指在髂窝处摸到搏

图 5-4　静脉注射一

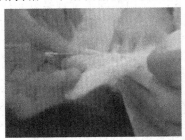

图 5-5　静脉注射二

动最强地方稍靠外侧进针，针头与皮肤成 30°角刺入 1.5 厘米左右抽回血，若回血为暗红色即可推药，若为鲜红色则误入动脉内，立即拔出针头按压 3～5 分钟，换另一侧重新注射。注射完毕，用酒精棉球按压 2 分钟。注射液内不得有气泡、小颗粒或异物。注射量大时，应将其加热到与体温相近的温度再注射。在注射前要排净注射器内空气，以免形成栓塞死亡。注射刺激性的药液时不能漏到血管外。油类制剂不能静脉注射。

注射过程中如发现推不动药液、药液不流或出现注射部位肿胀时，采取如下措施：一是针头贴到血管壁上。轻轻转动针头，即可恢复正常；二是针头移出血管外。轻轻转动注射器稍微后拉或前推，出现回血再继续注射；三是拔出后重新刺入。

（4）腹腔内注射　腹腔内注射用于补充体液。注射部位任选腹部脐后，用碘酊或酒精棉球消毒。使兔后躯抬高或倒提后肢，然后向腹内进针；回抽无血液、无气体后即可注药。注意进针不能太深，以防损伤内脏。药量多时应加温，使其温度与体温相同。

（5）气管内注射　气管内注射在兔颈部上三分之一正中线处摸到气管，家兔的注射部位局部消毒后将针头垂直刺入，回抽有气体后缓缓滴注药液。此方法用于治疗气管、肺等的疾病。

经验之六：怎样判断獭兔是否健康？

兔的健康检查很重要，是养殖人员每天必须做的工作之一。通过观察和检查，可及时发现病兔，采取有效防治措施，做到无病早防、有病早治。以杜绝各种疾病的发生和蔓延。一般采用看、听、摸、查四步进行。

1. 看

（1）精神状态　健康兔躯体匀称，肌肉结实丰满，背毛光滑。健康兔听到声音，两耳竖起，表现出很机灵的样子。卧伏时，前肢伸直互相平行，后肢合适地置于腹下。跳动时，轻快敏捷，除觅食外，大部分时间假睡和休息。夏天常卧伏和伸长四肢；冬天则蹲伏。休息时眼睁开，假睡时眼半闭，稍有动静就睁眼抬头。如听到声音无反应或反应很小，是有病的表现，背凸起也是病兔表现。

（2）食欲　食欲能反映全身及消化道的健康状况。食欲旺盛是家兔健康的表现，吃得多而快，喂给正常量饲料一般在 15～30 分钟就能吃完。每次喂料前如果料槽内没有饲料，兔子会用两前肢趴在笼门等待饲养人员饲喂，甚至如果喂料不足会出现用两前肢扒食槽找食吃的现象，当饲料添加在料槽里，嗅后立即采食。如喂料前不活动，给食不吃或想吃而吃不进，则是有病的早期征兆。

如果少吃或不吃是有病的表现。有时吃青不吃精，一般是患有伤食痢疾，慢性出血败症及 41℃ 以下炎症疾病；吃软青饲料表示缺水分或便秘；各种料都不吃，则是患 41℃ 以上炎症疾病、痢疾、肠炎的后期等较重疾病。

（3）饮水　健康兔饮水较少，随着外界气候的冷热变化稍有增减。如果饮欲增强，可能患有某些发热性疾病、胃肠炎、毛球病或食盐中毒等。相反，饮水量异常减少或不饮水，可能患了消化不良、腹痛或其他较严重的疾病。

（4）粪便　健康兔的粪便呈球形或椭圆形，大小均匀，外表光滑圆润，有弹性，松散均匀，呈黑褐色，新鲜粪便略带光泽；从外观上看应该是粪球独立，大小适宜、质地软硬适中且具弹性外观光滑、地点固定集中。成年兔粪便的大小在 0.5～1 厘米，排便一次 5～6 粒。

如果粪便湿烂量多，呈堆状或长条状，带有酸臭味，一是由于贪食过量的精料而引起消化不良；粪便干黑、大小不匀，排粪量减少，粪粒表面粗糙，多是因为缺水或采食了过量的干粗饲料；如果粪粒变软增大、相互粘连、呈黑色或草绿色，是青饲料喂量过多、精粗饲料喂量较少所致；如果粪便稀薄似粥状，是由于冬季寒风侵袭、夏季兔舍过潮或家兔吃了带有露水、雨水、变质不洁饲料引起；如果粪便干小，一头尖或稀薄交替发生，并带有难闻的臭味，最常见的是家兔吃了腐败变质的饲料或冰冻饲料，引起胃炎或臌胀病；如果粪便干硬，粪粒大小不均或成串，内有兔毛，多为毛球病；粪便坚硬，表面发黑，排粪困难或停止排粪多是便秘；如果粪便先干硬，后水样，或干硬与水样交替发生，有时带有血液者多为急性球虫病；如果胶冻样黏液性稀便或带有明胶黏液两端尖的鼠粪状粪便，多为家兔急慢性大肠感染；粪便水样恶臭，呈灰白色或浅黄色多为家兔沙门杆菌感染；如果粪便稀薄如水，混有泡性黏液或血液，并有特殊的腥臭味急剧下痢，腹部有流水者，多是魏氏棱菌感染。

（5）排尿　兔的正常尿液为淡黄色、混浊状。一旦发现血尿，即可视为患有泌尿系统的疾病。排尿失禁或带疼痛感，排尿量和排尿次数过多或过少，也是患病的表现。

（6）皮毛　健康兔皮肤结实，有弹性，背毛浓密、柔软顺滑有光泽；如背毛粗糙蓬乱易脱落、身上沾有粪尿以及草等则为病兔的表现。如果臀部被毛上有粪便，可能发生了腹泻；如果被毛上有黏液，可能发生了泌尿生殖道炎症。

（7）眼睛　健康家兔眼睛明亮有神，眼结膜无红肿流泪，眼睑润净。如眼睛红肿、流泪、有眼屎，眼裂变小，眼睑沉滞或干燥，半张半闭，眼球凝视，反应迟钝，眼湿流泪或出现黏液，精神萎靡，均为患病表现。

眼结膜也是检查的重点。健康獭兔的眼结膜一般都接近于粉红色。单眼结膜潮红可能是眼睛局部发生炎症；双眼结膜潮红多标志着全身循环状态改变；眼结膜弥漫性充血常见于各种伴有发热的疾病，如感冒、急性传染病或肺炎等；眼结膜树枝状充血常见于脑炎、心脏病等；眼结膜苍白主要见于各种贫血（营养不良性、出血性、溶血性）；眼结膜发绀（结膜呈蓝紫色）是血液含氧量极度降低、机体严重缺氧的表现，常见于各种伴有心、肺功能障碍的急性病症和多种中毒性疾病，常伴有呼吸困难或呼吸微弱等症状。

（8）鼻　健康兔鼻端应干净、无分泌物。鼻端出现分泌物是患病的表现，如病兔的鼻孔不洁有污物，鼻液增多，有痒感，打喷嚏。

（9）耳朵　白色健壮兔耳呈淡粉色。耳廓苍白、发黄常表示循环不良，营养缺乏，或患有贫血、慢性消耗性疾病、肝脏疾病等；耳内无垢物，耳尖耳背无癣痂。耳部皮肤结痂，常见于疥癣；耳廓有较多黄褐色积垢，可能发生了中耳炎。

（10）乳房　非泌乳期母兔的乳腺不充盈，泌乳期乳腺发育。当患有乳房炎时，乳房有红、肿、热、痛的表现。严重时整个乳房化脓，并伴有全身性症状，如高热、食欲减退、精神不振、卧立不安等。

（11）生殖器 正常情况下母兔的外阴、公兔的睾丸、阴囊、包皮和龟头等清洁干净。当有炎症时，多红肿，有分泌物。患有梅毒时，红肿严重，结痂，呈菜花状。患有睾丸炎时，睾丸肿胀，严重时睾丸积脓。

2. 听

咳嗽：健康兔群兔舍内很少听到咳嗽声，或偶尔咳一两声，借以排除呼吸道内的分泌物和异物，这是一种正常的保护性反应。如果出现频繁的或连续性的咳嗽，就是患病的表现。

3. 摸

（1）摸腹部 健康兔的腹部应软而有弹性，如果腹部胀紧是有病表现。用手摸盲肠，应无明显感觉，如发现盲肠中有较大较多的块物，一般是患肠便结；用手触摸直肠其中的粪便排列比较均匀属正常。用手触摸子宫，健康的子宫有软感，如发现子宫硬而粗或子宫较大结节都是病态的表现。

（2）摸耳朵 健康獭兔的耳朵手握有温暖感，健康獭兔的耳朵在春秋季上半耳凉、下半耳热，冬天耳缘凉、耳根热，夏天耳身热，否则是得病的表现。如耳红烫手，体温高，耳色发青，手握发凉是体温低，都是兔的病态。耳朵变白色且耳温很凉，一般是消化道疾病，如伤食、菌痢、便秘、盲肠便结等体温都偏低；耳色过红，温度较热，一般是患有高热疾病，如肺炎等。

4. 查

（1）体温 家兔正常体温是 $38.5 \sim 39.5$℃，青年和壮年兔高于成兔，老兔低；一天中中午最高，晚上最低；夏季高，冬季低；当患有兔瘟、巴氏杆菌病等传染病时，体温多升高；当患大肠杆菌病、魏氏梭菌病等，体温多无明显变化；患有慢性消耗性疾病时，体温多低于正常值。

体温测定采用肛门测温法。将兔保定，把温度计插入肛门 $3.5 \sim 5$ 厘米，保持 $3 \sim 5$ 分钟。

（2）脉搏 成兔正常和安静状态下脉搏每分钟 $120 \sim 150$ 次。兔在剧烈运动或受到惊吓时，脉搏可产生生理性的急剧上升。除了这些因素出现脉搏减慢或加快的，就是兔身体某器官出现了病理变化。当患有热性病、传染病、疼痛或受到应激时，脉搏数增加。脉搏数减少见于颅内压升高的脑病、严重的肝病及某些中毒症。

脉搏测定在兔子安静状态下，可在左前肢腋下、大腿内侧近端的股动脉上检查；或直接触摸心脏；或用听诊器，计数一分钟内心脏跳动的次数。

（3）呼吸　健康兔呈胸腹式呼吸。即呼吸时胸部和腹部运动协调，强度一致。病兔则呼吸急促，不协调，呈单纯的胸式或腹式呼吸。

健康成兔呼吸次数为每分钟 50～60 次，幼兔稍快，妊娠、高温和应激状态呼吸次数增加。心脏和肠胃有病则呼吸加快，患肺炎、中毒、传染病时呼吸困难。

观察兔子胸壁或肋弓的起伏次数。呼吸次数与体温、脉搏有密切关系，一般而言，体温升高多伴随呼吸和脉搏增加。

 经验之七：养兔场常用的消毒方法

1. 紫外线消毒

紫外线杀菌消毒（图 5-6）是利用适当波长的紫外线能够破坏微生物机体细胞中的 DNA（脱氧核糖核酸）或 RNA（核糖核酸）的分子结构，造成生长性细胞死亡和（或）再生性细胞死亡，达到杀菌消毒的效果。兔场的大门、人行通道可安装紫外线灯消毒，工作服、鞋、帽也可用紫外线灯照射消毒。紫外线对人的眼睛有损害，要注意保护。

图 5-6　养殖人员更衣室紫外线消毒

2. 火焰消毒

地面火焰消毒是直接用火焰杀死微生物，适用于一些耐高温的器械（金属、搪瓷类）及不易燃的圈舍地面、墙壁和金属笼具的消毒。在急用或无条件用其他方法消毒时可采用此法，将器械放在火焰上烧灼1～2分钟（图5-7）。烧灼效果可靠，但对消毒对象有一定的破坏性。应用火焰消毒时必须注意房舍物品和周围环境的安全。对金属笼具、地面、墙面可用喷灯进行火焰消毒。

图 5-7　地面火焰消毒操作

3. 煮沸消毒

煮沸消毒是一种简单消毒方法。用煮沸消毒器（图5-8）将水煮沸至100℃，保持5～15分钟可杀灭一般细菌的繁殖体，许多芽孢需经煮沸5～6小时才死亡。在水中加入碳酸氢钠至1%～2%浓度时，沸点可达105℃，既可促进芽孢的杀灭，又能防止金属器皿生锈。在高原地区气压低、沸点低的情况下，要延长消毒时间（海拔每增高300米，需延长消毒时间2分钟）。此法适用于饮水和不怕潮湿耐高温的搪瓷、金属、玻璃、橡胶类物品的消毒。

图 5-8　煮沸消毒器

煮沸前应将物品刷洗干净，打开轴节或盖子，将其全部浸入水中。锐利、细小、易损物品用纱布包裹，以免撞击或散落。玻璃、搪瓷类放入冷水或温水中煮；金属橡胶类则待水沸后放入。消毒时间均从水沸后开始计时。若中途再加入物品，则重新计时，消毒后及时取出物品。

4. 喷洒消毒

喷洒消毒此法最常用，将消毒剂配制成一定浓度的溶液，用喷雾器对消毒对象表面进行喷洒（图 5-9、图 5-10），要求喷洒消毒之前应把污物清除干净，因为有机物特别是蛋白质的存在，能减弱消毒剂的作用。顺序为从上至下、从里至外。适用于兔舍、场地等环境。

图 5-9　喷洒消毒操作一

图 5-10　喷洒消毒操作二

5. 生物热消毒

生物热消毒指利用嗜热微生物生长繁殖过程中产生的高热来杀灭或清除病原微生物的消毒方法。将收集的粪便堆积起来后，粪便中便形成了缺氧环境，粪中的嗜热厌氧微生物在缺氧环境中大量生长并产生热量，能使粪中温度达 60～75℃，这样就可以杀死粪便中病毒、细菌（不能杀死芽孢）、寄生虫卵等病原体（图 5-11）。适用于污染的粪便、饲料及污水、污染场地的消毒净化。

6. 焚烧法

焚烧法是一种简单、迅速、彻底的消毒方法，是消灭一切病原微生物最有效的方法，因对物品的破坏性大，故只限于处理传染病动物尸体、污染的垫料、垃圾等。焚烧应采用深坑焚烧后填埋（图 5-12）或在专用

图 5-11　堆肥发酵

图 5-12　深坑焚烧后填埋

图 5-13　焚烧炉焚烧

的焚烧炉内（图 5-13）进行。焚烧时要注意安全，须远离易燃易爆物品，如氧气、汽油、乙醇等。燃烧过程中不得添加乙醇，以免引起火焰上窜而致灼伤或火灾。对兔舍垫料、病兔死尸可进行焚烧处理。

7. 深埋法

深埋法是将病死兔、污染物、粪便等与漂白粉或新鲜的生石灰混合（图 5-14、图 5-15），然后深埋在地下 2 米左右。

图 5-14　深埋操作一

图 5-15　深埋操作二

8. 高压蒸汽灭菌法

高压蒸汽灭菌是在专门的高压蒸汽灭菌器（图 5-16）中进行的，是利用高压和高热释放的潜热进行灭菌，是热力灭菌中使用最普遍、效果最可靠边的一种方法。其优点是穿透力强、灭菌效果可靠、能杀灭所有微生物。高压蒸汽灭菌法适用于敷料、手术器械、药品、玻璃器皿、橡胶制品及细菌培养基等的灭菌。

图 5-16　高压蒸汽灭菌器

9. 发泡消毒

发泡消毒法是把高浓度的消毒剂用专用发泡机制成泡沫散布羊舍内面及设施表面。主要用于水资源贫乏地区或为了避免消毒后的污水进入污水处理系统破坏活性污泥的活性以及自动环境控制羊舍，一般用水量仅为常规消毒法的 1/10。

 经验之八：影响消毒效果的主要因素

1. 消毒剂的选择是否正确

要选择对重点预防的疫病有高效消毒作用的消毒剂，而且要适合消毒的对象，不同的部位适合不同的消毒剂，地面和金属笼具最适合氢氧化钠，空间消毒最适合甲醛和高锰酸钾。

不同的消毒液对不同的病原体敏感性是不一样的，一般病毒对含碘、溴、过氧乙酸的消毒液比较敏感，细菌对含双链季铵盐类的消毒液比较敏感。所以，在病毒多发的季节（如冬春）应多用含碘、含溴的消毒液，而细菌病高发时（如夏季）应多用含双链季铵盐类的消毒液。对于球虫类的卵囊，则用杀卵囊药剂。

各种病原体只用一种消毒剂消毒不行，总用一种消毒液容易使病菌产生耐药性，同一批兔应交替使用2～3种消毒液。消毒液选择还要注意应选择不同成分而不是不同商品名的消毒液。因为市面上销售的消毒液很多是同药异名。

2. 稀释浓度是否合适

药液浓度是决定消毒剂对病原体杀伤力的第一要素，浓度过大或者过小都达不到消毒的效果，消毒液浓度并不是越高越好，浓度过高一是浪费，二会腐蚀设备，三还可能对兔造成危害。另外，有些消毒剂浓度过高反而会使消毒效果下降，如酒精在75％时消毒效果最好。对黏度大、难溶于水的药剂要充分稀释，做到浓度均匀。

3. 药液量是否足够

要达到消毒效果，不用一定量的药液将消毒对象充分湿润是不行的，通常每立方米至少需要配制200～300毫升的药液。太大会导致舍内过湿，用量小又达不到消毒效果。一般应灵活掌握，在兔发病期、温暖天气等情况下应适当加大用量，而天气冷、育肥后期用量应减少。只有浓度正确才能充分发挥其消毒作用。

4. 消毒前的清洁是否彻底

有机物的存在会降低消毒效果。对欲消毒的地面、门窗、用具、设备、屋顶等均须事先彻底消除有机物，不留死角，并冲洗干净。污物或残料如灰尘、残料（如蛋白质）等都会影响消毒液的消毒效果，尤其消毒用具时，一定要先清洗再消毒，不能清洗、消毒一步完成，否则污物或残料会严重影响消毒效果，使消毒不彻底。用高压加高温水，容易使床面黏着的脏物和油污脱落，而且干得快，从而缩短了工作时间。此外，在水洗前喷洗净剂，不仅容易使床面黏着的兔粪剥落，同时也能防止尘埃飞散。再则，在洗净时用铁刷擦洗，能有效地减少细菌数。

5. 消毒的时间是否足够

消毒剂与病原体的接触时间。任何消毒剂都需要同病原体接触一定的时间，才能将其杀死，一般为30分钟。

6. 消毒的环境温度和湿度是否满足

消毒剂的消毒效果与温度和湿度都有关。一般情况下，消毒液温度高，消毒效果可加大，温度低则杀毒作用弱、速度慢。实验证明，消毒液温度每提高 10℃，杀菌效力增加 1 倍，但配制消毒液的水温不超过 45℃ 为好。另外，在熏蒸消毒时，需将舍温提高到 20℃ 以上，才有较好的效果，否则效果不佳（舍温低于 16℃ 时无效）；很多消毒措施对湿度的要求较高，如熏蒸消毒时需将舍内湿度提高到 60%～70%，才有效果；生石灰单独用于消毒是无效的，必须洒上水或制成石灰乳等。所以消毒时应尽可能提高药液或环境的温度以及满足消毒剂对湿度的要求。

7. pH 值是否吻合

由于冲洗不干净，兔舍内的 pH 值偏高（8～9）呈碱性，而在酸性条件下才能有效的消毒剂此时其效果将受到影响。

8. 水的质量是否达标

所有的消毒剂性能在硬水中都会受到不同程度的影响，如苯制剂、煤酚制剂会发生分解，降低其消毒效力。

9. 消毒是否全面

一般情况下对养兔场的消毒方法有三种，即兔体（喷雾或药浴）消毒、饮水消毒和环境消毒。这三种消毒方法可分别切断不同病原的传播途径，相互不能代替。喷雾消毒可杀灭空气中、兔体表、地面及屋顶墙壁等处的病原体；饮水消毒可杀灭兔饮用水中的病原体并净化肠道，对预防兔肠道病很有意义；环境消毒包括对兔场地面、门口过道及运输车（料车、粪车）等的消毒。因此，只有用上述 3 种方法共同给兔消毒，才能达到消毒目的。

 经验之九：隔离制度很重要

良好的生物安全对所有养兔场都很重要。隔离是控制传染性疾病传播的最有效手段。因为不同疾病的潜伏期不同，疾病的症状可能几周之后才能显现，如很多时候携带或者感染病菌的新引近兔并不表现疫病症状。若将他们留置观察数周就可能开始出现发病症状，养殖场若能按照隔离制度对新引进的兔只进行常规隔离观察，其传染病就能被快速而有效地得以控制。同样对于有患传染性疾病可能的兔，也要严格实行隔离制度。

因此，隔离制度很对养兔场非常重要，当兔只发生传染病时，首先要查明疫情蔓延的程度，应逐只进行临床检查，必要时进行血清学和变态反应等特异性检查。根据检查结果，可将受检兔分为病兔、可疑病兔和假定健康兔等三群，分别进行隔离。

1. 病兔的隔离制度

病兔是指有明显症状的典型病例，是最危险的传染来源，应在彻底消毒的情况下，迅速将其单独隔离或集中隔离在原来的兔舍，最好是送入病兔隔离舍，以控制传染来源，把疫情限制在最小范围内，以便就地消灭。要有专人管理，禁止闲杂人员或其他兔出入或接近，并在隔离病羊舍出入口设消毒槽。被病兔污染的地方和专用的饲养用具要进行紧急消毒，粪便要妥善处理。当查明为少数患兔时，最好捕杀，以防后患。

2. 可疑病兔的隔离制度

可疑病兔是指无任何症状，或症状不明显，但与病兔及其污染的环境有过明显接触，如同群、同舍、同笼、同一运动场、使用共同的水源、草场及用具等。这类兔有可能处在潜伏期，并有排菌（毒）的危险，应在严格消毒后转移到别处看管，并限制其活动，详细观察。有条件时，应立即进行紧急预防接种或用药物预防。

3. 假定健康兔的隔离制度

假定健康兔是指与病兔、可疑病兔没有接触过的兔。对这种兔可立即进行紧急免疫接种，如无疫（菌）苗，可根据实际情况分开饲养，或转移至偏僻饲养地。

4. 隔离的期限

隔离病兔的期限，依据传染病的性质和潜伏期的长短而不同。一般急性传染病隔离的时间较短，慢性传染病隔离的时间较长。此外，亦应根据各种传染病痊愈后带菌（毒）的时间不同，来决定其病兔隔离期限。

5. 隔离设施

隔离设施与大群之间距离最理想的是 4.8 千米，如果条件不允许，至少也要达到 400 米。隔离设施与大群之间要有足够的距离间隔，以便于员工在进行例行工作的时候无法轻易地在二者之间穿梭。隔离设施应配备单独的卸载设施，而且布局上应考虑主流风向和表水径流不会把污染从隔离设施带到大群。

隔离设施的运营应该遵循全进/全出的原则。隔离设施当中使用的料槽、铁锹、刮粪器、手工工具等以及饲养员和兽医所穿的衣物（靴子、连体服、帽子）应为隔离设施专用。不得拿到兔场其他地方使用。直到最后转入的兔已经完成了所有检测规程并且完成了隔离期之前，兔都不得从隔离设施转出。

6. 隔离期间的饲养管理

隔离期间应对种猪进行细致的观察，至少每天一次观察隔离阶段的兔有无疾病症状，观察兔的行动能力、粪便情况，精神状态，吃料情况，呼吸情况等。还要看有无咳嗽、喷嚏、腹泻、粪尿中含有血或黏膜、异常或严重的皮肤损伤等症状。一旦发现兔如果表现任何症状，应该立即与其他兔分离，并马上由兽医进行检查处理。

执行隔离饲养工作的人员要求专人，绝对不允许与未实行隔离的其他舍兔接触。

 经验之十：獭兔的常用疫苗和使用方法

（1）兔瘟免疫

① 兔瘟组织灭活苗：用于预防兔瘟病和紧急预防接种。该疫苗效果可靠、安全。但疫苗注射后，有极少数兔出现暂时性停食或疼痛反应，经 1～2 天后即可恢复。对 35～40 日龄首免，55～60 日龄加强免疫。每只颈部皮下注射 1～2 毫升，7 天产生免疫力，免疫期为 4～6 个月，成年种兔每年需接种 3 次。保存期 1 年（2～8℃、阴

暗处)。

兔瘟组织灭活苗是一种均匀的混悬液,保存时该疫苗不能温度过高,也不能冰冻,否则失效,如疫苗出现明显分层,则不能再用。

② 兔瘟油乳佐剂灭活疫苗:经试验表明,同兔瘟组织灭活苗相比,在含有相同抗原量制备的疫苗,比兔瘟组织灭活苗免疫后血清HI抗体效价高,而且油乳剂灭活苗在体内免疫时间长。每只兔皮下注射1毫升。未曾免疫过的母兔群,其产下的仔兔应在20~30日龄进行第1次预防注射;经免疫过的母兔群在45日龄进行预防注射,免疫期为1年。

③ 兔瘟蜂胶灭活疫苗:用于紧急预防接种以及45日龄幼兔和60日龄幼兔的二兔。兔瘟组织灭活苗免疫时间短,需要多次注射免疫;油乳佐剂灭活苗效果虽然比较理性,在体内吸收慢,维持时间长,但可能会影响肉质;蜂胶灭活苗吸收快、产生效价高,而且持久,明显优于普通组织灭活苗。用量1毫升,免疫期6个月,保存期1年(2~8℃、阴暗处)。

(2) 兔巴氏杆菌灭火苗 用于预防兔巴氏杆菌病。断奶仔兔和母兔免疫,肌肉或皮下注射,用量1毫升,7天左右产生免疫力,免疫期4~6个月。30日龄首免,间隔2周加强免疫,此后每年免疫2~3次。保存期1年(2~15℃、阴暗处)。

(3) 兔支气管败血波氏杆菌灭活苗 用于预防兔支气管败血波氏杆菌病。用量1毫升、7天后产生免疫力,免疫期4~6个月,保存期1年(2~15℃、阴暗处)。皮下或肌内注射1毫升/只。母兔妊娠后1周,断奶前1周的仔兔和成年兔每年注射2~3次。

(4) 兔魏氏梭菌灭活苗 用于预防兔魏氏梭菌病。30日龄以上的兔,每只皮下或肌内注射1毫升,间隔14天再注射1次。其他家兔每年注射2~3次。7天后产生免疫力,免疫期4~6个月。

(5) 兔沙门杆菌灭活苗 用于兔沙门杆菌病的预防。断奶前1周的幼兔、妊娠前及妊娠初期的母兔及其他青年兔,每只每次皮下或肌内注射1毫升,7天后产生免疫力,每年注射免疫2次。

(6) 兔大肠杆菌灭活苗 用于兔大肠杆菌病的预防。20~30日龄的仔兔每只肌内注射1毫升,7天后产生免疫力,免疫期为4个月。

（7）兔伪结核耶新氏杆菌多价灭活苗　用于预防兔伪结核耶新氏杆菌病。对断奶前 1 周的仔兔及青年兔、成年兔一律皮下或肌内注射 1 毫升，7 天产生免疫力，免疫期为 6 个月。种兔每年接种 2 次。

（8）兔肺炎克雷伯菌灭活苗　用于预防兔肺炎克雷伯菌病。仔兔断乳时皮下注射 1 毫升，7 天产生免疫力，免疫期 6 个月。

（9）兔黏液瘤疫苗　用于预防兔黏液瘤病。兔黏液瘤疫苗是一种兔肾细胞弱毒疫苗。使用按瓶签说明，用生理盐水稀释，对断乳以后兔，皮下或肌内注射 1 毫升，注射后 4 天产生免疫力，免疫期为 1 年。

（10）兔铜绿假单胞菌多价灭火苗　用于预防兔铜绿假单胞菌病。每只兔皮下或肌内注射 1 毫升，免疫期为 6 个月。

（11）兔葡萄球菌病灭活疫苗　预防由葡萄球菌引起的疾病，如乳房炎、脚皮炎、仔兔黄尿病等。母兔配种时皮下接种 2 毫升，免疫期 6 个月。保存期 1 年（2～15℃、阴暗处）。

（12）兔瘟巴氏杆菌病二联灭活苗　用于预防兔瘟和兔巴氏杆菌病。按说明书使用，用量 1 毫升，免疫期 6 个月，保存期 1 年（2～15℃、阴暗处）。

（13）兔巴氏杆菌病魏氏梭菌病三联灭活疫苗　用于预防兔瘟、巴氏杆菌病和魏氏梭菌病（A 型）。按说明书使用，用量 2 毫升，免疫期 6 个月，保存期 1 年（2～8℃、阴暗处）。

（14）兔瘟巴氏杆菌病波氏杆菌病三联灭活疫菌　用于预防兔瘟、巴氏杆菌病和波氏杆菌病。按说明书使用，用量 2 毫升，免疫期 6 个月，保存期 1 年（2～8℃、阴暗处）。

 经验之十一：养殖场常用消毒剂及选用注意事项

消毒剂是指用于杀灭传播媒介上的微生物使其达到消毒或灭菌要求的制剂。人们在消毒实践中，总要选择比较理想的化学消毒剂来使用。作为一个理想的化学消毒剂，应具备：能广谱地杀灭微生物，对畜禽无毒、无腐蚀性，对设备无污染、无腐蚀性，具有洗涤剂作用、具有稳定性、作用迅速、不会因为有机物的存在而失去活性、能产生所期望的后效作用和廉价等。目前的化学消毒剂中，没有一种能够完全符合上述要求的。因此在使用中，只能根据被消毒物品性质、工作需要及化学消毒剂的性能来选择使用某种消毒剂。

一、常用化学消毒剂

根据化学结构可分为碱类、过氧化剂类、卤素类、醇类、酚类、醛类、季铵盐等。

1. 碱类

主要包括氢氧化钠、生石灰等，一般具有较高消毒效果，适用于潮湿和阳光照不到的环境消毒，也用于排水沟和粪尿的消毒，但有一定的刺激性及腐蚀性，价格较低。

（1）氢氧化钠　俗称烧碱、火碱、片碱、苛性钠，为一种具有高腐蚀性的强碱，一般为片状或颗粒形态，易溶于水并形成碱性溶液，另有潮解性，易吸取空气中的水蒸气。能使蛋白质溶解，并形成蛋白化合物。可杀灭病毒、细菌和芽孢，加温为热溶液杀菌作用增加。但对皮肤、纺织品和铝制品腐蚀作用很大。配成2%热溶液，可喷洒消毒圈舍、场所、用具及车辆等。配成3%～5%热溶液，可喷洒消毒被炭疽芽孢污染的地面。消毒圈舍时，应先将畜禽赶（牵）出圈外，以半天时间消毒后，将消毒过的饲槽、水槽、水泥或木板圈地用清水冲洗后，再让畜禽进入。

（2）生石灰　又称氧化钙，为白色或灰白色块状或粉末，无臭，主要成分为氧化钙，易吸水，遇水生成氢氧化钙起消毒作用。氢氧根离子对微生物蛋白质具有破坏作用，钙离子也使细菌蛋白质变性而起到抑制或杀灭病原微生物的作用。生石灰加水生成的氢氧化钙对大多数细菌的繁殖体有效，但对细菌的芽孢和抵抗力较强的细菌如结核杆菌无效。因此常用于地面、墙壁、粪池和粪堆以及人行通道或污水沟的消毒。10%～20%石灰乳可用于涂刷墙壁、消毒地面。10%～20%的石灰乳配制方法是：取生石灰5千克加水5千克，待其化为糊状后，再加入40～45千克水搅拌均匀后使用。需现配现用。

2. 过氧化剂类

主要有双氧水、高锰酸钾、过氧乙酸等。

（1）双氧水　也称过氧化氢溶液，在接触创面时，因分解迅速而产生大量气泡，机械松动脓块、血块、坏死组织及组织粘连的敷料，有利于清除创面，去除痂皮，尤其对厌氧菌感染的创面更有效。同时还具有除臭和止血作用。冲洗口腔或阴道黏膜用 $0.3\%\sim1\%$ 溶液；冲洗化脓创、恶死面、溃疡和烧伤等用 $1\%\sim3\%$ 溶液。

（2）高锰酸钾　为紫红色结晶体，易溶于水，溶液呈紫红色。由于容易氧化，不能久置不用，最好临用前配制成 $1:5000$ 溶液。它是一种强氧化剂，对有机物的氧化作用、抗菌作用均是表浅而短暂的。低浓度高锰酸钾溶液（0.1%）可杀死多数细菌的繁殖体，高浓度时（$2\%\sim5\%$）在 24 小时内可杀死细菌芽孢。在酸性条件下可明显提高杀菌作用，如在 1% 的高锰酸钾溶液中加入 1% 盐酸，30 秒钟即可杀死许多细菌芽孢。常用于饮水消毒（0.1%）、与甲醛配合熏蒸消毒、化脓性皮肤病、慢性溃疡，可浸泡或湿敷。注意如果配制的溶液太浓，呈深紫色，或未充分溶解，仍有小颗粒状的高锰酸钾，用在皮肤或创面上，常造成皮肤灼伤，呈点状坏死性棕黑色点状斑。因此应用时，必须稀释至浅紫色，且不能久存。

预防感染用 $0.05\%\sim0.2\%$ 的高锰酸钾溶液冲洗鹅体表面的啄伤、扎伤、溃疡的伤口，可促进愈合；鹅在断喙前后饮用 $0.01\%\sim0.02\%$ 的高锰酸钾水，可以消炎、止血。

饲具消毒用 0.05% 的高锰酸钾溶液，既可对饮水器、食槽等饲具进行浸泡消毒，也可用作青绿饲料、入孵种蛋的浸泡消毒。

（3）过氧乙酸　又名过醋酸，无色透明，有强烈的刺激性醋酸气味的液体。溶于水、乙醇、甘油、乙醚。水溶液呈弱酸性。热至 110℃ 强烈爆炸。产品通常为 $32\%\sim40\%$ 乙酸溶液。过氧乙酸是强氧化剂，易挥发，并有强腐蚀性。

为高效、速效、低毒、广谱杀菌剂，对细菌繁殖体、芽孢、病毒、霉菌均有杀灭作用。作为消毒防腐剂，其作用范围广，使用方便，对畜禽刺激性小，除金属外，可用于大多数器具和物品的消毒，常用作带畜禽消毒，也可用于饲养人员手臂的消毒。市售消毒用过氧乙酸多为 20% 浓度的制剂。

① 浸泡消毒：$0.04\%\sim0.2\%$ 溶液用于饲养用具和饲养人员手臂消毒。

② 空气消毒：可直接用 20％成品，每立方米空间 1～3 毫升。最好将 20 成品稀释成 4％～5％溶液后，加热熏蒸。

③ 喷雾消毒：5％浓度，对室内和墙壁、地面、门窗、笼具等表面进行喷洒消毒。

④ 带羊消毒：0.3％浓度用于带羊消毒，每立方米 30 毫升。

⑤ 饮水消毒：每升水加 20％过氧乙酸溶液 1 毫升，让畜禽饮服，30 分钟用完。

3. 卤素类

氟化钠对真菌及芽孢有强大的杀菌力，1％～2％的碘酊常用作皮肤消毒，碘甘油常用于黏膜的消毒。细菌芽孢比繁殖体对碘还要敏感 2～8 倍。还有漂白粉、碘酊、氯胺等。

（1）漂白粉　漂白粉是氢氧化钙、氯化钙和次氯酸钙的混合物，其主要成分是次氯酸钙，有效氯含量为 30％～38％。漂白粉为白色或灰白色粉末或颗粒，有显著的氯臭味，很不稳定，吸湿性强，易受光、热、水和乙醇等作用而分解。漂白粉溶解于水，其水溶液可以使石蕊试纸变蓝，随后逐渐褪色而变白。遇空气中的二氧化碳可游离出次氯酸，遇稀盐酸则产生大量的氯气。国家规定漂白粉中有效氯的含量不得少于 25％。

广泛使用漂白粉作为杀菌消毒剂，价格低廉、杀菌力强、消毒效果好。如用于饮用水和果蔬的杀菌消毒，还常用于游泳池、浴室、家具等设施及物品的消毒，还可用于废水脱臭、脱色处理上。在畜禽生产上一般用于饮水、用具、墙壁、地面、运输车辆、工作胶鞋等消毒。

（2）碘伏　别名强力碘。碘伏是单质碘与聚乙烯吡咯烷酮的不定型结合物。聚乙烯吡咯烷酮可溶解分散 9％～12％的碘，此时呈现紫黑色液体。但医用碘伏通常浓度较低（1％或以下），呈现浅棕色。碘伏具有广谱杀菌作用，可杀灭细菌繁殖体、真菌、原虫和部分病毒。可用于畜禽舍、饲槽、饮水等的消毒。也可用于手术前和其他皮肤的消毒、各种注射部位皮肤消毒、器械浸泡消毒等。

4. 醇类

75％乙醇常用于皮肤、工具、设备、容器的消毒。

酒精又称乙醇，为无色透明的液体，易挥发、易燃烧，应在冷暗处避火保存。乙醇主要通过使细菌菌体蛋白质凝固并脱水而发挥杀菌或抑菌作用。以70%～75%乙醇杀菌力最强，可杀死一般病原菌的繁殖体，但对细菌芽孢无效。浓度超过75%时，由于菌体表层蛋白迅速凝固而妨碍乙醇向内渗透，杀菌作用反而降低。

乙醇对组织有刺激作用，浓度越大刺激性越强。因此，用本品涂擦皮肤，能扩张局部毛细血管，增强血液循环，促进炎性渗出物的吸收，减轻疼痛。常用70%～75%乙醇用于皮肤、手臂、注射部位、注射针头及小件医疗器械的消毒，不仅能迅速杀灭细菌，还具有清洁局部皮肤，溶解皮脂的作用。

5. 酚类

有苯酚、鱼石脂、甲酚等，消毒能力较强，但具有一定的毒性、腐蚀性，污染环境，价格也较高。

（1）复合酚　本品为深红褐色黏稠液，有特臭。消毒防腐药，能有效杀灭口蹄疫病毒，猪水泡病毒及其他多种细菌、真菌、病毒等致病微生物。用于畜禽养殖专用，用于畜禽圈舍、器具、场地排泄物等消毒。对皮肤、黏膜有刺激性和腐蚀性；不可与碘制剂合用；碱性环境、脂类、皂类等能减弱其杀菌作用。

苯酚为原浆毒。0.1%～1%溶液有抑菌作用；1%～2%溶液有杀灭细菌和真菌作用，5%溶液可在48小时内杀死炭疽芽孢。该品一般配成2%～5%溶液用于用具、器械和环境等的消毒。

（2）鱼石脂　内服为胃肠制酵药。外用对局部有消炎、消肿和促进肉芽生长等功效。用于慢性皮炎、蜂窝织炎等。

（3）来苏儿　又称煤酚皂液、甲酚皂液。为黄棕色至红棕色的黏稠澄清液体，有甲酚的臭味，能溶于水和甲醇中，含甲酚50%。甲酚是邻、间、对甲苯酚的混合物。杀菌力强于苯酚二倍，对大多数病原菌有强大的杀灭作用，也能杀死某些病毒及寄生虫，但对细菌的芽孢无效。对机体毒性比苯酚小。与苯酚相比，甲酚杀菌作用较强，毒性较低，价格便宜，应用广泛。但来苏儿有特异臭味，不宜用于肉、蛋或肉、蛋库的消毒；有颜色，不宜用于棉毛织品的消毒。

可用于畜禽舍、用具与排泄物及饲养人员手臂的消毒。用于畜禽舍、用具的喷洒或擦抹污染物体表面，使用浓度为 3%～5%，作用时间为 30～60 分钟。用于手臂皮肤的消毒浓度为 1%～2%。消毒敷料、器械及处理排泄物用 5%～10%水溶液。

6. 醛类

可消毒排泄物、金属器械，也可用于栏舍的熏蒸，可杀菌并使毒素下降。具有刺激性、毒性，长期会致癌，如甲醛、戊二醛等。

（1）甲醛　35%～40%的甲醛水溶液又称福尔马林，无色水溶液或气体。有刺激性气味。能与水、乙醇、丙酮等有机溶剂按任意比例混溶。液体在较冷时久贮易混浊，在低温时则形成三聚甲醛沉淀。蒸发时有一部分甲醛逸出，但多数变成三聚甲醛。该品为强还原剂，在微量碱性时还原性更强。在空气中能缓慢氧化成甲酸。甲醛能使菌体蛋白质变性凝固和溶解菌体类脂，可以杀灭物体表面和空气中的细菌繁殖体、芽孢下真菌和病毒。杀菌谱广泛且作用强，主要用于畜禽舍、孵化器、种蛋、仓库及器械的消毒。应用上主要与高锰酸钾配合做熏蒸消毒。

（2）戊二醛　消毒作用比甲醛强 2～10 倍。可熏蒸消毒房间。喷洒、浸泡消毒体温计、橡胶与塑料制品等用 2%溶液，消毒 15～20 分钟。熏蒸消毒密闭空间用 10%甲醛溶液 1.06 毫升/立方米，密闭过夜。

7. 季铵盐

如新洁尔灭、百毒杀、洗必泰等，既为表面活性剂，又为卤素类消毒剂。主要用于皮肤、黏膜、手术器械、污染的工作服的消毒。

（1）新洁尔灭　新洁尔灭也称溴苄烷铵，为无色或淡黄色澄清液体，易溶于水，水溶液稳定，耐热，可长期保存而效力不变，对金属、橡胶和塑料制品无腐蚀作用。抗菌谱较广，对多种革兰氏阳性和阴性细菌有杀灭作用。但对阳性细菌的杀菌效果显著强于阴性菌，对多种真菌也有一定作用，但对芽孢作用很弱。也不能杀死结核杆菌。本品杀菌作用快而强，毒性低对组织刺激性小，较广泛用于皮肤、黏膜的消毒，也可用于鹅用具和种蛋的消毒。

0.1%水溶液用于蛋的喷雾消毒和种蛋的浸涤消毒（浸涤时间不超过 3 分钟）。0.1%水溶液还可用于皮肤黏膜消毒。0.15%～2%水溶液可用于鹅舍内空间喷雾消毒。

　　避免使用铝制器皿，以防降低本品的抗菌活性，忌与肥皂、洗衣粉等正离子表面活性剂同用，以防对抗或减弱本品的抗菌效力。由于本品有脱脂作用，故也不适用于饮水的消毒。

　　(2) 百毒杀　主要成分为双链季铵盐化合物，通常含量为 10%，是一种高效表面活性剂。无色、无味液体，性质稳定。本品无毒、无刺激性，低浓度瞬间能杀灭各种病毒、细菌、真菌等致病微生物，具有除臭和清洁作用。主要用于舍、用具及环境的消毒。也用于孵化室、饮水槽及饮水消毒。

　　疾病感染消毒时，通常用 0.05% 溶液进行浸泡、洗涤、喷洒等。平时定期消毒及环境、器具、种蛋消毒，通常按 1:600 倍水稀释；进行喷雾、洗涤、浸泡。饮水消毒，改善水质时，通常按 1:(2000～4000) 倍稀释。

　　(3) 洗必泰　也称氯已定，作用强于苯扎溴铵，作用迅速且持久，毒性低，无局部刺激作用。与苯扎溴铵联用呈相加效力。常用与皮肤、黏膜、术野、创面、器械、器具的消毒。黏膜及创面消毒用 0.5% 溶液；栏舍喷雾消毒、手术用具擦拭消毒用 0.5% 溶液；器械消毒用 0.1% 溶液浸泡消毒 3 分钟；手的消毒用 0.02% 溶液浸泡 3 分钟。

二、选择消毒剂时遵循的原则

　　常用消毒剂的选择与其他药物一样，化学消毒剂对微生物有一定选择性，即使是广谱消毒剂也存在这方面问题。因为不同种类的微生物（如细菌、病毒、真菌、霉形体等），或同类微生物中的不同菌株（毒株），或同种微生物的不同生物状态（如芽孢体和繁殖体等），对同种消毒剂的敏感性并不完全相同。如细菌芽孢对各种消毒措施的耐受力最强，必须用杀菌力强的灭菌剂、热力或辐射处理，才能取得较好效果。故一般将其作为最难消毒的代表。其他如结核杆菌对热力消毒敏感，而对一般消毒剂的耐受力却比其他细菌为强。真菌孢子对紫外线抵抗力很强，但较易被电离辐射所杀灭。肠道病毒对过氧乙酸的耐受力与细菌繁殖体相近，但季铵盐类对之无效。肉毒杆菌素易为碱破坏，但对酸耐受力强。至于其他细菌繁殖体和病毒、螺旋体、支原体、衣原体、立克次体对一般消毒处理耐受力均差。常见消毒方法一般均能取得较好效果。所以，在选择消毒剂时应根据消毒对象和具体情况而定。

选用的原则是首先要考虑该药对病原微生物的杀灭效力，在有效抗菌浓度时，易溶或混溶于水，与其他消毒剂无配伍禁忌。对大幅度温度变化显示长效稳定性，贮存过程中稳定。其次是对兔和人的安全性，在使用条件下高效、低毒、无腐蚀性，无特殊的嗅味和颜色，不对设备、物料、产品产生污染。同时还应具有来源广泛、价格低廉和使用方便等优点，才能选择使用。

三、使用消毒剂时的注意事项

① 将需要消毒的环境或物品清理干净，去掉灰尘和覆盖物，有利于消毒剂发挥作用。

② 养殖场应多备几种消毒剂，定期交替使用，以免产生耐药性。

③ 密切注意消毒剂市场的发展动态，及时选用和更换最佳的消毒新产品，以达最佳消毒效果。

经验之十二：养兔场常用的药物

规模化养兔场在獭兔饲养过程中，不可避免的面对各种兔病，需要采用相应的药物进行对症治疗。以下所列的药物，就是根据獭兔饲养中常出现的一些病症所常用的药物，而应准备的。

1. 常用抗生素

① 青霉素钾盐（或钠盐）：用于治疗兔葡萄球菌、李氏杆菌、坏死杆菌等引起的呼吸道、生殖道、皮肤等组织感染。肌内注射每千克体重 4 万～6 万单位，每天 2 次。青霉素不宜与四环素、土霉素、卡那霉素、庆大霉素等药物混合应用。

② 硫酸链霉素：用于治疗兔巴氏杆菌、败血波氏杆菌、大肠杆菌引起的肠道及全身的感染。肌内注射每千克体 20 毫克，口服每千克体重 40 毫克以上，每天 2 次，细菌对本品易产生耐药性，常与其他抗菌药物联合应用以增强抗菌效果。

③ 硫酸庆大霉素：用于治疗兔巴氏杆菌、李氏杆菌、败血波氏

杆菌等引起的肠道和全身的感染。如拉稀、大肠杆菌病、痢疾杆菌病、铜绿假单胞菌病和呼吸道病等。用量：小兔1万～2万单位，大兔2万～4万单位，每日2次，连用3～5天，肌内注射。

④ 土霉素：用于治疗兔巴氏杆菌、葡萄球菌、李氏杆菌、沙门菌等引起的消化道、生殖道、呼吸道及全身组织的感染。肌内注射土霉素每千克体重40毫克，每天2次。

⑤ 红霉素：用于治疗耐青霉素的葡萄球菌感染、溶血性链球菌引起的肺炎、子宫内膜炎、败血症。内服用量：2.2毫克/千克体重，每天3～4次；深层肌内注射或静脉注射，2～4毫克/千克体重。

⑥ 卡那霉素：对呼吸道病治疗优于庆大霉素，还可治疗兔的肠道病，主要应用于革兰氏阴性菌如大肠杆菌、沙门菌、布氏杆菌引起的败血症、呼吸道、泌尿系统及乳腺炎。用量：小兔1万～2万单位，大兔2万～4万单位，每日2次，连用3～5天，肌内注射。

⑦ 氯霉素：治疗伤寒、副伤寒、肠道感染、肺炎、鼻炎等病。片剂每次半片，日服2次；针剂幼兔0.5毫升，成兔1毫升，每日2次。

⑧ 恩诺沙星：本品是动物专用的杀菌性广谱抗菌药物。对大肠杆菌、沙门菌、克雷伯杆菌、布氏杆菌、巴氏杆菌、胸膜肺炎放线杆菌、丹毒杆菌、变形杆菌、黏质沙雷菌、化脓性棒状杆菌、败血波特氏菌、金黄色葡萄球菌、支原体、衣原体等均有良好作用，对绿脓杆菌、链球菌作用较弱，对厌氧菌作用微弱。口服一次量，5～10毫克/千克体重，连用3～5天。肌内注射一次量，2.5～5毫克/千克体重，1～2次/天，连用2～3天。

⑨ 喹乙醇：抗菌促生长剂。治疗兔巴氏杆菌病、大肠杆菌病、促进生长发育。拌料混饲每100千克饲料用10～20克。

⑩ 痢特灵（呋喃唑酮）：抗菌作用与呋喃妥因相似，对鞭毛虫、滴虫、球虫也有活性。内服吸收少，肠内浓度高。主要用于防治敏感细菌所致的细菌性痢疾、肠炎及鞭毛虫、滴虫病。预防肠道病拌料每千克饲料0.1～0.2克。治疗拉稀、黏液性肠炎，与链霉素配合，效果更好。

2. 化学合成抗菌药

① 磺胺间甲氧嘧啶：抗菌作用最强。用于防治呼吸道、消化道、

泌尿生殖道感染等，对球虫和弓形虫病效力也显著。内服首次量：0.05～0.1克/千克体重，维持量每次用景：0.025～0.05克/千克体重。每天2次，连用3～5天。

② 磺胺二甲氧嘧啶：要用于呼吸道、泌尿道、消化道及局部感染，对球虫病疗效较高。内服用量：0.1克/千克体重，1次/天。连用3～5天。

③ 复方磺胺甲基异噁唑（SMZ）：对幼兔拉稀有特效，还可以治疗口腔炎和呼吸道疾病。1/4～1/2片口服，连用2～3天。

④ 磺胺氯吡嗪：有较好的抗球虫作用，主要用于防治兔球虫病，多在球虫病爆发时使用。口服，混饮用0.03％；混饲用0.06％。

3. 抗球虫药

① 地克珠利：化学名称为氯嗪苯乙氰。商品名有神球、扑球、伏球、抗虫星等。原料药为微黄色至灰棕色粉末，不溶于水，微溶于乙醇，性质稳定。市售商品制剂有预混剂和饮水剂。该药是新型广谱抗球虫药，也是目前使用药物浓度最低的一种抗球虫药，使用浓度为1毫克/千克，即每吨全价饲料中含原药1克。本品安全系数高，兔全价饲料添加量在5毫克/千克以下不会发生毒副作用。该药一般加工和贮存条件下不易分解，可与其他生长促进剂和化疗药并用。本品对兔球虫病的预防和治疗效果都比较理想。是目前市售抗球虫药中成本最低、效果最好的药物。本品的缺点是药效期较短，停药一天抗球虫作用明显减弱，2天后基本消失，因此必须连续用药，以防球虫病复发。

② 莫能菌素：又叫瘤胃素。本品为聚醚类抗生素，是抗生素类广谱抗球虫代表药，对多种兔球虫均有效。市售莫能菌素制剂为20％莫能菌素预混剂。莫能菌素在兔全价饲料中的添加量为40毫克/千克。本品的抗球虫使用峰期为周期第二阶段，即滋养体阶段。其抗球虫的机理，一般认为本品能与正在发育球虫的钠、钾离子形成复合物，影响钠离子、钾离子的转运。本品与其他聚醚类抗生素一样，高剂量（120毫克/千克）对宿主的球虫免疫力有抑制作用，因此宜采用较低浓度或短期投药法。使用莫能菌素应注意：獭兔屠宰上市前3天应停药；禁与二甲硝咪唑、泰乐菌素、竹桃霉素并用，否则可能中

毒；搅料配料时防止与皮肤、眼睛接触；本品抗球虫药效次于地克珠利，如与地克珠利间隔使用则可达到最佳效果。

③ 盐霉素：为聚醚类抗生素，其抗球虫机理和效应与莫能菌素相似，市售盐霉素为盐霉素钠盐。盐霉素制剂为盐霉素预混剂（如优素精），规格有5%、10%、50%等几种。兔全价饲料的添加量为50毫克/千克。高浓度80毫克/千克盐霉素的免疫抑制强度与莫能菌素相同。浓度进一步提高时会引起毒副反应。獭兔屠宰上市前5日应停药。

④ 盐酸氯苯胍：又名罗苯尼丁，为较早的化学合成抗球虫药，广泛应用于养兔业。盐酸氯苯胍制剂有10%预混剂和片剂（每片10毫克）。兔饲料中治疗添加量为300毫克/千克，预防量减半。治疗时连用1～2周。盐酸氯苯胍具有广谱、高效、低毒、适口性好等优点。其缺点是：在近几年使用中发现球虫对本品有明显耐药性发生；添加量较大，成本较地克珠利高3～5倍；獭兔屠宰前7日必须停药。因此，在目前情况下，盐酸氯苯胍已不宜作为兔球虫防制的首选药，也不宜长期使用。

⑤ 氯羟吡啶：又名氯吡醇、氯吡多、克球多、克球粉。为化学合成抗球虫药，广泛应用约有十年。本品与各种饲料混合、加工和贮藏无不良反应。本品的商品制剂为25%预混剂，可爱丹即为此类制剂。兔饲料添加本品的比例为200毫克/千克。使用本品时应注意：本品对球虫病的治疗效果差，只可作为预防用，不宜作为治疗用；獭兔屠宰前7日停止用药；用本品后兔对球虫无明显免疫力；在目前情况下，兔球虫已对氯羟吡啶有明显耐药性发生。

⑥ 二硝托胺：又名硝苯酰胺，商品名球痢灵。本品制剂为预混剂和片剂。可用于兔球虫病的预防和治疗。预防时饲料添加浓度为125毫克/千克，治疗量为250～300毫克/千克拌料，或者内服30～50毫克/千克体重，每天1次，连用3～5天。

⑦ 磺胺类及抗菌增效剂：磺胺类是第一代化学合成抗球虫药，应用于兔球虫病的这类药物有磺胺二甲嘧啶（SM2）、磺胺氯吡嗪（Esb3）、磺胺甲基异噁唑（SMZ），又叫新诺明、磺胺喹噁啉（SQ）、二甲氧苄氨嘧啶（DVD），又名敌菌净等。常用的复方制剂有复方新诺明、复方敌菌净等。以上药物作为抗球虫药应用时为预混剂、饮水

剂或片剂。磺胺类抗球虫药不论预防还是治疗均有较好效果，但也有较多缺点。一是这类药物不宜长期使用，否则会出现明显毒副作用。二是磺胺药长期使用易在体内残留，影响无公害肉品的生产及对外出口，实际生产中最好不用或少用，如果使用应有足够的休药期。三是添加量大，一般在百分之几到千分之几范围内，成本较高。因此，宜作为治疗药物选用，不宜用于预防。另外，需要注意的是，使用这类药物要配合等量碳酸氢钠，并增加饮水，以利药物排泄。

4. 抗螨虫药

① 敌百虫：除驱除家畜消化道各种线虫外，对动物外寄生虫亦有杀灭作用。是应用广泛、疗效好、价廉的广谱驱除线虫药和杀虫、灭疥螨药。配成 1%～3% 溶液可对兔体局部涂擦，或 0.1% 的药液喷洒兔体表；5% 的溶液可用于药浴。

注意不能与碱性药物配合或同时使用。因为敌百虫属于有机磷制剂，如果与碱性药物或碱性物质相遇，会增强毒性，引起家畜中毒，甚至造成死亡。碳酸氢钠、人工盐、健胃散、各种磺胺类药物的钠盐、软肥皂水、硬肥皂水、石灰水等都属于碱性药物，都应避免与"敌百虫"配合或同时使用。另外，普通水如果是碱性硬水，也不能用其配制敌百虫溶液。

② 阿维菌素：又称爱比菌素、阿福丁。具有广谱、高效、低毒等优点，为新型大环内酯类驱虫药。作用机制与一般杀虫剂不同的是干扰神经生理活动，刺激释放 γ-氨基丁酸，而氨基丁酸对节肢动物的神经传导有抑制作用。螨类成虫、若虫和昆虫幼虫与阿维菌素接触后即出现麻痹症状，不活动、不取食，2～4 天后死亡。因不引起昆虫迅速脱水，所以阿维菌素致死作用较缓慢。对兔螨病有很好的防治效果，阿维菌素对螨类和昆虫具有胃毒和触杀作用，不能杀卵。每千克体重用 1 毫克口服或拌料，1 次/周。可预防半年。

③ 溴氰菊酯：有胃毒和触杀作用，对蚊、蝇、虱、蜱、螨、蚁、蟑螂等均有杀灭作用。对兔螨虫有很强的驱杀作用。外用按 1:（400～1000）稀释后喷淋或 100～300 毫升/1000 升药浴或喷淋，或用棉籽油稀释 1000 倍涂擦于患部。

④ 双甲脒：又称特敌克、虫螨脒。具有触杀、拒食、驱避作用，

兼有胃毒和内吸作用。用于防治体外蚊、蝇、虱、蜱、蚁、蟑螂等寄生虫病，药浴 250～500 毫克/升，5～7 天 1 次。

5. 其他常用药物

① 安乃近：解热镇痛，抗炎抗风湿，解除胃肠道平滑肌痉挛。治疗感冒、发热、止痛。内服每次每只半片，日服 2 次。皮下或肌内注射 0.3～0.6 克/千克体重。

② 鱼腥草注射液：有清热、解毒、利尿的功能，用于尿路感染、肺痈、肠炎、痢疾等治疗。肌内注射，每次 0.5～1 毫升/千克体重，每日 2～3 次。也可配伍青霉素治疗乳房炎、肺炎等。

③ 催产素：用于子宫颈已开放，但娩出无力的难产排除死胎或胎衣、产后止血和促进产后子宫复原。还可促进生乳素分泌，引起排乳。肌内注射、静脉注射或皮下注射，缩宫用 30～50 单位。催乳用 5～20 单位。催产素 20 单位＋维生素 E 100 毫克，混入 10% 葡萄糖注射液 500 毫升，静滴后按摩母畜乳房，治产后缺乳症。

④ 鱼肝油：内含维生素 A、维生素 D。可用于治疗因维生素 A、维生素 D 缺乏引起的发育不良、视觉障碍、佝偻病。每只兔每次口服 1 毫升。每千克饲料中添加 10 毫升。

⑤ 酵母片：健胃消化药，内含 B 族维生素，可治疗因 B 族维生素缺乏引起的消化不良和神经症状。每只兔每次 1～2 毫升，日服 2 次。

⑥ 人工盐：小剂可量健胃、中和胃酸，用于消化不良，胃肠弛缓；大剂量缓泻，用于便秘。健胃内服，每只兔每次 1～2 克口服。

⑦ 大黄苏打片：属健胃消化药，可治消化不良、伤食、臌胀。每兔内服 1～2 克，日服 2 次。

⑧ 乳酶生：可治疗消化不良，每兔内服 2～3 片。

⑨ 石蜡油：治疗便秘、腹胀。每兔内服 10～15 毫升。

⑩ 次碳酸钙片：治疗一般性腹泻，每兔口服 2～4 片。

⑪ 安痛定：用于治疗紧急发热时的退热、发热时的头痛、关节痛、神经痛、风湿痛等病症的片剂、注射液药物。可治疗由感冒引起的发热，每只兔肌内注射 0.5～1 毫升。

⑫ 氯霉素眼药水：治疗仔兔结膜炎、角膜炎。用法：每次滴入

仔兔眼部 2～3 滴，每日 3 次。也用于治疗仔兔黄尿病，治疗时沿口滴服氯霉素眼药水，每天 3 次，每次每兔滴眼 2～3 滴，一般连滴服 3 天即可痊愈。

 经验之十三：群兔药物保健要点

① 仔兔从开食之日（20～30 日龄）起，即可在饲料中添加氯苯胍、复方敌菌净，预防球虫病的发生。已发生过兔球虫病的兔场，必须控制住球虫病，才能提高断奶幼兔的成活率。氯苯胍的用量一般掌握在每只小兔日服 15 毫克，或在每千克饲料中拌入 300 毫克，连续喂 45 天。敌菌净的用量，每只小兔每天 1 片，连喂 7 天，停药 3 天，再服 7 天。用地克珠利、可爱丹盐霉素拌料混饲，都能有效地防治球虫病。仔兔 30 日龄皮下注射敌球锐克 0.1 毫升，是一种新的球虫病防治方法。

② 仔兔 25 日龄皮下注射波氏杆菌大肠杆菌双联苗，满月后即接种兔瘟、巴氏杆菌双联苗，预防兔瘟和巴氏杆菌病。1 周后注射兔魏氏梭菌疫苗，以防治兔魏氏梭菌肠炎。种用兔应每 4 个月注射一次兔瘟、巴氏杆菌双联苗。通过接种疫苗，使家兔体内产生特异抗体，使家兔由对疫病的易感动物变成不易感动物。

③ 怀孕母兔产前产后 3 天，每天喂服 2 片大黄苏打片和 1 片 SMZ，能有效防止母兔乳房炎和仔兔黄尿病的发生。母兔分娩后如乳头焦干有盖，说明缺奶，要给母兔补喂"催乳片"，每天 3 次，每次 2 片，连喂 3 天。春季和夏季可喂王不留行、虫卧单和一些"猫儿眼"，以增加泌乳量，防止乳房炎。母兔产后 3 天要检查仔兔身体，如其浑身红润、腹满如鼓，说明母兔奶好，仔兔也吃得饱；如果仔兔身上有褶、变黄和产箱充满腥臭味，即是仔兔患了黄尿病，这时除应对母兔酌情治疗外，还应将仔兔寄养在其他母兔身边，并且每天对患黄尿病的仔兔沿口滴服氯霉素眼药水，每天 3 次，每次每兔滴眼 2～3 滴，一般连滴服 3 天即可痊愈。

④ 每 2 个月或至少每个季度定期注射或饲喂伊维菌素或用 2% 的敌百虫溶液或 5% 的三氯杀螨醇给兔醮蹄一次。同时用 1%～2% 的

敌百虫或 $5\%\sim10\%$ 的三氯杀螨醇溶液喷洒兔笼及场地，以防兔疥螨病的发生。如发现有长癣的兔子要隔离，同时用上述办法治疗。

⑤ 在天热潮湿多雨季节，除注意防止兔球虫病外，还要在饲料中添加痢特灵或恩诺沙星、喹乙醇，以防止大肠杆菌和兔拉稀。痢特灵（每片含 0.1 克）的用量：1 千克以下小兔，3 只服 1 片；2～2.5 千克的兔，2 只服 1 片；2.5 千克以上的兔，1 只服 1 片。

 ## 经验之十四：兔子发病的一般规律

认识和掌握兔病发生的规律，有助于防治工作的开展，特别是能够主动地做好预防工作，兔病的发生受许多因素的影响，如年龄、性别、季节及其他动物疾病的传入等，饲养者应掌握这些规律，做到心中有数、有的放矢。

（1）兔病与年龄的关系 年龄的差异主要表现在多发和常发疾病的不同，幼兔特别是刚离乳的幼兔，由于消化系统发育不完全，防御屏障机能尚不健全，易患胃肠道疾病，老龄兔由于代谢机能与免疫功能的减退，体质下降，发病率也较高，抗病力弱。

（2）兔病与性别的关系 母兔疾病相对比公兔多，由于母兔要繁殖仔兔，所以产科疾病占一定比例，如流产、乳房炎等。

（3）兔病与季节的关系 不同季节，兔的多发病、常发病和发病率的种类也不同，如 1～3 月份气温明显下降，各种传染媒介（苍蝇、蚊子等）及病原体的繁殖均受到一定限制，发病就较少，但由于天气寒冷，容易引起感冒和肺炎（散发力多）此期传染病爆发也较少见，4～6 月份为兔的产仔季节，发病率相对增高，7～9 月份是酷暑盛夏季节，各种病原微生物活动猖獗，而且饲料、容易腐败变质，易引起中暑、中毒及各类胃肠炎等疾病，是容易发生传染病的季节，所以必须加强饲养管理和卫生防疫工作。10～12 月份做好饲养管理和加强防寒保温工作，发病率明显下降，是繁殖仔兔的好季节。

（4）兔病与其他动物疾病的关系 很多疾病能在各种动物之间相互传播和感染，如鸡的巴氏杆菌病可以传给兔，弓形虫病可由猫传染给兔等，所以当附近发生疾病流行时，应及时采取有效的预防和扑灭传染病的措施。

 ## 经验之十五：引起兔猝死症的病因有哪些？

引起兔猝死症的原因很多，主要有细菌病、病毒病、寄生虫、应激、中毒等引起的。

① 巴氏杆菌病：巴氏感染有分最急性、急性、亚急性、慢性、生殖器官感染型、中耳炎型、结膜炎型、脓肿型。最急性，不现症状，即突然死亡。此病多发于春秋两季，常呈散发或地方性流行。兔舍通风不良，气候剧变，营养缺乏，长途运输都能成为引发本病的诱因。被污染的饲料饲草、饮水、飞沫传播，皮肤和黏膜损伤也能感染。2～6 月龄兔病发病率、病死率均较高。一年四季均可发生。

② 兔病毒性出血症（兔瘟）：兔瘟分为最急性、急性和亚急性，其中最急性和急性绝大多数发生于青年兔和成年兔，死前肛门松弛，肛周围有黄色黏液沾污，粪球外附有黄色胶样分泌物最急性，感染后 10～12 小时不显症状即突然死亡。此病以长毛兔、青年兔最敏感，老龄兔、40 日龄以下兔、吮奶兔、断奶前后仔兔具有一定的抵抗力。流行有季节性，以秋末至来年春末为流行季节。病兔对环境的污染是主要传染因素，呼吸道、消化道、皮肤和黏膜伤口为主要感染途径。

③ 沙门菌病（副伤寒病）：分为最急性、急性。最急性为不现症状即突然病死。本病主要由鼠伤寒沙门菌、肠炎沙门菌引起的消化道传染病。以高温、腹泻、孕兔流产为特征。

④ 大肠杆菌病（黏液性肠炎）：分最急性、急性、亚急性。最急性为不现症状即突然死亡。以 20 日龄到 4 月龄仔兔易感，其中 20 日龄到断奶前后仔兔发病率最高。多引起断奶仔兔、青年兔腹泻，成年兔便秘。一年四季发生，冬春多发。

⑤ 产气 A 型荚膜梭菌病（魏氏梭菌病）：沉郁不食，急剧下痢，粪水样、污褐或污绿色，有特殊臭，腹胀，摇晃身体有晃水音，提起患兔，粪水即从肛门流出。大多出现水泻的当天或次日死亡，有的仅几小时。除哺乳仔兔外，不同年龄、品种、性别对本菌均有易感性。长途运输，青饲料短缺，粗纤维含量少，饲料更换，饲喂高蛋白精

料，劣质鱼粉，长期喂抗生素或磺胺类药，均可促使本病的爆发。

⑥ 泰泽病：沉郁，废食，腹泻，粪褐色、糊状或水样，迅速脱水，出现症状后 12～48 小时死亡，死亡率 95％。

⑦ 铜绿假单胞菌病（绿脓杆菌病）：废食，高度郁闷，气喘，呼吸困难，体温升高，下痢粪带血，24 小时左右死亡，有的不显症状即死亡。

⑧ 兔链球菌病：沉郁不食，流浆性鼻液，呼吸困难，间歇下痢，呈脓毒败血症死亡。有的不显即突然死亡。

⑨ 李氏杆菌病：败血性、急性，常见于幼兔，沉郁废食，体温 40℃以上，鼻黏膜发炎，流浆液性、黏液性鼻液，经几小时或 1～3 天死亡。

⑩ 肠源性毒血症：突发急剧腹泻，脱水，减食，毛乱，12～24 小时死亡。

⑪ 应激综合征：在运输、惊吓中发病，心跳、呼吸加快，黏膜发绀，四肢痉挛，粪尿失禁，角弓反张，惨叫几声死亡。有的未现症状即突然死亡。

⑫ 中暑：气温维持在 30～35℃或以上，兔舍通风不良，体温 41～42℃，全身灼热，步态不稳，呼吸浅表、急促，伏卧不动，间歇痉挛，很快死亡。

⑬ 胃肠炎：先排粥样粪，后绿色水样或白色胶样或黄色黏液和气泡，尿乳白色、酸性，脱水，病程 1～7 天。

⑭ 兔弓形虫病：急性、慢性均会发生突然死亡。

⑮ 豆状囊尾蚴：寄生多时有肝炎症状，突然死亡。

⑯ 马铃薯中毒：四肢、头颈部、阴囊、乳房出现疹块，流涎，下痢，结膜发绀。

⑰ 硝酸盐和亚硝酸盐中毒：吃堆积发热腐烂的青菜、青草而病。不吃不饮、萎靡，伏于笼一角，有的趴在笼中，口吐白沫，磨牙，腹痛，呼吸急促，抽搐，直至死亡。

⑱ 氰化物中毒：因吃高粱、玉米幼苗或再生苗而病。流涎，呼吸迫促，可视黏膜鲜红，站立不稳，瞳孔散大，眼球突出，最后呼吸麻痹而死。

⑲ 马杜霉素中毒：因治球虫病用马杜霉素过量而中毒。拒食，

萎靡，流涎，伏卧，共济失调，嗜睡。急性中毒很快死亡。

⑳ 磷化锌中毒：拒食，口渴，呕吐，腹泻，粪带血，呼吸困难，共济失调，死前惊厥，最后昏迷而死亡。

㉑ 毒鼠磷中毒：肠音增强，腹泻，全身出汗，瞳孔缩小，不久麻痹晕睡而死。

㉒ 甘氟中毒：口渴，呕吐，粪尿失禁，阵发性抽搐。

㉓ 敌鼠钠盐和杀鼠灵中毒：不食，呕吐，鼻、齿龈出血，血便，血尿，皮肤发紫，关节肿大，休克。

㉔ 安妥中毒：不食，体温下降，呼吸困难，共济失调，昏迷死亡。

经验之十六：规模场如何防治兔瘟？

兔瘟又叫兔病毒性出血症或兔出血热，是由病毒引起的一种急性、热性、败血性和毁灭性的传染病。本病发病迅速、传播快、流行广，死亡率高达95％以上，是危害养兔业最严重的疾病之一。

本病一年四季均可发生，但多流行于冬、春季节。3月龄以上的青年兔和成年兔发病率和死亡率最高，断奶幼兔有一定的抵抗力，哺乳期仔兔基本不发病。可通过呼吸道、消化道、皮肤等多种途径传染，潜伏期48～72小时。传播方式是易感兔与病兔以及排泄物、分泌物、毛坯、血液、内脏等接触传染，或与病毒污染过的饲料、饮水、用具、兔笼以及带毒兔等接触传染。

可分为3种类型。

① 最急性型：自然感染的潜伏期为36～96小时，人工感染的潜伏期为12～72小时。病兔无任何明显症状即突然死亡。死前多有短暂兴奋，如尖叫、挣扎、抽搐、狂奔等，于数分钟内死亡。有些患兔死前鼻孔流出泡沫状的血液。这种类型病例常发生在流行初期。

② 急性型：精神不振，被毛粗乱，迅速消瘦。体温升高至41℃以上，食欲减退或废绝，饮欲增加。全身颤抖，呈喘息状，死前突然兴奋，尖叫几声便倒地抽搐死亡。病程半天至2天。有的死亡兔从鼻孔中流出泡沫状血液，大多数发生于青年兔和成年兔。

以上 2 种类型多发生于青年兔和成年兔，患兔死前肛门松弛，流出少量淡黄色的黏性稀便。

③ 慢性型：多见于流行后期或断奶后的幼兔。体温升高达 40～41℃，精神不振，不爱吃食，爱喝凉水，消瘦。病程 2 天以上，多数可恢复，但仍为带毒者而感染其他家兔。

根据临床症状和病变可以对本病作出初步诊断。确诊须经试验诊断。

兔瘟是由兔瘟病毒引起的一种烈性传染病，严重影响兔场的经济效益。为此规模兔场要做好兔瘟的防治。

(1) 做好综合防治　兔场实行封闭式饲养，合理通风，饲喂全价饲料，及时清理粪污，做好环境卫生，严格定期进行消毒，该病毒对磺胺类药物和抗生素不敏感，常用消毒剂为 1%～3% 氢氧化钠溶液和 20% 石灰乳。严禁从疫区引进种兔，防止外来人员进入兔舍。

(2) 做好免疫接种工作　①制定合理的免疫程序。规模兔场要根据本场实际制定适合本场的免疫程序。一般 40～45 日龄兔瘟单苗首免；60～65 日龄兔瘟或兔瘟、巴氏杆菌二联苗二免。以后每隔 4～6 个月注射一次；对于发病严重的兔场，最好采用兔瘟灭活疫苗单苗在 20～25 日龄和 60 日龄进行 2 次免疫，效果更好。②选用优质的疫苗。严禁使用无批准文号或中试字的疫苗，要选用正规厂家生产的有批准文号的疫苗。因为无批号或中试字的疫苗未经过国家的批准，质量得不到保证。③合理把握疫苗的剂量。根据母源抗体的情况合理使用疫苗。

(3) 发生疫情的处理　兔舍、兔笼、用具及周围环境加强消毒，每天消毒 2 次。对饲养管理用具、污染的环境、粪便等用 3% 的烧碱水消毒，对被污染的饲料进行高温等无害化处理，兔毛和兔皮用福尔马林熏蒸消毒。及时隔离病兔，封锁疫点，将病死兔焚烧深埋做无害化处理，以切断污染源。

(4) 发病后及时诊治　一旦发病及时进行诊断，确诊后对同群兔进行紧急免疫，用兔瘟单苗 4～5 倍进行注射；或用抗兔瘟高免血清每兔皮下注射 4～6 毫升，7～10 天后再注射疫苗。

(5) 发生兔瘟后的三条治疗途径　①注射高免血清，见效最快，效果最好，但成本高，货源缺；②注射干扰素，干扰兔瘟病毒的复制，在发病初期有效，但疫病过后仍然需要注射疫苗；③兔瘟疫苗紧急预防注射，每只2～3毫升，3天后逐渐控制病情，7天后产生较强的免疫力。

 ## 经验之十七：兔轮状病毒病的防治

兔轮状病毒病是由轮状病毒引起的，以仔兔严重腹泻为主要特征的一种急性肠道传染病。单纯性感染一般死亡率达40％～60％，继发感染时可达60％～80％。该病毒在体外具有较强的抵抗力，是幼兔腹泻的主要病源之一。

本病的主要传播途径是消化道。临床症状主要出现于2～6周龄仔兔，尤以4～6周龄仔兔发病率和死亡率最高，青年兔和成年兔感染后一般很少出现临床症状，常呈隐性感染而带毒。少数病例表现短暂的食欲减少和不定型的软便。新发病群往往呈爆发，被感染群将很难根除。病兔或带毒兔的排泄物含有大量病毒，污染的饲料、饮水、乳头和器具等是本病的主要传播媒介。健康兔可因食入被污染的饲料、饮水或哺乳而被感染。

本病毒往往在兔群中长期存在，在气候剧变的晚秋至早春寒冷季节，当饲养管理不当，幼兔群抵抗力降低时发病。在兔群中常呈突然爆发，传播迅速。

潜伏期1～4天，仔兔感染后多突然发病，病兔体温升高，精神不振，表现呕吐、低热、昏睡、很少吮乳或废食。主要症状是严重腹泻，排半流质或水样稀便，呈棕色、灰白色或浅绿色酸性恶臭水便，并含黏液或血液；肛门周围及后肢被毛被粪便污染；继发感染时体温明显升高，症状也较严重。一般在发生腹泻后2～4天内病兔迅速脱水、体液酸碱平衡失调。最后导致心力衰竭而死亡，死亡率可达40％。

病变主要在肠道，可见小肠充血、膨胀，肠黏膜有大小不等的出血斑，结肠淤血，盲肠扩张，内含大量液体等非特征性病变，其他脏器无明显病变。

依据症状与病变以及流行特点只能做出肠道传染病的判断，无法与其他肠道传染病相区分。确诊需分离鉴定病毒。

本病尚无有效疫苗可用，亦无好的治疗方法。主要应加强断奶前后仔兔的饲养管理，用含高效价的轮状病毒抗体的初乳或高免血清饲喂幼兔有一定的预防作用。秋季天气多变、多雨潮湿，易引起仔兔轮状病毒病多发，养殖户要做好防治工作。

建立严格的兽医卫生制度，加强卫生防疫和做好平时的消毒工作。由于病毒主要存在于病兔的肠内容物及粪便中，18～20℃室温中经7个月仍有感染性。所以，应搞好环境卫生，经常对兔舍、笼具等进行消毒。采用巴氏灭菌法、75％酒精、3.7％甲醛、16.4％有效氯等均可杀灭本病毒。碘酊、煤酚皂、0.5％游离氯消毒效果不好。

一旦发病，及时隔离病兔，并执行严格全面的消毒，死兔及排泄物、污染物一律深埋或烧毁。

治疗可采取补液等维持治疗，使用抗生素或磺胺类药物，以防止继发感染。也可用口服补液盐和治疗下痢的中草药方剂治疗。同时加强病兔的管理，注意保温。

经验之十八：兔传染性水泡性口炎的防治

兔传染性水泡性口炎又叫传染性口炎、水泡性口炎或流涎病，是由兔传染性口炎病毒感染引起的一种急性传染病。以兔的口腔黏膜水疱性炎症，形成水疱及溃疡，并伴发大量流涎为特征。由于本病有较高的发病率和死亡率，对养兔业构成严重的威胁。

主要危害1～3月龄幼兔，特别是断奶后1～2周龄的仔兔，多发于春、秋季节。消化道为主要感染途径，病兔口腔分泌物、坏死黏膜组织及水疱液内含有大量的病毒，健康兔吃了被污染的饲草、饲料及饮水后而感染。饲料粗糙多刺、霉烂、外伤等易诱发本病。

发病初期，病兔体温升高至40～41℃。病兔口腔黏膜呈现潮红、充血，随后在嘴唇、舌和口腔其他部位的黏膜上出现粟粒大至大豆大的水疱，水疱内充满液体，破溃后常继发细菌感染，引起唇、舌和口腔黏膜坏死、溃疡，口腔恶臭。病兔因口腔病变物的刺激，不断有大量唾液从口角流出，致使嘴、脸、颈、胸及前爪被唾液沾湿，时间较长的被毛脱落，皮肤发炎，采食困难，消化困难，腹泻，消瘦，严重的衰竭死亡。

根据本病有明显的季节性及典型的口腔水疱病变和流涎等特征，做出诊断。

治疗措施如下。

① 创造良好的饲养管理条件，饲喂新鲜、柔软的草料，避免尖锐物损伤口腔黏膜。

② 坚持常规消毒：由于病毒对低温的抵抗力强，在 4℃ 可存活 30 天；但对热敏感，在 60℃ 下以及阳光直射下会很快死亡。因此，要加强对兔舍、兔笼、用具等的消毒卫生工作。可选用 1%～2% 氢氧化钠溶液做喷雾、浸洗消毒。

③ 本病尚无疫苗，要坚持自繁自养的原则。调剂品种时，引进的种兔要隔离观察 1 个月以上，健康无病才可入群。预防可用磺胺二甲基嘧啶，按 5 克/千克饲料或 0.1 克/千克体重喂服，每日 1 次，连用 3～5 日。

④ 发病治疗：发现病兔，必须立即隔离，进行处置。治疗原则是卫生消毒、局部处理、预防即发感染和对症治疗。同时注意喂给优质柔嫩易消化饲料。严重脱水时可腹腔补液。对病兔可用防腐消毒药液（2% 硼酸液、0.1% 高锰酸钾溶液、1% 盐水、2% 明矾水）冲洗口腔，然后涂撒碘甘油、清黛散、黄芩粉、四环素研末配成的粉面等消炎药剂。同时投服磺胺类药物（磺胺嘧啶或磺胺二甲基嘧啶），防止继发感染。

经验之十九：兔黏液瘤病的防治

兔黏液瘤病是由黏液瘤病毒引起的一种高度接触传染性、高度致死性传染病，以全身皮下特别是颜面部和天然孔周围皮下发生黏液瘤性肿胀为特征。

兔是本病的唯一易感动物，其他动物和人没有易感性。家兔和欧洲野兔最易感，死亡率可达 95% 以上，但流行地区死亡率逐年下降。美洲的棉尾兔和田兔抵抗力较强，是自然宿主和带毒者，基本上只在皮内感染部位发生少数单在的良性纤维素性肿瘤病变，但其肿瘤中含有大量病毒，是蚊等昆虫机械传播本病的病毒来源。

直接与病兔接触或与被污染的饲料、饮水和器具等接触能引起传染，但接触传播不是主要的传播方式。自然流行的黏液瘤病主要是由节肢动物口器中的病毒通过吸血从一个兔传到另一个兔，伊蚊、库蚊、按蚊、兔蚤、刺蝇等有可能是潜在的传播媒介。实验证明，黏液瘤病毒在兔蚤体内可存活 105 天，在蚊子体内能越冬，但不能在媒介体内繁殖。在美国、澳大利亚和欧洲大陆，蚊子是主要的传播媒介，在英国，主要传播媒介是兔蚤，蚊子只起次要作用，因此，英国的兔黏液瘤病毒没有明显的季节性，因为兔蚤的生存受季节性影响较弱。另外，兔的寄生虫也能传播本病。

由于毒株毒力和兔品种间易感性不同，临床表现的症状也就不同。獭兔感染本病后 48 小时可出现临床症状，首先是眼结膜炎，接着是头部广泛肿胀，眼睑肿胀，耳廓、鼻、口、颌下等处水肿，呈特征性的"狮子头"症状。病兔呼吸困难、摇头、喷鼻、发出呼噜声。身体其他部位也有类似的肿胀，如肛门和外生殖器周围。随后水肿部位皮下出现胶冻样肿瘤，特别多见于黏膜与皮肤交界处。两眼流出黏液性至脓性分泌物。严重者体温升高至 42℃。感染毒力较弱毒株的兔症状轻微，肿瘤不明显隆起，死亡率较低。在法国，由变异株引起的"呼吸型"黏液瘤病，特点是呼吸困难和肺炎，但皮肤肿瘤不明显。

防治措施：黏液瘤病是高度接触传染的并有极高死亡率的疾病，常常给养兔业造成毁灭性损失。试验证明，本病对中国饲养的家兔感染率和致死率均为 100%。目前我国尚未发现该病，如果一旦传入中国，其危害和造成的经济损失将无法估量，因此，应从生物安全角度做好防范。从引进国外种兔开始把好第一道关卡，严禁从有本病的国家引进种兔及兔产品，对引入种兔必须实行隔离观察，以排除黏液瘤病。

 ## 经验之二十：兔巴氏杆菌病的防治

兔巴氏杆菌病是由多杀性巴氏杆菌引起的各种兔病的总称，又称兔出血性败血症。獭兔对巴氏杆菌十分敏感，较常发生，一般无季节性，以冷热交替、气温骤变、闷热或潮湿多雨的季节发生较多。本病呈散发或地方性流行，常会引起大批发病和死亡，是危害养兔业的重要疾病之一。

急性兔巴氏杆菌病一般没有任何症状而突然死亡，病程稍长的一般几小时至几天或更长。由于感染程度、发病急缓以及主要发病部位不同而表现不同的症状。主要症状有全身性败血症、传染性鼻炎、地方性肺炎、中耳炎（斜颈病）、结膜炎、子宫积脓、睾丸炎和脓肿等不同病型。其中，以出血性败血症、鼻炎型、肺炎型等类型最常见。

（1）出血性败血症 即最急性型和急性型。该型可由其他病型继发，也可单独发生，以与鼻炎、肺炎混合发生的败血症最为多见。病兔精神不振，食欲废绝，呼吸急迫，体温升高至41℃或以上，鼻腔流出分泌物，有时伴有腹泻。死前体温下降，四肢抽搐，病程短的24小时死亡，稍长的3～5天死亡，最急性病例常常见不到临床症状突然倒地死亡。病理变化可见，病程短的无明显肉眼可见变化。病程长者呼吸道黏膜充血、出血，并有较多血色泡沫。肺严重充血、出血、水肿；肝脏变性，有较多坏死灶；脾脏和淋巴结肿大出血，心内外膜有出血点；胸、腹腔内有淡黄色积液。有些病例肺有脓肿，胸腔、腹腔、胸膜及肺的表面有纤维素附着。

（2）鼻炎型（传染性鼻炎） 患兔鼻腔里流出鼻液，起初呈浆液性，以后逐渐变为黏液性甚至脓性。患兔常打喷嚏、咳嗽，用前爪挠抓鼻孔。时间较长时，鼻液变得更加浓稠，形成结痂，堵塞鼻孔，出现呼吸困难，发出"呼呼"的吹风音。由于患兔经常挠擦鼻部，可将病菌带入眼内、皮下，引起结膜炎和皮下脓肿等。鼻炎型的病程较长，数月乃至1年以上。但其传染性强，对兔群的威胁较大。同时，由于病情容易恶化，可诱发其他病型而死亡。

（3）肺炎型 常有鼻炎型继发转化而来。最初表现厌食和沉郁，继而体温升高、呼吸困难，有时出现腹泻和关节炎。有的突然死亡，也有的病程拖延1～2周。病变可波及肺的任何部位，眼观有实变（肝变）、肺气肿、脓肿和小的灰色结节性病灶，肺实质可见出血，胸膜表面覆盖纤维素。

（4）中耳炎型 又称歪头疯、斜颈病；是病菌由中耳扩散至内耳和脑部的结果。严重病例向着头倾斜的方向翻滚，直至被物体阻挡为止。患兔饮食困难，体重减轻，但短期内很少死亡。病理变化可见，在一侧或两侧鼓室内有白色奶油状渗出物；感染扩散到脑时，可出现化脓性脑膜炎。

（5）结膜炎型　临床表现为流泪、结膜充血、眼睑肿胀和分泌物将上下眼睑粘住。主要发生于未断奶的仔兔及少数老年兔。

（6）脓肿、子宫炎及睾丸炎型　多杀性巴氏杆菌还可通过皮肤外伤侵入皮下，引起局部脓肿；侵入其他部位引起子宫炎症或蓄脓、睾丸炎、肠炎等。脓肿可以发生在身体各处。皮下脓肿开始时，皮肤红肿、硬结，后来变为波动的脓肿。子宫发炎时，母体阴道有脓性分泌物。公兔睾丸炎可表现一侧或两侧睾丸肿大，有时触摸感到发热。

诊断应根据发病情况、临床症状和细菌学检查做出。

巴氏杆菌是条件性致病菌，即30%～70%的健康家兔的鼻腔黏膜和扁桃体内带有这种病菌，平时不发病，当条件恶化时或家兔的抵抗力下降时发病。如当饲养管理不善、营养缺乏、饲料突变、过度疲劳、长途运输、寄生虫感染以及寒冷、闷热、潮湿、拥挤、圈舍通风不良、阴雨绵绵等，使兔子抵抗力降低时，病菌易乘机侵入体内，发生内源性感染。病兔的粪便、分泌物可以不断排出有毒力的病菌，污染饲料、饮水、用具和外界环境，经消化道而传染给健康兔，或由咳嗽、喷嚏排出病菌，通过飞沫经呼吸道而传染，吸血昆虫的媒介和皮肤、黏膜的伤口也可发生传染。因此，当前应切实做以下几方面的防治工作。

（1）加强饲养管理和卫生防疫措施，防止感冒，剪毛时防止剪破皮肤。种兔场要定期检疫，坚决淘汰阳性兔。引进种兔要隔离观察，健康兔方可混群饲养。兔群要定期预防接种。

（2）做好消毒卫生工作。由于多杀性巴氏杆菌本身的抵抗力比较脆弱，所以一般常用消毒剂即可将其杀灭。定期对兔舍及兔笼、场地等用3%来苏儿溶液或20%石灰乳消毒，用具用2%烧碱水洗刷消毒。

（3）免疫接种。使用兔巴氏杆菌蜂胶灭活疫苗或兔瘟＋兔巴氏杆菌蜂胶二联灭活疫苗均可。30日龄以上的家兔，每只皮下注射1毫升，间隔14天后，再注射2毫升，免疫期可达6个月以上。

（4）发病治疗

① 若兔群发病，淘汰症状明显的病兔。

② 对无症状健康兔注射兔巴氏杆菌病蜂胶灭活疫苗进行紧急预防，增强兔体免疫力。

③ 病兔应隔离治疗，可肌内注射青霉素，每千克体重 5 万单位，每日 2 次，连续 3～5 天。也可肌内注射链霉素，每千克体重 1 万单位，每日 2 次，连续 3～5 天；口服四环素、金霉素、土霉素每次 0.125 克，每日 2 次，连服 5 天为一疗程，停药 2 天后，可再服 1 个疗程。

④ 急性型病兔如果是价值高的种兔，可用抗出败血清治疗，每千克体重皮下注射 2～3 毫升，8 小时后再注射 1 次；为了加速奏效，可用青霉素 40 万单位和链霉素 50 万单位联合肌内注射。

⑤ 慢性型病兔用青霉素或链霉素溶液滴鼻，每毫升含 2 万单位，每天 3～5 次，每次 4 滴，连续 5 天，在 20 天内未见有鼻涕的可以认为已经痊愈。

⑥ 中药治疗效果也较为理想。可用金银花、菊花各 15 克，水煎服。还可用大蒜 1 份，加水 5 份，捣碎成汁，每日 3 次，每次 1 汤匙（约 5 毫升），连服 7 天。

在发病时可增加有营养的饲料，以提高兔群的抵抗力。病兔多时，可在精料中加入呋喃唑酮预混剂，每吨饲料中加 1000～2000 克，混合均匀，也可用磺胺喹噁啉，每吨饲料中加 225 克，混合均匀，对急性和慢性病型均有效。

 经验之二十一：兔大肠杆菌病的防治

兔大肠杆菌病又称"黏液性肠炎"，主要由致病性的大肠杆菌及其毒素引起的一种发病率、死亡率都很高的家兔肠道疾病。主要特征为水样或胶样腹泻和严重脱水，最后死亡。

因大肠杆菌在自然界广泛存在，故本病一年四季均可发生。当饲养管理不良、饲料污染、饲料或天气剧变、卫生条件差等导致肠道正常微生物菌群改变，兔体抵抗力下降，使肠道常在的大肠杆菌数量会急剧增加，从而导致本病发生，也可继发于球虫及其他疾病。该病常与沙门菌病、梭菌病和球虫病等有协同作用，导致肠道菌群紊乱，而引起腹泻，甚至死亡。

各种年龄的兔均易感，但主要发生在 1～4 月龄的幼兔，断奶前后的仔兔发病率、死亡率都较高。成年兔很少发病。

本病最急性病例在无任何症状前即突然死亡。初生乳兔常呈急性经过，腹泻不明显，排黄白色水样粪便，腹部膨胀，多发生在生后5～7天，死亡率很高。未断奶乳兔和幼兔多发生严重腹泻，排出淡黄色水样粪便，内含有黏液。

多数病兔初期表现为：精神沉郁，被毛粗乱，食欲不振，腹部膨胀，粪便细小、成串，外包有透明、胶冻状黏液；随后出现水样腹泻。粪黄，无血无臭，肛门和后肢被毛常沾有大量黏液或水样粪便。病兔四肢发冷，磨牙，流涎，眼眶下陷，迅速消瘦。体温正常或稍低，多于数天死亡。

根据流行病学、临床症状、病理变化等作出初诊；确诊需进行实验室检测，如病原学检查、血清学检查等。

防治措施如下。

（1）加强饲养管理　本病一般发现后治疗效果不佳。平时应加强管理，特别注意本病与饲料和卫生有直接关系，50％左右的病例是由饲料引起的。应合理搭配饲料，保证一定的粗纤维，控制能量和蛋白水平不可太高；选择饲料原料上，关键是防霉、卫生和容易消化；饲料不可突然改变，应有 7 天左右的适应期。同时，一定要注意兔舍的湿度，兔舍要保持干燥清洁。

（2）加强饮食卫生和环境卫生，定期消毒　本病菌抵抗力不强，一般消毒剂均可将其杀灭。因此，要坚持做好常规消毒。搞好饲料、饮水、笼具和饲养员的个人卫生是预防本病所必需的。以及消除蚊子、苍蝇和老鼠对饲料和饮水的污染。

（3）药物和免疫预防　对于断乳小兔，饲料中可加入一定的药物，如痢特灵、喹乙醇、氟哌酸或氯霉素等；饲料中加入 0.5％～1％的微生态制剂，连用 5～7 天；对于经常发生本病的兔场，可用兔大肠杆菌病多价灭活疫苗或多联苗进行免疫注射预防，20～30 日龄的小兔每只注射 1 毫升，每年 2 次，可有效地控制该病的发生。

（4）发病治疗　治疗要按照"控料、杀菌抑菌、促消化、补液"的基本治疗原则。凡是发生腹泻的病兔，都要控制饲料的饲喂数量，要给肠道一个修复的时间。一直不间断地喂料，对疾病的治疗无益。在控料的同时要对发生腹泻的病兔适时补给一定量的液体，防止病兔脱水。

氟哌酸胶囊1丸，乳酸菌素1片，食母生1片，共研末，口服，轻症兔每6小时服药1次，重病兔每4小时服1次，每日服3次，1～2日痊愈。之后再口服乳酸菌素和食母生各1片，每日2次。实践表明，用以上方法治疗兔大肠杆菌病确实疗效好，治愈率高，疗程短，给药简单方便。

也可用下列药物治疗：5％诺氟沙星，每千克体重0.5毫升肌内注射，一天2次；庆大霉素每千克体重2万单位肌内注射，一日2次；螺旋霉素每千克体重10毫克，肌内注射，一日2次；卡那霉素25万单位，肌内注射，一日2次；止血敏或维生素K1毫升，皮下注射，一目2次有良好的止泻作用；同时，应给病程稍长的病兔补液。静脉、皮下或腹腔缓慢注射5％葡萄糖盐水10～50毫升，另加维生素C1毫升。口服磺胺片，一天3次，鞣酸蛋白、矽炭银等拌湿口服，每天2次。

便秘病兔早期可口服人工盐、大黄苏打片、石蜡油或植物油，促其排便，供应新鲜青绿饲料。也可用大蒜酊或大蒜泥口服治疗。

一旦发病，应立即隔离或淘汰，死兔应焚烧深埋，兔笼、兔舍用0.1％新洁尔灭或2％火碱水进行消毒。

 经验之二十二：獭兔魏氏梭菌病的防治

魏氏梭菌病又称魏氏梭菌性肠炎，是一种高度致病性的急性传染病。由于魏氏梭菌能产生多种强烈的毒素，发病兔致死率很高，以病程短，排黑色水样或带血胶冻样粪便，盲肠浆膜出血斑和胃黏膜出血、溃疡为主要特征。常给獭兔养殖业很大损失。

魏氏梭菌又称产气荚膜杆菌，革兰氏阳性，无鞭毛，有荚膜，芽孢呈卵圆形，属厌氧菌，能产生多种强烈毒素。一般魏氏梭菌可分为

A、B、C、D、E、F等6型，引起家兔魏氏梭菌病的多为A型，少数为E型。普遍存在于土壤、粪便、污水、饲料及劣质鱼粉中。芽孢抵抗力极强，在外界环境中可长期存活，一般消毒剂不易杀灭，福尔马林杀灭效果较好。

本病一年四季均可发生，尤以冬、春季发病率较高，除哺乳仔兔外，不分年龄、性别均有易感性，但多发生于断奶仔兔、青年兔和成年兔，发病率和死亡率为20%～90%。

本病主要通过消化道或伤口感染，粪便污染在病原传播方面起主要作用。病兔和带菌兔及其排泄物，以及含有本菌的土壤和水源是本病的主要传染源。发病突然，主要表现为急性水样腹泻。发病前期，病兔精神不振，食欲减退；发生水泻后，食欲废绝，弓背蹲伏。一般先拉黑色软粪，随后出现黄色水泻，有特殊腥臭味。病兔体温不高，常在水泻后12小时内死亡。病程多为1～2天，少数病例长达1周以上，最后因衰竭而死亡。

防治措施如下。

（1）加强饲养管理，搞好环境卫生　对兔场、兔舍、笼具等经常消毒。

（2）消除诱发因素　据谷子林研究，诱发本病的四大诱因是饲料突变、日粮纤维含量低、卫生条件差和滥用抗生素。因此，应从这四个方面入手做好预防工作。防止饲喂过多的谷物类饲料和含有过高蛋白质的饲料，采用低能量饲料饲养，可明显降低腹泻死亡率。

（3）定期预防接种　对疫区或可疑兔场应定期接种魏氏梭菌氢氧化铝灭菌苗或甲醛灭活苗，每只兔颈部皮下注射1～2毫升，免疫期4～6个月；仔兔断奶前1周进行首次免疫接种，可明显提高断奶仔兔成活率。采用饲喂微生态制剂，可有效预防该病和控制病情。另据报道，发生疫情时，应用魏氏梭菌灭活菌苗进行紧急预防注射，或用金霉素22毫克拌料1千克喂兔，连喂5天，均有明显预防效果。

（4）发病治疗　一旦发生本病，应迅速做好隔离和消毒工作。对急性严重病例，无救治可能的应尽早淘汰；轻者、价值高的种兔可用抗血清治疗，每千克体重2～5毫升，并配合对症疗法（补液、内服食母生、胃蛋白酶等消化药），疗效更好。或口腔灌注青霉素每只20万单位，链霉素每只20万单位，葡萄糖和生理盐水每只20～50毫升，肌内注射维生素 C 1 毫升，每天 2 次，连续 3～5 天，有较好效果。

 ## 经验之二十三：兔副伤寒病的防治

兔副伤寒又称兔沙门菌病，是由沙门杆菌引起的一种消化道传染病，以败血症急性死亡、腹泻与流产为特征。

沙门杆菌广泛分布于自然界，是一种较常见的人兽共患传染病病原体，可引起人的食物中毒。本菌对外界环境抵抗力较强，在干燥环境中能存活 1 个月以上，在垫草上可活 8～20 周，在冻土中可以过冬，在腌肉中须经 75 天后才能死亡。但对消毒剂的抵抗力不强，3％来苏儿、5％石灰乳及福尔马林等可在几分钟内将其杀死。

本菌的自然宿主非常广泛，哺乳类、爬虫类和鸟类等动物都可带有本菌，鼠类和苍蝇也可传播本病原菌。本病的传染性较强，发病兔不论年龄、性别和品种。自然感染途径主要是消化道，兔吃了被污染的饲料、饮水而感染发病，也可通过断脐时感染。饲养管理不良、气候突变、卫生条件不好或患有其他疾病等，使机体抵抗力降低，兔肠道内寄生的本菌可趁机繁殖，毒力增强而发病。

潜伏期 3～5 天，少数急性病例兔不出现症状而突然死亡。多数病兔精神沉郁，食欲减退或拒食，体温升高，有的达 41℃以上。腹泻，排出有泡沫的黏液性粪便，因长时间下痢而消瘦，被毛粗乱，无光泽，卧于暗处，不愿活动。有的粪便干硬，包有白色黏液，少排粪或不排粪，粪有臭味，肠蠕动消失，臌气。妊娠母兔患本病可发生流产，阴道黏膜潮红、充血、水肿，并从阴道内流出黏性或脓性分泌物，流产胎儿体弱，皮下水肿，很快死亡。母兔流产后死亡率较高，康复兔则不易受孕。

防治措施如下。

（1）防治本病主要应防止易感兔与传染源接触。兔场应灭鼠和消灭苍蝇，以清除传播媒介。饲料、饮水、垫草、兔舍、兔笼、用具等应保持清洁，防止污染。

（2）预防接种　对怀孕前和怀孕初期的母兔可注射鼠伤寒沙门菌

氢氧化铝灭活菌苗 0.8 毫升，皮下或肌内注射，能有效地控制本病的发生。疫区兔群可全部注射灭活菌苗，每兔每年注射 2 次，能防止本病的流行。

（3）发病兔必须隔离或淘汰，兔笼、兔舍、用具用 2％火碱水或 3％来苏儿消毒，接触过病兔的人也要做好自身的消毒工作。

（4）发病治疗

① 抗生素疗法：氯霉素，每次 2 毫升，肌内注射，每天 2 次，连用 3～4 天；口服每千克体重 20～50 毫克，每日 1 次，连用 3 天，疗效显著。土霉素，每千克体重 40 毫克，肌内注射，每日分 2 次注射，连用 3 天；口服，每只兔 100～200 毫克分 2 次内服，连用 3 天。链霉素，每只兔 0.1～0.2 克，肌内注射，每日分 2 次注射，连用 3～4 天；内服，每只兔 0.1～0.5 克，每日 2 次，连用 3～4 天。

② 磺胺疗法：琥珀酰磺胺噻唑（SST），每日每千克体重 0.1～0.3 克，分 2～3 次内服。磺胺脒（SG），每千克体重 0.1～0.2 克，每日分 2 次服用，连用 3 天。磺胺二甲基嘧啶，每千克体重 0.2～0.3 克，内服，每日 1 次，连服 5 天。

③ 大蒜疗法：取洗净的大蒜充分捣烂，1 份大蒜加 5 份清水，制成 20％的大蒜汁。每只兔每次内服 5 毫升，每日 3 次，连用 5 天。

 ## 经验之二十四：兔葡萄球菌病的防治

葡萄球菌病是由金黄色葡萄球菌引起的化脓性疾病，致死率特别高，各种家畜、家禽均可感染发病。而家兔对该菌特别敏感，易感染发病，如不及时控制，可造成大批死亡。本病是兔的一种常见传染病，其特征是致死性败血症和各器官部位的化脓性炎症。无季节性，各种年龄的兔均可发病。

本病常依不同的发病形式出现，如乳房炎、局部脓肿、脓毒败血症、黄尿病、脚皮炎等。常可见皮下、肌肉、乳房、关节、心包、胸腔、腹腔、睾丸、附睾及内脏等各处有化脓病灶。大多数化脓灶均有结缔组织包裹。脓汁黏稠、乳白色呈膏状。

常见的症状有以下几种。

（1）脓肿型　在兔体皮下、肌肉或内脏器官可形成一个或数个大小不一的脓肿，全身体表都可发生。外表肿块开始较硬、红肿，局部温度升高，后逐渐柔软有波动感，局部坏死、溃疡，流出脓汁。体表发生脓肿一般没有全身症状，精神和食欲基本正常，只是局部触压有痛感。如脓肿自行破溃，经过一定时间有的可自愈；内脏器官形成脓肿时，则影响患部器官的生理机能。

（2）转移性脓毒血症　脓疱溃破后，脓液通过血液循环。细菌在血液中大量繁殖产生毒素，即形成脓毒败血症，促使病兔迅速死亡。

（3）仔兔脓毒败血症　仔兔生后 1 周左右，在胸、腹、颈、颌下、腿内侧等部位的皮肤上出现粟粒大的乳白色脓疱，脓汁乳油状，病兔常迅速死亡。没有死亡的患病兔生长发育受阻，成为僵兔，失去饲养价值。此多因产箱、垫草和其他笼具卫生不良，病原污染严重。通过脐带或表面粗糙的笼具刺破的仔兔皮肤而感染以葡萄球菌为主的病原菌。

（4）乳房炎型　多因产仔箱边缘过于锐利，刮伤母兔的乳头或仔兔咬伤乳头后感染金黄色葡萄球菌引起。急性弥漫性乳房炎，先由局部红肿开始，再迅速向整个乳房蔓延，红肿，局部发热，较硬，逐渐变成紫红色。患兔拒绝哺乳，后渐转为青紫色，表皮温度下降，有部分兔因败血症死亡。局部乳房炎初期乳房局部发硬、肿大、发红、表皮温度高，进而形成脓肿，脓肿成熟后，表皮破溃，流出脓汁。有时局部化脓呈树枝状延伸，手术清除脓汁较困难。

（5）生殖器官炎症　本病发生于各种年龄的家兔，尤其是以母兔感染率为高，妊娠母兔感染后，可引起流产。母兔的阴户周围和阴道溃烂，形式一片溃疡面，形状如花椰菜样。溃疡表面呈深红色，易出血，部分呈棕红色结痂，有少量淡黄色黏液性分泌物。另一种，阴户周围和阴道有大小不一的脓肿，从阴道内可挤出黄白色黏稠的脓液；患病公兔的包皮有小脓肿、溃烂或呈棕色结痂。

（6）黄尿病　系因仔兔吮食了患乳房炎母兔的乳汁，食入了大量葡萄球菌及其毒素而发病。患病仔兔排出少量黄色或黄褐色尿液，并有腹泻，肛门四周及后躯被毛潮湿、发黄、腥臭，体软昏睡，一般整窝发病，病程 2～3 天，死亡率高。

（7）脚皮炎　多发于体重大的兔子。由于笼底板不平、硬、有毛刺或铁丝、钉帽突出于外或因垫草潮湿，脚部皮肤泡软以及足底负重过大，引起足底皮肤充血、脚毛磨脱或造成伤口感染发炎形式溃疡。起初，足掌心表皮充血、红肿、脱毛、发炎，有时化脓，患兔后躯抬高，或左右两后肢不断交换负重，躁动不安，形成溃疡面后，经久不愈。病兔食欲减少，日渐消瘦、死亡或因转为败血症死亡。

葡萄球菌广泛存在于自然界中，空气、水、地表、尘土以及人、畜体表都大量带菌。葡萄球菌又是一种顽固性条件致病菌，该菌对外界环境抵抗力较强，在干燥脓汁或血液中可生存数月，80℃ 30 分钟才能杀灭。常用消毒剂以 3%～5%石炭酸溶液消毒效果最好；70%酒精数分钟内可杀死本菌。

防治措施如下。

（1）加强饲养管理　在正常情况下葡萄球菌一般不能致病，但当皮肤、黏膜有损伤时或从呼吸道，消化道大量感染时或机体抵抗力降低时可引起发病。创伤是葡萄球菌病的主要入侵门户，主要是通过伤口感染。所以，消除舍内，特别是笼内的一切锋利物。防止家兔之间的互相咬斗。产后最初几天可减少精料的喂量，防止乳腺分泌过盛。脚皮炎型应在选种上下工夫，选脚毛丰厚的留种。笼底踏板材料对于脚皮炎有直接关系，兔笼要平整光滑，平整的竹板比铁丝网效果好。兔笼建议全部用竹条底板做笼底。垫草要柔软清洁，防止外伤。对于大型品种，可在笼内放一块大小适中的木板，对于缓解本病有较好效果。

（2）做好环境卫生与消毒工作　兔笼、兔舍、运动场及用具等要经常打扫和消毒。

（3）使用药物和疫苗预防　注射葡萄球菌病灭活疫苗可预防本病。母兔于配种后接种，仔兔断乳后接种，一年 2 次，可控制或减少本病的发生。饲料内混泰诺欣（主要成分为氧氟沙星等）。在母兔饲料中添加土霉素、磺胺嘧啶，有一定预防效果。或在母兔产仔后每天喂服 1 片（分 2 次）复方新诺明，连续 3 天，预防乳房炎。

（4）治疗　发生葡萄球菌病时，要根据不同病症进行治疗。皮肤及皮下脓肿应先切开皮下脓肿排脓，再用 3%双氧水或 0.2%高锰酸钾溶液冲洗，再涂以碘甘油或 2%碘酊等。已出现肠炎、脓毒败血症及黄尿病时，应及时使用抗生素药物治疗，并进行支持疗法。

患乳房炎时，未化脓的乳房炎用硫酸镁或花椒水热敷，全身肌内注射青霉素 10 万～20 万国际单位，在发病区域分多点大量注射青霉素或庆大霉素、卡那霉素，用量一般为常规的 2～3 倍，一天 2 次，可很快控制蔓延；出现化脓时应按脓肿处理，严重的无利用价值的病兔应及早淘汰。

仔兔一旦患黄尿病，应立即停止喂乳，进行人工哺乳或寄养并尽快治疗。如发生脓毒痘疮，可在患部涂抹碘酊，用 0.1％的链霉素水溶液药浴，日浴 2 次，连浴 3 天。将体质较好的仔兔皮下注射青霉素、链霉素、氯霉素等抗生素，每天 2 次，直至康复，也可往仔兔口腔滴注氯霉素或庆大霉素，每天 3～4 次。体表用酒精棉球消毒后，转移给其他健康母兔代哺。

患脚皮炎的，首先消除患部污物，用消毒药水清洗，去除坏死组织及脓汁等，涂以消炎粉、青霉素粉或其他抗菌消炎软膏，用纱布将患部包扎紧，以免磨破伤口。每周换药 2 次，置于较软的笼地板上或带松土的地面上饲养，直至患部伤口愈合，被毛较长足以保护皮肤时，解除绑带，送回原笼。

 ## 经验之二十五：仔兔黄尿病的防治

仔兔黄尿病是仔兔急性肠炎的俗称，主要发生在出生后 7 天内的仔兔，是哺乳前期危害仔兔的主要疫病之一。

发生的原因：一是母兔患有乳腺炎，其乳汁中含有大量葡萄球菌等病菌及毒素；二是由于母兔乳房被病菌污染。当仔兔通过吸吮乳汁食入致病菌后就会在短期内中毒，发生急性肠炎，排出腥臭黄色水样稀便，污染后躯，患兔四肢无力，昏睡，皮肤灰白，无光泽，死亡率极高。

病兔呈中毒状态，浑身青紫色，拉黄色水样粪便，尿黄尿，肛门周围被毛潮湿且粘有黄色腥臭味难闻的稀粪，胃部膨胀，病兔昏睡体软、瘦弱。病程一般 2～3 天，若不及时治疗，常因脱水而死亡。

防治措施如下。

（1）本病以预防为主，平时注意保持母兔笼及用具清洁、干燥，产箱内垫以柔软、清洁、干燥的垫物。笼具、产箱、垫草要彻底消毒或经过阳光暴晒。

（2）母兔在产仔前后，要适当减少精料的喂量，适当增加多汁青绿饲料，以防乳汁过多、过浓而引起乳房炎。

（3）要及时检查母兔乳汁的变化情况，当发现乳房有脓肿或硬结时，要及时对母兔进行治疗。当仔兔吸吮咬破乳头时，母兔发生乳房炎要及时隔离治疗，仔兔让其他母兔代养或人工喂养。

（4）为预防母兔乳房炎的发生，可在产前产后3天，口服复方新诺明片，每天2次，每次1片，也可在母兔产前7天，每天肌内注射链霉素1次，每次1毫升，连续注射3天，可有效地预防母兔乳房炎的发生。或者在母兔产子后用大黄藤素针剂2毫升一次臀部肌内注射。注射过大黄藤素的母兔，所喂养的仔兔发育正常，毛皮有光泽，排尿液呈清水样，无任何颜色和沉淀物。母兔在哺乳期间不会发生乳房炎。

（5）治疗方法

① 该病发病急、死亡快，因此一旦发现患有黄尿病的仔兔，应立即对母兔和仔兔进行治疗。将母兔的浓稠乳汁挤干净，再用生理盐水将其乳房洗净、擦干。

② 如果乳头周围发生脓肿或溃烂，先用碘酊消毒后，采用0.25%的普鲁卡因加青霉素溶液局部封闭治疗。

③ 母兔肌注鱼腥草注射液，每日2次，每次2～3毫升；同时内服穿心莲片，每日3次，每次3片，连喂2天。

④ 当仔兔发生黄尿病时，应立即停喂该母兔的乳汁，并采取紧急抢救措施，往仔兔口腔内滴入庆大霉素注射液，每次3～4滴，每天3～4次，轻症患兔2～3天即可抢救过来。或仔兔内服鱼腥草注射液，每日2次，每次1～1.5毫升，一般2～3天即愈，也可口服穿心莲注射液每天2次，每次1～1.5毫升。

 经验之二十六：兔波氏杆菌病的防治

兔波氏杆菌病又称兔支气管败血波氏杆菌病，是由支气管败血波士杆菌引起的一种常见多发的、广泛传播的慢性呼吸道传染病，以鼻炎、支气管炎和脓疱性肺炎为特征。

本病在春、秋两季最为常见。不同年龄的兔均易感。主要通过接触病兔的飞沫、污染的空气，经呼吸道感染。各种刺激因素如饲养管理不善、兔舍潮湿、营养不良、气候骤变、气体刺激、寄生虫及感冒等，致使上呼吸道黏膜脆弱，从而促进本病的发生和流行。病兔和带菌兔是主要传染源，从鼻腔分泌物和呼出气体中排出病原菌。鼻炎型常呈地方性流行，支气管肺炎型多散发。幼兔发病率高，并且有死亡病例。成年兔发病较少。仔兔、幼兔多为急性型，成年兔则多为慢性型。此菌在群养兔污染为 64.4%，散养兔为 20%。在自然条件下，多种哺乳动物上呼吸道中都有本菌寄生，常引起慢性呼吸道病的相互感染。

病兔主要表现为鼻炎型和支气管肺炎型。前者表现为鼻黏膜充血、流出浆液或黏液，通常不见脓液。后者表现为鼻炎长期不愈，自鼻腔流出黏液或脓液，打喷嚏，呼吸加快，食欲减退，日渐消瘦，病程可持续达几个月。仔兔多呈急性经过，初期刚见鼻炎病状后，即表现呼吸困难，迅速死亡，病程 2～3 天。

根据临床病状及剖检变化可初步确诊。但必须进行细菌学检查，找出病原才能最后确诊。

防治措施如下。

（1）建立无波氏杆菌病的兔群。坚持自繁自养，避免从不安全的兔场引种。从外地引种时，应隔离观察 30 天以上，确认无病后再混群饲养。

（2）加强饲养管理，消除外界刺激因素。保持通风，减少灰尘，避免异常气体刺激，保持兔舍适宜的温度和湿度，避免兔舍潮湿和寒冷。

（3）定期进行消毒，保持兔舍清洁。搞好兔舍、笼具、垫料等的消毒，及时清除舍内粪便、污物。平时消毒可使用 3% 来苏儿、1%～2%氢氧化钠液、1%～2%福尔马林液等。

（4）进行免疫接种。疫苗可使用兔波、巴氏杆菌二联灭活苗或兔瘟、兔巴氏杆菌、兔波氏菌三联蜂胶灭活苗。每只兔皮下或肌内注射 1 毫升，免疫期为 4～6 个月，每年于春、秋两季各接种一次。

（5）做好兔群的日常观察，及时发现并淘汰有鼻炎症状的病兔，以防引起波及全群。

（6）治疗方法

① 隔离消毒：隔离所有病兔，并进行观察和治疗；兔波氏杆菌的抵抗力不强，常用消毒剂均对其有效，可应用1‰煤酚皂溶液或百毒杀溶液彻底消毒全场。

② 紧急接种：应用兔波氏、巴氏杆菌病二联灭活苗或兔瘟、兔巴氏杆菌、兔波氏杆菌三联蜂胶灭活苗进行紧急接种；每只病兔肌内注射2毫升。

③ 药物治疗：应用一般的抗革兰氏阴性菌抗生素及磺胺类药物治疗，均有一定的疗效。卡那霉素，每只每次0.2～0.4克；庆大霉素，每只每次1万～2万单位；氯霉素，每只每次50～100毫克，进行肌内注射，每日2次，连用3天。也可用上述抗生素进行滴鼻。磺胺类药物，如酞酰磺胺噻唑内服，每千克体重0.2～0.3克，每日2次，连用3日。

④ 对症治疗：对于鼻炎型病，可用"鼻炎净"混入饮水中，让病兔自由饮水，有较好效果；对脓疱型病兔，无治疗效果的应及时淘汰。治疗时要注意停药后的复发。

经验之二十七：兔泰泽菌病的防治

兔泰泽菌病是由毛样芽孢杆菌引起的，以严重腹泻、脱水并迅速死亡为特征的一种急性传染病。由于本病死亡率极高，又无特效的防治方法，因此对养兔业威胁很大。

本病不仅存在于兔，而且存在于多种实验动物及家畜中。主要侵害1～3月龄兔，断奶前的仔兔和成年兔也可感染发病。病原从粪便排出，污染用具、环境及饲料、饮水等，通过消化道感染。兔感染后不马上发病，而是侵入肠道中缓慢增殖，当机体抵抗力下降时发病。应激因素如拥挤、过热、气候剧变、长途运输及饲养管理不当等往往是本病的诱因。

病兔突然发生剧烈水样腹泻，后肢沾有粪便，精神沉郁，不吃饲料，迅速脱水，于1～2天死亡。个别耐过急性期的病兔表现食欲不振，生长停滞。病变为尸体脱水消瘦，后肢染污大量粪便。盲肠充血、出血，肠壁水肿，黏膜坏死，粗糙或呈细颗粒状。回肠后段与结肠前段也可见上述病变。在较慢性病例，肠壁因严重坏死与纤维化而增厚，肠腔狭窄。肝脏有许多灰白色坏死点，心肌有灰白色条纹、斑点或片状坏死区。

根据病变和流行特点等可作出初诊。本病有腹泻症状和肝坏死灶，因此应和沙门杆菌病、大肠杆菌病及魏氏梭菌病鉴别。

防治措施如下。

（1）预防　主要应加强饲养管理，减少应激因素，严格兽医卫生制度。一旦发病及时隔离治疗病兔，全面消毒兔舍，并对未发病兔在饮水或饲料中加入土霉素进行预防。

（2）治疗　本病目前没有特效方法，只有几种抗生素对本病疗效较好：金霉素按40毫克/千克体重兑入5％葡萄糖中静注，日2次，连用3日；土霉素用0.006％～0.01％饮水；青霉素2万～4万单位与链霉素20毫克/千克体重溶解后混合肌注。

 ## 经验之二十八：兔传染性鼻炎的防治

兔传染性鼻炎是由巴氏杆菌和波氏杆菌等多种病原混合感染而引起的一种呼吸道接触性传染病，是家兔的主要传染性疾病之一，以流浆液性、黏液性或黏脓性鼻液为特征。具有发病率高、传染性强、四季发生、大小兔易感、疫苗效果甚微、药物控制困难、治愈率低、复发率高、病程持续期长、容易恶化和继发感染其他疾病等特点，是生产中最为顽固的疾病之一。

本病主要通过接触传播，经呼吸道感染，呈散发或地区流行，四季皆可发生，尤以气候突变的春秋季节和潮湿闷热的夏末为甚，重点威胁仔兔和幼兔的健康，且致死率高。青年兔和成年兔虽发病，但死亡率低，易成为病原传播者。

病初兔精神不振，食欲减退，偶尔咳嗽、打喷嚏等，随之从鼻腔内流出水样鼻涕，并用前爪挠鼻，其鼻液由清水转为黏性，最后发展到脓性，挠鼻也更加严重，使鼻孔周围皮肤红肿、发炎，乃至脱毛，形成结痂、污垢，导致呼吸困难，病情加重，身体衰竭，继发感染其他病（如结膜炎、角膜炎、皮下脓肿、子宫积脓、睾丸炎等）而死亡。

导致兔传染性鼻炎的病原菌平时在家兔上呼吸道和扁桃体内存在。一般兔群的带菌率为 $50\%\sim80\%$。这些病原菌多为条件性致病菌，传染性鼻炎的发病率与管理水平有很大关系。

防治措施如下。

（1）减低饲养密度　据谷子林调查结果表明，饲养密度越大，发病率越高。反之，低密度饲养，发病率较低。笼养兔最好采用单层饲养。

（2）加强饲养管理，提高兔的抵抗力，尤其是加强发病季节的饲养管理。防止贼风侵袭，及时清理粪便，做好兔舍通风换气，降低兔舍有害气体浓度。改善兔舍环境，加强兔舍保温，防止兔感冒，以免继发该病。

（3）进行预防接种　定期皮下注射波氏杆菌、巴氏杆菌二联苗，每次 1 毫升，每年接种 3 次。加强消毒灭菌，严禁其他畜禽进入兔场。

（4）发病治疗

① 发现病兔立即隔离治疗，病重兔应淘汰，死兔应深埋或焚烧，笼舍用具等用 $1\%\sim2\%$ 的烧碱溶液或 $10\%\sim20\%$ 的石灰水或 3% 的来苏儿液严格消毒。

② 对传染性鼻炎用多种药物进行了治疗，有抗生素类、化学药物、复合药物等。多种药物对传染性鼻炎都有一定效果，但都不能根除这种疾病。以中西结合的药物——鼻肛净效果最佳，但也不能根除本病。复发率的高低取决于环境改善情况。其他方法推荐青霉素和链霉素，每千克体重 2 万～3 万单位，混合肌内注射，每日 2 次，连续3 天；肌内注射庆大霉素，每千克体重 2 万单位，每日 3 次，连续 3天；卡那霉素，每千克体重 15 毫克，每日 2 次，连续 3 天；每千克体重肌内注射氧氟沙星 4 毫克，或乳酸环丙沙星 3 毫克，每日 2 次，连续 3～5 天。

经验之二十九：兔球虫症的防治

兔球虫病是由艾美尔属的多种球虫引起的流行面广、死亡率高、危害严重的一种家兔寄生虫病，是家兔的主要寄生虫病，在全国乃至世界范围内普遍存在。各品种的家兔都易感，以1～3月龄的幼兔发病率和死亡率最高，感染率可达100％，死亡率可达到50％～80％；成年兔对球虫的抵抗力强，一般均可耐过，但不能产生免疫力，而成为长期带虫者和传染源。一年四季均可发生，以高温高湿季节发病最为严重。给养兔业造成巨大的威胁。

球虫在兔体内寄生、繁殖，卵囊随粪便排出，随粪便排出的球虫称为卵囊，在显微镜下呈圆形或椭圆形，在外界一定条件下发育成熟而具有侵袭性。污染饲料、饮水、食具、垫草和兔笼，在适宜的温度、湿度条件下变为侵袭性卵囊，易感兔吞食有侵袭力的卵囊后而致感染。本病感染途径是经口食入含有孢子化卵囊的水或饲料。兔球虫病难以用消毒法控制的主要原因是家兔有食粪行为，家兔所食的软粪是球虫卵囊寄存的主要地方。饲养员、工具、苍蝇等也可机械性搬运球虫卵囊而传播本病。发病季节多在春暖多雨时期，如兔舍内经常保持在10℃以上，随时可能发病。

按球虫的种类和寄生部位的不同，可将兔球虫病的症状分为肠型、肝型和混合型，但临床所见则多为混合型。

（1）肠型球虫病　多发生于20～60日龄的小兔，多表现为急性。主要表现为不同程度的腹泻，从间歇性腹泻至混有黏液和血液的大量水泻，常因脱水、中毒及继发细菌感染而死。幼兔常突然歪倒，四肢痉挛划动，头向后仰，发出惨叫，迅速死亡，或可暂时恢复，间隔一段时间，重复以上症状，最终死亡，部分兔死后口中仍有草或饲料。慢性肠球虫病表现为体质下降，食欲不振，腹胀，下痢，排尿异常，尾根部附近被毛潮湿、发黄。

（2）肝型球虫病　30～90日龄的小兔多发，多为慢性经过。病兔表现精神委顿、食欲减退，发育停滞、贫血、消瘦、腹泻（尤其在病后期出现）或便秘，肝肿大造成腹围增大和下垂，触诊肝区疼痛，眼球发紫，结膜黄染，幼兔往往出现神经症状（痉挛或麻痹），除幼兔外，很少死亡。

（3）混合型球虫病 病初食欲降低，后废绝。精神不好，时常伏卧，虚弱消瘦。眼鼻分泌物增多，唾液分泌增多。腹泻或腹泻与便秘交替出现，病兔尿频或常呈排尿姿势，腹围增大，肝区触诊疼痛。结膜苍白，有时黄染。有的病兔呈神经症状，尤其是幼兔，痉挛或麻痹，由于极度衰竭而死。多数病例则在肠炎症状之下 4～8 天死亡，死亡率可达 90％以上。

临床诊断要点：病兔一般表现为食欲减退、废绝，被毛蓬乱，精神不振，伏卧不动；眼结膜苍白黄染，眼鼻分泌物增多；排尿频繁或常做排尿姿势，腹泻和便秘交替发生，严重时粪便带血，尾毛常有粪便沾污；病兔粪便或肠内容物有大量的球虫卵囊，肝球虫在肝脏表面可见大小不一的白色球虫坏死灶。肠管臌气，膀胱充盈，使腹围增大。病末期呈现神经障碍，伴发四肢痉挛或麻痹，最后极度衰竭死亡。急性型病兔一般不表现任何症状即死亡，也有的急性型的病兔突然侧身倒下，颈背以及两后肢肌肉强直痉挛，伸直划动，头后仰，发出一声尖叫，迅速死亡。

近年来，球虫病呈现出季节的全年化、月龄的扩大化、耐药性的普遍化、药物中毒的严重化、混合感染的复杂化、临床症状的非典型化和死亡率排位前移化等特点，给防治工作带来很大的难度，应引起养兔场的高度重视。为了做好球虫病的防治工作，应做好以下几个方面的工作。

（1）加强饲养管理 兔球虫病的发生除必须有球虫寄生外，还与许多其他因素如：①物理因素包括运输、噪声、干热、湿冷、环境变化；②化学因素如空气中的氨气、空气混浊、药物等；③生物学因素包括断奶、微生物感染、换料、呼吸道感染以及年龄、虫种免疫原性等有关。因此，只有全方位做好饲养管理工作，才能达到球虫病的防治目的。保证饲料新鲜及清洁卫生，饲料应避免粪便污染，每天清扫兔笼及运动场上的粪便，兔笼、用具等应严格消毒，兔粪堆积发酵。消灭兔场内的鼠类、蝇类及其他昆虫。

（2）早期预防 鉴于小兔的球虫病发生于母兔关系密切，即仔兔在断奶前即已经从其母亲那里感染了球虫，成为带虫者。因此，预防球虫病应从母兔和仔兔抓起。主要是加强母兔产前和前后的消毒为卫生。

（3）由于球虫的卵囊对外界环境的抵抗力较强，在水中可生活2个月，在湿土中可存活一年多。它对温度很敏感，在60℃水中20分钟死亡；80℃水中10分钟死亡；开水中5分钟就死亡。在−15℃以下卵囊就会冻死，但一般的化学消毒剂对其杀灭作用很微弱。所以，兔笼应选择向阳、干燥的地方，并要保持环境的清洁卫生。食具要勤清洗消毒，兔笼尤其是笼底板要定期开水消毒，以杀死卵囊。

（4）分群管理　成年兔和小兔分开饲养，断乳后的幼兔要立即分群，单独饲养。

（5）药物预防　在药物预防时，应制定科学的预防方案。

① 交替使用药物：选择几种球虫病特效药物交替使用，避免长期使用一种或少数几种药物，以防止产生耐药性。地克珠利和莫能菌素两种药物具有高效、廉价、使用方便、基本无毒副作用的优点，应该作为现阶段兔球虫病预防的首选药物。洋葱、大蒜及其他一些中药对球虫病也有较好的防治作用。

② 复合用药：即采用有相辅相成的两种或两种以上的药物，同时使用，达到双重阻断。比如磺胺甲氧嗪配合TMP已被证明为有效的组合。

（6）发病治疗　发现兔病，应及时隔离治疗，可用氯苯胍每千克体重10毫克喂服或按0.03%的比例拌料饲喂，连用2～3周，或用复方敌菌净每千克体重20毫克，每天1次，连用7天。还可以用磺胺二甲基嘧啶每千克体重0.2克，每天1次，连用5天。地克珠利、兔球丹、四黄散等药物也可交叉选用。高度感染、无治疗价值的应及时淘汰。病死兔的尸体、内脏等应深埋或焚烧。

 ## 经验之三十：獭兔疥癣病的防治

兔疥癣病又称螨病、石灰脚等，是由蚧螨（疥螨和兔背肛螨）和痒螨（兔痒螨和兔足螨）寄生在皮肤而引起的一种高度接触性传染的体外寄生虫病。其特征是患病部位剧痒、脱毛、结痂。本病为接触传染，速度极快，如不及时治疗，兔子会虚弱而死。对毛皮质量也有很大影响，对养兔业的威胁极大。

疥螨与痒螨全部发育都在兔体上完成。分卵、幼虫、若虫、成虫4个阶段。兔疥螨和兔背肛螨咬破表皮，钻至皮下挖掘隧道，以皮肤组织、细胞和淋巴液为食，并在隧道内发育和繁殖，整个生活史为14～21天。雌虫产卵后生存21～35天，雄虫生存35～42天，交配后死亡。兔痒螨寄生在皮肤表面，以吸吮皮肤渗出液为食，从卵至成虫全部发育时间为17～20天。兔足螨多寄生于兔皮肤上，采食脱落的上皮细胞，全部发育时间为90～100天。

病兔是主要传染源，螨虫在外界生存能力较强，在11～20℃时疥螨可存活3周；痒螨可存活2个月。本病靠直接或间接接触传播，被污染的用具环境等可成为传播媒介。本病多发于晚秋、冬季及早春季节，阳光不足，阴暗潮湿适宜本病的发生和蔓延。各品种的兔均易感，但以瘦弱兔和幼年兔最易感，发病也较严重。兔疥螨可感染人。

当兔发生疥癣病时，首先发生剧痒，这是贯穿整个疾病的主要症状，而且病兔进入温暖场所或活动后皮温增高时，痒觉更为加剧。兔疥螨和兔背肛螨寄生于头部和掌部无毛或毛较短的部位，一般先由嘴、鼻孔周围和脚爪部发病，患部奇痒，病兔不停用脚爪搔抓嘴、鼻等处或用嘴啃咬脚部，严重时可出现用前后脚抓地现象。病变部结成灰白色的痂，使患部变硬，造成采食困难。并可向鼻梁、眼圈等处蔓延，严重者形成"石灰头"。足部则产生灰白色痂块，并向周围蔓延，呈现"石灰足"。病兔迅速消瘦，常衰弱死亡。兔痒螨病主要侵害耳。起先耳根部发红肿胀，后蔓延到外耳道，引起外耳道炎，渗出物干燥后形成黄色痂皮，塞满耳道如卷纸样。病兔耳朵下垂，发痒或化脓，不断摇头和用脚搔抓耳朵。严重时蔓延至筛骨及脑部，引起神经症状而死亡。兔足螨常在头部皮肤、外耳道及脚掌下面寄生，传播较慢，易于治疗。

根据发病季节、临床症状明显（剧痒、患部皮肤变化）等作出初步诊断。临床症状不明显者，刮取患部痂皮等病料，用放大镜或显微镜检查有无虫体以确诊。

兔疥癣病主要发生于冬季和秋末春初，因为这些季节日光照射不足，兔毛长而密，特别是在兔舍潮湿、卫生状况不良时更易发生，通过健康兔与病兔的直接接触或与螨虫污染的兔舍、用具等污染物的间接接触而传播。因此，必须从加强饲养管理入手，做好防治工作。

防治措施如下。

（1）保持兔舍清洁卫生，干燥，通风透光，兔场、兔舍、笼具等用火焰或药物等定期消毒。

（2）做好预防　不从有病的兔场引种，新购种兔必须严格检疫，确认无病后才能合群饲养。健康兔群每年 1～2 次，曾经发病的兔场每年不少于 3 次。用 1%～2% 的敌百虫水溶液滴耳和洗脚。对新引进的种兔作同样处理。连续 2～3 年即可控制本病。

（3）经常检查兔群，一旦发现病兔，要及时隔离治疗。并对病兔笼、用具及污染的环境彻底清洗消毒（用 10% 福尔马林对兔舍、笼具封闭熏蒸消毒 4 小时以上）。因疥癣病感染机会多，复发率高，在治疗中要强调严格消毒和反复治疗同时进行。

（4）发病治疗　兔疥癣病的治疗时，应将患部及其周围的被毛剪去，除掉痂皮和污物，用 5% 的温肥皂水或 0.1%～0.2% 的高锰酸钾或 2% 的来苏儿溶液彻底刷洗患部，擦干后再用药。由于大部分药物对螨的虫卵没有杀灭作用，因此，应间隔 5～7 天重复用药 2～3 次，以杀死新孵出的幼虫，达到根治的目的。常用的药物有伊维菌素（商品名灭虫丁、虫克星等），按说明肌内注射或口服，效果良好，是治疗严重病兔的理想药物；对耳疥癣可用碘甘油（碘酊 3 份、甘油 7份）滴入耳内，每日 1 次，连用 3 天；2% 敌百虫溶液擦洗患部，每日 2 次，连用 3 天；山苍子油，涂擦患部，1～2 次即可。

 经验之三十一：兔毛球病的防治

毛球病又叫毛球阻塞，多由于脱毛季节兔毛大量脱落，散落于笼舍、饲槽及垫草中误食，或混入饲料、饲草中食入；或某些微量元素、维生素、氨基酸（尤其是含硫氨基酸）缺乏时，引起咬吃其他兔毛或自身的被毛；发生皮肤病时啃咬及分娩时的拉毛等也可大量食入。食入的兔毛与胃内容物、饲草纤维混合成团，不能被消化。在胃的特殊运动过程中变成大而硬的毛球阻塞胃肠道。

兔子是一种不会呕吐的动物，贮存在胃里的毛因为各种原因而形成球状，在胃里既无法消化，也不能被顺利地完全排出，愈积愈多，阻塞胃的幽门变成疾病。初期症状：会排出形状不一的粪便。此时的食欲尚无太大改变。慢慢地粪便会变小，接着就排不出粪便。到了只排出小小的粪便时，食欲也已变差，没有像往常一样有精神了。到了排不出粪便时，水分跟食物都已经不太摄取了。病兔食欲不振，爱喝脏水，喜卧，发育迟缓，日渐消瘦。到了这种状态时，胃肠蠕动变差，体力也慢慢变差，最坏的情况在数周后就会死亡。此外，有时候毛球也会引起肠阻塞而发生猝死。

兔毛球病多发于长毛兔。多由饲养管理不当，饲料中不常添加钙、磷、硫、食盐等矿物质和维生素等，满足不了兔的生长发育和长毛的需要，导致其逐渐形成食毛癖。活泼爱动的仔兔更易发生该病。

诊断上，发现粪便中带毛，触诊胃肠部有硬的毛球疙瘩可以做出诊断。养殖户在生产中对于毛球病的判断可以用检查兔粪便的方法。要每天检查兔的粪便，观察粪便的变化。如果粪便变少或是变小，应将食物换成牧草、蔬菜。会吃牧草的兔子，大约1周仅喂食牧草即可。这时也可以喂食木瓜酵素的木瓜丸。若症状不见改善的话，就说明可能是患了毛球病。

预防措施如下。

（1）喂全价料　食毛癖主要是由于营养不平衡，缺乏蛋白质造成，应对因预防。对营养性脱毛症，要保证供足营养，使其不掉毛。最好喂给营养丰富，含有蛋白质、钙、磷、盐和维生素的全价饲料。缺乏硫化物是食毛兔的常见原因，每天每兔可加喂1克硫酸钙，连用1周，可防止兔食毛。

（2）捡净兔毛　搞好环境和饲料卫生，特别是加强换毛期的管理，注意随时捡净散落在地面、垫草和饲料上的兔毛，可有效预防兔食毛症。

（3）垫草铺窝　兔窝要用柔软的垫草铺，不要用旧棉花和破碎布条等杂物铺垫，避免兔子啃咬采食，养成恶癖而食毛。

（4）饲养密度要适宜　兔的饲养密度大，兔笼过分拥挤，是兔发病的主要原因，必须控制适当密度，最好单圈单养。

（5）淘汰食毛兔　幼兔常会模仿有食毛癖的公母兔，从而形成恶癣，因此应及早将有食毛癣的公兔、母兔淘汰，提高和保持优良的繁殖种群。

（6）发病治疗　发生毛球病时，要采取帮助患病兔消化，促进胃肠蠕动，机械按摩胃部，使毛球松散。投喂大量的粗饲料或青饲料，并配合便秘治疗方法，促使毛球排出。严重患兔需要手术治疗。

①饲料中大剂量添加酶制剂。

②促进胃肠蠕动。让病兔停食 1 天，灌服食醋 50～100 毫升，并让其进行充分运动，配合腹部按摩，以促进胃肠蠕动，加快毛球的排出。

③人工止酵消胀。对出现胀肚的病兔，为排出其胃内的气体，可用十滴水 4～5 滴，加薄荷液 1 滴或来苏儿液 1 滴，加水灌服，以止酵消除气胀。

④喂生石膏。石膏属于硫酸盐类矿物，性味甘、辛寒，有清凉、解热、生津止渴之功效。每天喂病兔 5 克生石膏，混入饲料内拌匀后喂给，连用至打下毛粪球为止。

 ## 经验之三十二：兔便秘的防治

獭兔便秘的原因是由于兔肠弛缓导致粪便积滞而发生的一种肠道疾病，以冬季患病最为常见。

獭兔便秘多因饲养管理不当，精料过多，精粗饲料的搭配不当，长期饲喂粗硬干草，而缺乏青绿饲料及饲料中混有泥沙，加之饮水不足，食量过多而缺乏运动，误食兔毛等引起的肠运动减弱，分泌减退而导致肠弛缓，使其大量粪便停滞在盲肠、结肠、直肠内，水分被吸收，变成干硬状，阻塞肠道而致病。此外，食入纤维含量过低的饲料，肠壁缺乏刺激，运动机能减弱，在一些热性病、胃肠机能紊乱等全身性疾病的过程中，以及大量使用抗生素的时候，也会出现兔便秘的现象。

病兔表现精神沉郁或不安，食欲减退或废绝，尿少而黄，肠音弱或消失，初期排出的粪球少而坚硬，以后则排粪停止。有的兔头颈弯曲，俯视腹部或肛门，表现出排粪迟滞，肠管充满，当肠管阻塞而产生过量气体时，则有"肚胀"现象。严重时粪粒外包有一层白色胶样的物质，尿少而色深（多为棕红色），触摸腹部时，可感到大肠内聚积多量的干硬粪粒。

要精粗饲料合理搭配，并供给充足的饮水和青绿多汁的饲料及含纤维较多的饲料。加强运动，一旦发现便秘，应及时给予治疗，切勿拖延其病情。

治疗可以采取以下方法。

① 人工盐或硫酸钠，成年兔 5 克，幼兔减半，加适量水内服，每日 1～2 次，连服 2～3 天。便秘消失后应立即停药。

② 用液体石蜡、蓖麻油或植物油均可，成年兔 16 毫升，幼兔 8 毫升，加等量水内服，每天 1～2 次，连服 2～3 天。

③ 将患兔仰卧，以人用导尿管前端涂抹食用油或石蜡油等，将导尿管插入患兔肛门 5～7 厘米深，然后捏住肛门和导管，用不带针头的注射器接导尿管，再慢慢地把 46℃ 左右温肥皂水 40 毫升注入直肠。然后一手迅速按住肛门，另一手轻轻按摩肛门 6～10 分钟。

④ 花生油或菜油 26 毫升，蜂蜜 10 毫升，水适量，内服，每日一次，连服 2～3 天。

⑤ 为了制酵，可一次内服百分之五乳酸溶液 4 毫升或百分之十的鱼石脂溶液 6 毫升。

⑥ 内服大黄苏打片，一天两次，每次 1～2 片。

⑦ 对顽固性难以治愈的病例，可肌内注射硫酸新诺明，成年兔的用量为 0.3 毫克，幼兔减半，注射后 20 分钟左右即可排出大量干硬的小粪粒，一般 1～2 次可愈，注射后应观察 10～20 分钟，若发现有呼吸困难、肌肉震颤、流涎和出汗的症状，可及时肌注适量的阿托品解救。

 经验之三十三：兔感冒的防治

兔感冒是由于机体受风寒湿邪侵袭而引起的以上呼吸道炎症为主的急性全身性疾病。鼻流清涕、眼部羞明流泪、伤风、打喷嚏、呼吸增快、体温升高、皮温不整者，为急性热性病。

感冒多发生于秋末至早春时期，气候突变，日间温差过大，贼风侵袭，遭受雨淋等，机体不适应而抵抗力降低，是引起感冒的最常见原因。兔舍湿度大，冷风侵袭；运输途中被雨水淋湿；兔舍通风不当导致空气质量太差，兔舍内氨气和灰尘等有害气体含量超标；冬季剪毛受寒等均可引发此病。

患兔流鼻涕，打喷嚏，咳嗽，不吃，体温有的 40℃ 以上，皮温不整，或者它的双眼变得无神（眼呈半闭状），似乎有泪水打转，结膜潮红，有时怕光，流泪。抑或是咳嗽、流鼻涕、气喘吁吁，鼻尖发红，呼气时鼻孔内有肥皂状黏液鼓起，鼻腔内流出多量水样黏液。精神沉郁，不爱活动，食欲减退或废绝；继而四肢无力，四肢末端及鼻耳发凉出现怕寒、战栗；若治疗不及时，鼻黏膜可发展为化脓性炎症，鼻液浓稠，呈黄色，呼吸困难，进而发展为气管炎或肺炎。

判断本病时，应注意与鼻炎的区分。感冒是由病毒引起的上呼吸道传染病，病兔出现频繁喷嚏，鼻孔内流出清水样分泌物，体温升至 40℃ 左右，用氨基比林和青霉素肌内注射效果显著，抵抗力强的兔子，即使不治疗，7 天后也能自愈。而鼻炎病是由巴氏杆菌引起的慢性呼吸道传染病，体温正常，其病程较长，治愈后容易复发，鼻孔内分泌物呈黏稠状或脓性，如不治疗，病情日渐严重，最后因呼吸困难、衰竭死亡。

防治措施如下。

（1）平时加强饲养管理，供给充足的饲料和饮水，使之保持良好的体况，增强其抵抗能力。兔舍保持干燥，清洁卫生，通风良好。定期清理粪便，减少不良气体刺激，同时又要避免贼风和过堂风的侵袭。

（2）在天气寒冷和气温骤变的季节，要做好防寒保暖工作，防贼风侵袭，防雨淋。夏季也要做好防暑降温工作。同时还应注意在阴雨天气禁止剪毛或药浴。

（3）发病治疗

① 青霉素和链霉素各 20 万单位肌内注射。一天 2 次，连用 3 天。

② 扑热息痛 0.5 克，口服，1 日 2 次，连服 2~3 天。

③ 复方氨基比林，肌内注射 1~2 毫升，1 日 2 次，连用 1~3 日。

④ 酸碱疗法：6％食醋溶液或50％小苏打液滴鼻，每隔3小时1次，每次每个鼻孔3～5滴，多数轻症病兔滴3～5次可治愈，严重者连用2～3天，效果显著。

⑤ 柴胡注射液1毫升，肌内注射，每日1次，连用2天。或用黄芪多糖注射液3～5毫升，一次肌内注射，每日2次，连用2～3天。

⑥ 安痛定注射液1毫升、维生素C注射液1毫升，肌内注射，每日2次，连用2天。

⑦ 复方氨基比林注射液1毫升，肌内注射，每日2次，连用2天。

⑧ 安乃近注射液1毫升，肌内注射，每日1次，连用2天。

⑨ 复方阿司匹林（A.P.C），每只兔1/4片，内服，每日2次。

以上需注射的药物用一样的片剂药物也可治疗。为防止继发感染肺炎，采用非抗生素药物治疗的，可用抗生素或磺胺类药物，如每只兔肌内注射青霉素20万～40万国际单位。

也可用中药疗法：一枝花、金银花、紫花地丁各15克，共同切碎，煎水取汁，候温灌服，连服1～2剂。也可用绿豆双花汤内服，绿豆30克、金银花15克，煎水100毫升，供10只病兔内服，每日2次，连用3天，疗效显著。

 ## 经验之三十四：兔弓形虫病的防治

兔弓形虫病是一种人畜共患病，病原是一种原虫，叫弓形虫，猫是弓形虫的终末宿主，其他动物接触或食用被污染的饲料，从而成为中间宿主。本病已呈全球性流行，对人类健康和畜牧业生产构成了严重威胁。

本病的易感动物为包括兔在内的多种动物及人。因此，其感染来源为多种发病和带虫动物；其中猫粪便中含有大量卵囊，是最重要的传染源。感染途径主要经消化道，也可经破损的皮黏膜及胎盘感染。被患猫的粪便及其他病畜、带虫畜的分泌物、排泄物污染的饲料、饮水、用具、土壤等均是传播媒介，多种昆虫和蚯蚓也可成为传播媒介。

本病无明显的季节性，但多发于温暖潮湿的季节和地区、养有家猫的畜群、有野生猫科动物活动的放牧地。

兔弓形虫病分急性型、慢性型和隐性型。

（1）急性型　主要发生于仔兔，病兔以突然不吃食、体温升高和呼吸加快为特征。有浆液性或浆液脓性眼、鼻分泌物。病兔嗜睡，并于几日内出现全身性惊厥的中枢神经症状。有些病例可发生麻痹，尤其是后肢麻痹。通常在发病2～8日后死亡。

（2）慢性型　常见于老龄兔，病程较长，病兔厌食而消瘦，常导致贫血。随着病程发展，病兔出现神经症状，通常表现为后躯麻痹，怀孕母兔出现流产。病兔可突然死亡，但多数病兔可以康复。

（3）隐性型　感染兔不呈现临床症状，但血清学检查呈阳性。

由于猫是弓形虫的完全宿主，而兔和其他动物仅是弓形虫无性繁殖期的寄生对象。因此，兔场要禁止养猫，并大力灭鼠。要防止猫接近兔舍传播该病，饲养员也要避免和猫接触。管好饲草、饲料，防止被猫粪污染。平常应对兔笼等加强消毒。

发现病兔应及时隔离治疗，对流产胎儿及其他排泄物要进行消毒处理，场地严格消毒，并用1%来苏儿、3%火碱或火焰彻底消毒，对病兔尸体应烧毁或深埋。在发病期间应注意人的防护。

治疗上目前尚无特效药物，可用以下方法治疗。

① 磺胺嘧啶＋甲氧苄胺嘧啶，前者首次用量每千克体重0.2克，维持量每千克体重0.1克；后者用量每千克体重0.01克，每天1次内服，连用5天。

② 磺胺二甲嘧啶每千克体重0.2克，内服，每日1次，连服3天。

③ 磺胺甲氧吡嗪，每千克体重30毫克，甲氧苄胺嘧啶，每只兔0.02克，内服，每日2次，连服2天。

④ 磺胺嘧啶钠注射液，肌内注射，每次0.1克，每日2次，连用3天。

经验之三十五：兔附红细胞体病的防治

附红细胞体病是由附红细胞体寄生于多种动物和人的红细胞表

面、血浆及骨髓液等部位所引起的一种人畜共患传染病。附红细胞体的易感动物很多，包括哺乳动物中的啮齿类动物和反刍类动物。近年来，家兔的附红细胞体病在我国的发生与流行有越来越严重之势。

关于附红细胞体的传播途径说法不一。但国内外均趋向于认为吸血昆虫可能起传播作用，蚊虫是主要传播媒介。该病多在温暖季节，尤其是吸血昆虫大量滋生繁殖的夏秋季节感染，表现隐性经过或散在发生，但在应激因素如长途运输、饲养管理不良、气候恶劣、寒冷或其他疾病感染等情况下，可使隐性感染獭兔发病，症状较为严重，甚至发生大批死亡，呈地方流行性。

患兔尤其是幼小獭兔临床表现为一种急性、热性、贫血性疾病。患病獭兔体温升高，39.5～42℃，精神委顿，食欲减少或废绝，结膜苍白，转圈，呆滞，四肢抽搐。个别獭兔后肢麻痹，不能站立，前肢有轻度水肿。乳兔不会吃奶。少数病兔流清鼻涕，呼吸急促。病程一般3～5天，多的可达1周以上。病程长的有黄疸症状，粪便黄染并混有胆汁，严重的出现贫血。血常规检查，獭兔的红白细胞数及血红蛋白量均偏低。淋巴细胞、单核细胞、血色指数均偏高。一般仔兔的死亡率高，耐过的子獭兔发育不良，成为僵兔。怀孕母兔患病后，极易发生流产、早产或产出死胎。泌乳中期的母兔也为主要侵染对象，表现为四肢瘫软，站立不起，最后衰竭而死。

根据病程长短不同，该病分为以下几种病型。

（1）急性型　此型病例较少。多表现突然发病死亡，死后口鼻流血，全身红紫，指压褪色。有的患病獭兔突然瘫痪，饮食俱废，无端嘶叫或痛苦呻吟，肌肉颤抖，四肢抽搐。死亡时，口内出血，肛门排血。病程1～3天。

（2）亚急性型　患兔体温达39.5～42℃，死前体温下降。病初精神委顿，食欲减退，饮水增加，而后食欲废绝，饮水量明显下降或不饮。患兔颤抖，转圈或不愿站立，离群卧地，尿少而黄。开始兔便秘，粪球带有黏液或黏膜，后来拉稀，有时便秘和拉稀交替出现。后期病獭兔耳朵、颈下、胸前、腹下、四肢内侧等部位皮肤有出血点。有的病獭兔两后肢发生麻痹，不能站立，卧地不起。有的病獭兔流涎，呼吸困难，咳嗽，眼结膜发炎。病程3～7天，死亡或转为慢性经过。

诊断本病要点为患兔黄疸、贫血和高热，临床特征表现为全身发红。

由于本病的传播媒介是蚊虫，因此，养兔场要把消灭蚊蝇作为防治工作的重点。在发病季节，消除蚊虫滋生地，加强蚊虫杀灭工作。

保持兔体健康，提高免疫力，减少应激因素，对于降低发病率有良好效果。在疫苗注射或药物注射时，坚持注射器的消毒和一兔一针头；整个兔群用阿散酸和土霉素拌料，阿散酸浓度为 0.1%，土霉素浓度为 0.2%。

发病治疗如下。

① 四环素、土霉素，每千克体重 40 毫克，或金霉素每千克体重 15 毫克。口服、肌内注射或静脉注射，连用 7～14 天。

② 血虫净（或三氮脒、贝尼尔），每千克体重 5～10 毫克，用生理盐水稀释成 10% 溶液，静脉注射每天一次，连用 3 天。

③ 新肿凡纳明，每千克体重 40～60 毫克，以 5% 葡萄糖溶液溶解成 10% 注射液，静脉缓慢注射，每日一次，隔 3～6 日重复用药一次。

④ 碘硝酚，每千克体重 15 毫克，皮下注射，每天一次，连用 3 天。

⑤ 黄色素按每千克体重 3 毫克，耳静脉缓慢注射，每天一次，连用 3 天。

⑥ 磷酸伯喹的强力方焦灵注射液，每千克体重 1.2 毫克，肌内注射，连续 3 天。

此外，用安痛定等解热药，适当补充维生素 C、B 族维生素等。病情严重者还应采取强心、补液，补右旋糖酐铁和抗菌药，注意精心饲养。

 ## 经验之三十六：兔乳房炎的防治

兔乳房炎是产仔母兔常见的一种疾病，常发生于产后 1 周左右的哺乳期，轻者影响仔兔吃乳，重者造成母兔乳房坏死或发生败血症而死亡。

　　该病产生的原因有很多：一是笼舍内部的卫生条件不好，链球菌、葡萄球菌、化脓杆菌、铜绿假单胞菌等病原菌数量较多，一旦母兔外伤就时会侵入感染发病；二是笼具的质量较差，特别是产仔箱和踏板上有钉头毛刺，容易使母兔的乳房被刺伤而感染病原菌；三是投喂大量的精料会造成乳汁分泌过剩，使乳汁在乳房内贮积，乳房容易被葡萄球菌等病原菌感染；四是如果母兔的乳汁分泌不足，当仔兔饥饿时，母兔的乳房乳头就有可能会被仔兔咬破而感染病原菌；五是母兔乳汁过浓也会引起仔兔吸不动，以致乳汁发酵变味。

　　初期乳房出现不同程度的红色肿胀、增大、变硬，皮肤紧张，继之肿块呈红色或蓝紫色。1～2天后硬肿块逐渐增大，发红发热，疼痛明显，触之敏感，病兔躲避。随病程的延长，病情逐渐加重，浓汁形成，肿块变软，有波动感，疼痛减轻。当乳房肿块出现白色凹陷时，乳房变成蓝紫色，母兔体温升高到41℃以上，精神沉郁，呼吸加快，食欲减少或废绝，拒绝哺乳，喜饮冷水。病情加重时，乳腺管破裂可引起全身感染，最后导致败血症而死亡。

　　本病诊断简单，根据母兔乳腺肿胀、发热、疼痛、敏感，继之患部皮肤发红，或变成蓝紫色（俗称蓝乳房病），病兔行走困难，拒绝仔兔吮乳，局部可化脓或形成脓肿，或感染扩散引起败血症，体温可高达40℃以上，精神不振，食欲减退等临床症状可作出诊断。

　　防治措施如下。

　　(1) 加强待产母兔的饲养管理。母兔临产前3～5天停喂高蛋白饲料，产后2～4天多喂优质青绿饲料，少喂精饲料。在产前、产后及时调整母兔精饲料与青饲料的比例，以防乳汁过多、过浓或不足。及时观察，每天观察母兔产后乳房的变化，做到早发现、早治疗。

　　(2) 定期消毒兔舍，保持兔笼、兔舍的清洁卫生，清除玻璃碴、木屑、铁丝挂刺等尖锐利物，尤其是兔笼、产箱出入口处要平滑，以防乳房外伤引起感染。

　　(3) 经常发生乳房炎的母兔，应于分娩前后给予适当的预防药物，可降低本病的发生率。

　　(4) 发病治疗

　　① 初期冷敷：乳房炎初期可局部冷敷，患乳房炎初期，把乳汁挤出，用毛巾或布沾冷水，在局部冷敷，并涂擦10％鱼石脂软膏。

② 中后期热敷：乳房炎中、后期用热毛巾热敷，也可用青霉素80 万单位、痢菌净注射液 10 毫升和地塞米松 1 毫升，分 2 次肌内注射，每天早、晚各 1 次，连用 3 天，病症即可消失、痊愈。

③ 严重的手术治疗。严重时可切开脓疱，排除脓血，切口用消毒纱布擦净，撒上消炎粉。同时做全身治疗，注射抗生素或口服磺胺类药物。

④ 药物治疗

a. 0.25％普鲁卡因 30 毫升，青霉素 10 万单位，局部分 4～6 个点，皮下注射。

b. 青霉素 10 万单位、链霉素 10 毫克，肌内注射，每日 2 次，连用 2～3 天。

c. 体温升高者，安痛定 1 毫升或安乃近 1 毫升，肌内注射。

d. 2.5％恩诺沙星注射液 0.5 毫升，肌内注射，每日 1 次，连用2～3 天。口服剂，每只兔 20 毫克，拌饲料中服，连服 3 天。

注意如果母兔得了乳房炎，小兔会得黄尿病，要母兔和仔兔同时治疗。

经验之三十七：兔脚皮炎病的防治

獭兔脚皮炎是指发生于跖部的底面或掌部、趾部侧面和跗部的损伤性、溃疡性皮炎。主要是足底脚毛受到外部作用（如摩擦、潮湿）而脱落，皮肤受到机械损伤而破溃，感染病原菌引起的炎症。是獭兔养殖中最常见的疾病之一，它虽然不至于立即导致兔死亡，但它发病率高，危害大，一旦发病将给养兔场（户）造成极大的经济损失。

本病以后肢跖趾部跖侧面最为多见。病初患部表皮充血、发红、稍微肿胀和脱毛，继而出现脓肿，形成大小不一、长期不愈的出血性溃疡面，形成褐色脓性痂皮，不断流出脓液。行动轻缓，病兔不愿走动，下肢不敢承重，四肢频频交换支持体重，有时拱背卧笼。食欲减退，日渐消瘦，严重者衰竭死亡。有的病兔引起全身感染，以败血症死亡。

兔的身体结构特点包括脚部的结构特点决定了兔很容易得脚皮

炎。犬、猫的脚底都有肉垫，而兔的脚底只有毛。由于家兔长期饲养在狭小的兔笼里，铁丝笼底或其他不合标准的高低不平的粗糙笼底板造成兔脚的损伤，加之粪尿和污物的长期浸渍，形成溃疡性脚皮炎。多数因为兔笼底网不平，用材不当，棱角过于突出而刮伤兔脚或被潮湿粪尿浸泡笼网和笼底板，引起兔脚底皮发炎。那些体重大的、活跃的、脚底皮毛稀软的家兔最容易患此病。

防治措施如下。

（1）加强饲养管理，注意兔笼的清洁卫生，清扫笼底要彻底干净，平时保持竹板洁净和干燥，防止潮湿和积粪而诱病。兔舍湿度越大，越容易发病。定期用 0.3％过氧乙酸喷雾消毒。

（2）兔脚皮炎的诱发与栖息的笼底板质量有直接关系。因此，制作竹笼底板时，选用竹板等材料应保持平、直、挺，而且间隙要大小、宽窄适中，以 1.2 厘米左右即兔粪能顺利漏下为宜，并严格要求不留钉头、毛刺等锐利物。实践证明，将笼底板做成竹木结合，前 2/3 为木板，后 1/3 为竹板（留漏粪间隙），这样做可以减轻脚掌的摩擦，有效防止脚皮炎的发生；对兔舍和周围经常消毒。

（3）定期给兔接种葡萄球菌疫苗，也可提高抗病力。另外，由于本病与脚毛有关，因此加强脚毛的品种选育是控制本病的有效方法。

（4）发病治疗　治疗时，可以先涂上一点碘酒对伤口进行消毒，然后涂上一点红霉素软膏，并用比较宽的医用橡皮膏包裹兔脚。根据伤口创面的大小来确定医用橡皮膏的长度，缠的时候先从底下没有伤的地方开始缠，然后逐渐往上绕，争取把伤口全部覆盖住。包的时候注意不要包得太紧，包完了以后用手轻轻地捏一下橡皮膏，这样就相当于给兔脚穿上了软鞋，避免了伤口受到进一步摩擦。大概过 2～3 周以后伤口愈合了，所缠的东西就会自动脱落，这样就可以把脚皮炎治好了。

实践中发现，由于患病部位于足底部的着力处，经常接触污染的地面和受到机械摩擦，很难获得休养的机会。因此，用任何药物对该病的治疗均不理想。而采取以保护为主的方法效果较好。如将细沙土在阳光下暴晒消毒，然后将患兔放在沙土上饲养 1～2 周，可自然痊愈；经常检查种兔脚部，发现有脚毛脱落的，立即用橡皮膏缠绕，保护局部免受机械损伤，待 2 周后脚毛长出后即可。

对病情严重和无治疗价值的个别患兔，建议一律淘汰，否则得不偿失。

 ## 经验之三十八：兔臌胀病的防治

兔臌胀病是由兔胃肠臌气造成的一种消化障碍疾病。多由于采食了过多的易发酵饲料、豆科饲料、易膨胀饲料、霉败变质的饲料，含露水的青草等，造成胃内食物积聚，引起胃肠道异常发酵，产气而臌胀。另外，胃肠本身疾病引发。天气骤然变化，兔腹部受凉，发冷，也易继发。幼兔多发，近年来有上升趋势。

患兔精神沉郁，蹲伏不动，浑身发冷（集堆），喜趴卧。腹围膨大，腹痛，不断呻吟，咬牙，叩之有击鼓声，呼吸困难，心跳加快，拒食，体衰竭，重者窒息急性死亡。剖检可见胃内容物稀，盲肠发红，有的肠道发硬不通，结肠变平、变粗，充气，肠腔胀气。

防治措施如下。

（1）饲喂上要做到定时、定量、定质。易产气发酵饲料和豆科饲料喂量要适度，不过多饲喂精料，少喂勤添，供应充足饮水，禁止饲喂带露水的青草和冰冻饲料，严禁饲喂霉烂变质饲料。

（2）加强饲养管理，兔舍要保持通风透光，干燥温暖卫生，天气温度变化大时要适当采取保暖措施，适当将兔放到运动场增加运动。

（3）发病治疗　治疗原则是排空胃肠积物，恢复胃肠机能，制酵剂与缓泻剂结合。可灌服植物油 20 毫升使胃肠润滑，或液体石蜡 20 毫升，或食醋 20～30 毫升，或十滴水 3～5 滴/只或萝卜汁10～20 毫升，促排积食。也可用硫酸镁 5 克，1 次内服；或者用大黄苏打片，口服 2～4 片，2 次/天，连服 3 天；或者用口服消胀片（二甲基硅油片）2 片/兔（含 25 毫克）2 次/天，连服 2 天。在采取以上治疗措施的同时，按摩病兔的腹部，以促进积食及气体排除。适当口服消炎药物以防引发其他疾病。采用综合方法，治愈较快。

经验之三十九：兔皮肤霉菌病的防治

兔皮肤霉菌病是由致病性皮肤霉菌引起的一种皮肤传染病，以皮肤角化、炎性坏死、脱毛、断毛为特征。主要侵害皮肤，传染性强，病兔始于仔幼兔口、鼻、眼周围，继而传播到肢端、腹部和其他部位。本病一年四季均可发生，尤其以夏、秋季易发。可通过与病兔相互接触传染，也可由人员和各种用具等间接传播。

本病主要危害仔兔、幼兔。发生常起始于头部、口腔、鼻及其附近，局部瘙痒，随后蔓延至四肢和躯体其他部位。患部被毛折断、脱落形成圆形或不规则脱毛区，表面覆盖灰白色厚鳞屑，并发生炎性变化，初为红斑、丘疹、水疱，最后形成痂皮。病兔剧痒，骚动不安，食欲低下，逐渐消瘦。部分病兔可并发结膜炎，脓性分泌物使上下眼睑粘连。少数病兔因继发腹泻或呼吸道感染而死亡。如果兔场通风干燥，环境条件好，进行一定防制，感染不严重的仔幼兔随着日龄增加，抗病力增强，逐步转为外观正常但隐性感染带菌的兔，引种者难以辨别认识，所以要引起引种者高度重视。

自然感染可通过污染的土壤、饲料、饮水、用具、脱落的被毛、饲养人员等间接传染以及交配、吮乳等直接接触而传染，温暖、潮湿、污秽的环境可促进本病的发生。对卫生条件差、通风不良以及高温、高湿的兔舍更易爆发，严重影响家兔的生长发育及生产性能，并且兔场一旦传染，难以彻底根除，将给养兔场（户）带来重大的经济损失。

注意本病与疥癣病有很多相似之处，但也可以通过不同点加以区分。本病主要发生在兔子身体体表的大多数部位，且脱毛明显、面积大，用手在脱毛部位的周围轻轻拔毛，兔毛就容易脱落。疥癣病主要发生在脚爪和口鼻周围，患处周围的兔毛不太容易轻轻拔掉，兔子也有奇痒难耐、抓挠和啃咬的现象。本病的癣痂表面突出，边缘多整齐，颜色呈红褐色，后颜色变成糠麸状；疥癣癣痂多灰褐色，在脚部被称作石灰脚。如果以上方法还是不能确定病因，还可以用家用的气雾杀虫剂喷洒或者涂抹到除口鼻以外的身体患处，过两天如果观察患处病情有好转迹象，则说明是疥癣病。如果喷洒或者涂抹杀虫剂的患处没有变化，则是皮肤真菌病。

本病病原主要是须毛癣菌和许兰发癣菌，由菌丝和孢子两部分组成。最适培养温度为 25℃～28℃。皮肤霉菌的抵抗力很强，耐干燥，于干燥环境中可存活 3～4 年，煮沸 1 小时方可被杀死。对一般的消毒剂耐受性好，常用于环境和笼舍的消毒剂为 2％～5％烧碱、0.5％过氧乙酸和 3％福尔马林。霉菌对一般抗生素和磺胺类药物不敏感。制霉菌素、两性霉素 B 和灰黄霉素对本菌有抑制作用。对感染的兔场由于环境中带有大量病原菌，单依靠药物很难根治，必须采取持久的综合防治措施。

（1）防范霉菌病的应从源头把好关。不到病兔场购兔引种，避免与病兔场人员或兔接触。

（2）加强饲养管理，搞好笼舍环境卫生，保持兔舍通风干燥，尤其在气温较高的条件下，尽量避免冲圈带来的高温高湿。兔舍、笼具、周围环境定期严格消毒，消毒可用 2％烧碱、10％～20％生石灰水或含过氧乙酸消毒剂。

（3）药物预防　怀孕母兔在临产前后 5～7 天可注射皮癣宁 2～4 毫升，产后 5～7 天再注射一次。仔兔在出生 2 天内，皮下注射皮癣宁 0.2～0.4 毫升，以后每间隔 1 周注射一次，剂量分别为 0.3～0.6 毫升、0.4～0.8 毫升。

（4）治疗　感染兔应早期发现，并立即隔离或淘汰。彻底清扫兔舍兔笼，保持干燥通风。用高效消毒液交替消毒。患兔原则上应全部淘汰，特别是个别患病的，要坚决淘汰。对大群已发病，但症状较轻的可隔离进行治疗，用制霉菌素软膏，水杨酸钠软膏、柳酸酒精等，但成本高，收效甚微。大群发病时，也可内服灰黄霉素，每千克体重每日 25 毫克，连用 2 周；克霉唑药水或软膏，均匀涂擦患处，每天3～4 次，直至痊愈；10％的水杨酸软膏、2％的福尔马林软膏、人用达克宁擦患处，每日 2～3 次，直至痊愈。

 经验之四十：獭兔中暑的防治

兔子耐寒而不耐热，无法像其他动物一样流汗，所以无法通过流汗使身体降温。兔子比其他动物更容易中暑。由于家兔受到强日光直射或环境温度过热而引起中枢神经系统、血液循环系统和呼吸系统机能以及代谢严重失调的综合征。此病多发生于炎热的夏季。

炎夏季节，兔在强烈的阳光下或天气闷热时，关在通风不良和温度高（33℃以上）的兔舍里，饮水缺乏的情况下，或者运输途中闷热拥挤、缺水、通风差等，由于兔体内的热量不能散发而出现中暑现象。

中暑初期，病兔精神不振，食欲减退或不食，步态不稳，呼吸加快，体温升高，触诊体表有灼热感，可视黏膜潮红，口流涎。严重病例脑部充血，使呼吸系统机能发生障碍。出现神经症状，兴奋不安，盲目乱跑，随后倒地，伸腿伏卧，或侧身卧下颤抖、抽筋，有时还尖叫，痉挛或抽搐，虚脱昏迷死亡，妊娠后期的母兔对此病特别敏感，死亡率更高。

防治措施如下。

① 夏季应注意降温防暑，兔舍要有遮阳措施，保持通风良好。要在兔舍周围种植树木或藤蔓类植物遮阳，中午地面泼凉水降温。

② 长期饮用淡盐水或多种维生素，减少獭兔的热应激，提高獭兔的耐热性，还要在饲料中加入 0.2％的碳酸氢钠，以调节体内的酸碱平衡。

③ 长途运输獭兔的，不要装装载过密，宜选择在气候凉爽的时间，中午过热的时候后要在树荫下休息，并供给充足的饮水，保持适当通风，防止车内温度过高。

④ 夏季到来毛兔剪毛 1 次，无降温条件的兔场，避免在高温季节繁殖配种。

⑤ 发现中暑后，立即把兔放在阴凉通风处，症状轻微的，使用不冷不热的水喷洒兔子全身特别是耳朵，帮助降温，不要太湿；症状严重的，用冷水敷头或在耳静脉放出适量的血，防止发生脑部和肺部充血、出血；喂饮或灌服加有水溶性维生素的淡盐水，可给予十滴水 2～3 滴或仁丹 2～3 颗或藿香正气水 5～10 滴，少量温水调开灌服。

经验之四十一：兔霉菌毒素中毒的防治

兔霉菌毒素中毒是因兔采食了发霉饲料而引起的一种中毒性疾病。本病是由于受潮或没有完全干燥的饲草、饲料在温暖条件下发霉，獭兔采食了发霉的饲草饲料后，除霉菌的直接致病作用外，霉菌产生的大量代谢物即霉菌毒素，对獭兔具有一定的毒性，引起獭兔中毒。能引起獭兔中毒的霉菌毒素种类比较多，其中，以黄曲霉毒素毒性最强。

发病特点：一是有明显的季节性，多发生在高温高湿季节，主要发生在7～8月份；二是明显的生理阶段，主要发生于泌乳母兔，其次为妊娠后期母兔，造成怀孕母兔流产，其他家兔表现不明显；三是没有传染性；四是药物治疗基本无效。抗菌药物不能控制病情，死亡率较高。

临床症状多数呈急性经过，患兔食欲减退或废绝，粪便不正常，有时便秘，有时腹泻，有的粪球外有黏液；有的走路蹒跚，浑身颤抖，往前冲撞至倒下，此后四肢无力，浑身瘫软如泥，头下垂不能抬起，口触地，鼻孔和嘴端潮湿，但多数患兔两眼圆瞪。有的耳壳或其他部位皮下有出血点。患兔体温稍有升高，呼吸急迫，心跳加快，心律不齐。一般2～4天渐进性死亡。有的死前有挣扎、四肢划动等动作。

真菌或霉菌繁殖的必备条件是高湿度和适宜的温度。一般来说，在30℃、相对湿度80％以上、谷物和饲草的含水率在14％以上（花生的水分含量在9％以上），最适于黄曲霉繁殖和生长，在24～34℃黄曲霉产毒量最高。几乎所有的谷物、饲草、饲料都可成为黄曲霉的基质。每千克饲料含有1毫克黄曲霉毒素可使畜禽死亡。因此，应将预防放在首位。

① 严格饲料管理，不使用发霉的饲料，对饲料进行科学贮藏管理，防止受潮发霉，饲料采取专人管理。

发霉的饲料主要是保存条件差的粗饲料，如花生皮粉、花生秧粉、豆秸粉、红薯秧粉等；其次为易于吸潮的麦麸。颗粒饲料在加工时加水过多而没有及时晾干或保存时间过长，也容易出现发霉现象。

② 饲料发霉可发生在晾晒、贮存、加工、运输和饲喂的各个环节，而人们往往忽视了饲喂环节。比如，一次加料过多没有及时清槽，多次累积使饲料在饲槽里受潮，特别是饮水系统漏水或其他原因造成料槽中的饲料发霉，也会导致个别家兔发病。

③ 在高温高湿季节，可在饲料中添加防霉剂，如丙酸及其盐类（丙酸钙、丙酸钠、丙酸钾和丙酸铵，用量：丙酸 $500\sim4000$ 毫克/千克饲料，丙酸钙和丙酸钠 $650\sim5000$ 毫克/千克饲料）、山梨酸（用量为 $0.05\%\sim0.15\%$）及其盐类（山梨酸钾、山梨酸钠和山梨酸钙，用量一般为 $0.05\%\sim0.3\%$）、苯甲酸（添加量 $0.05\%\sim0.1\%$）和苯甲酸钠（添加量 $0.1\%\sim0.3\%$）、甲酸及其盐类（甲酸钠、甲酸钙，用量一般为 $0.9\%\sim1.5\%$）、对羟基苯甲酸酯类、柠檬酸、柠檬酸钠、乳酸、乳酸钙、乳酸亚铁、富马酸和富马酸二酯等，均有较好的防霉效果。

④ 发病治疗：如果发现患兔，立即停喂原有配合饲料，用新鲜草料代替；对于发病患兔可采取支持、保护、解毒、泄毒和抑菌等方法。支持疗法可静脉注射 25% 的葡萄糖 $20\sim40$ 毫升，每天 2 次，直至痊愈。饮用水可用弥散型维生素（如速补-14、维补-18 等），按说明量的 1.5 倍添加，连续 5 天。也可口服 10% 的糖水 $50\sim100$ 毫升。皮下注射安钠咖 $0.5\sim1$ 毫升，以增强心功能；保护和泄毒可用淀粉20 克，加水煮成糊状，加硫酸钠 $5\sim6$ 克灌服，以保护肠黏膜，减少毒物的吸收和增加排出；解毒一般注射维生素 C $3\sim5$ 毫升，每天 2次，连续 3 天。配合一定的保肝药。抑菌可投喂一定的对霉菌高敏的药物，如制霉菌素、克霉唑和大蒜素等。对于一般患兔，只要停喂发霉的饲料，投喂抗霉菌药物，可很快痊愈。通过采取以上措施，3 天后病情可得到控制，多数轻症患兔症状消失。民间也有用大蒜捣烂喂服的，每兔每次 2 克，一日 2 次。

经验之四十二：兔有机磷中毒的防治

有机磷农药是我国目前仍在应用的一类高效杀虫剂如敌百虫、敌敌畏、1605、1059 和乐果等。家兔多因误食了被有机磷农药污染的饲草、饲料或由于使用敌百虫等有机磷药物治疗体内、外寄生虫时，因剂量、浓度和方法掌握不当等，均可发生中毒现象。

当有机磷农药以消化道或皮肤等途径进入兔体而被吸收后，与体内的乙酰胆碱能神经末梢的胆碱酯酶结合，失去对神经递质乙酰胆碱的分解功能而出现了一系列神经症状。

獭兔发生有机磷中毒后，表现为食欲不振、流涎、呕吐、腹痛、腹泻、尿失禁，兴奋不安，全身肌肉震颤、抽搐，心跳加快、呼吸困难、可视黏膜苍白、瞳孔缩小等，最后常昏迷死亡。剖检时，如有机磷农药进入消化道的，可在剖开胃、肠时闻到胃肠内容物中有浓烈的有机磷农药的特殊气味；胃、肠黏膜充血、出血、肿胀，黏膜易脱落，肺充血水肿。

防治措施如下。

（1）防治要加强对农药的专人管理；禁喂刚喷洒过有机磷农药、尚有残留的各种新鲜植物或拌有有机磷农药的谷物种子；使用盛装过农药的容器盛装饲料、饮水或用喷洒过农药的喷雾器进行兔舍消毒。在使用有机磷药物驱除家兔体内、外寄生虫时，要专人负责，正确使用，注意观察。

（2）发病治疗　獭兔中毒后，应尽快查明原因，解除毒源。

① 解磷定对 1059、1605、乙硫磷中毒解毒效果好，每千克体重20～40 毫克，缓慢静脉注射。病情严重者，2 小时后重复 1 次。本药对敌敌畏、敌百虫、乐果等中毒，解毒效果差，不可用。

② 0.1% 硫酸阿托品注射液，0.5～1 毫升，皮下注射，重病者，2 小时后重复注射 1 次。

③ 双解磷粉针，注射用水配制成 5% 溶液，肌内注射。用 5% 葡萄糖盐水溶解成 5% 的溶液，静脉注射。用药量为 0.1 克。

④ 氯磷定注射液，每千克体重 20 毫克，静脉注射。

第六章　人员管理与物资管理

 经验之一：獭兔场经营者要在关键的时间出现在关键的工作场所

作为养兔场的经营管理者，要时刻掌握兔场的一切情况，尤其是生产状况。而兔场经营者要在关键的时间出现在关键的工作场所就是对经营者最基本的要求。

兔场的关键时间是指养兔场在具体饲养管理过程中执行饲喂、配种、消毒、转群、防疫、配制饲料等工作的时间段。而关键的工作场所就是这些时间段在兔场内具体工作时的地点。关键的时间出现在关键的工作场所就是在进行以上工作的时间和地点出现，检查和指导一些关键工作的执行情况，随时发现生产管理中出现的问题并随时加以解决。

养兔生产的整个流程是一个连续性的、一环扣一环的工作，要求每个环节的工作都要按照饲养标准确实做到位，才能使养兔生产正常进行。如果其中某一个环节没有到位，一旦出现问题将造成无法弥补的损失。比如，配种管理是兔场的头等大事，涉及种兔的选择、配种时间、配种方式、配种频率、配种后的妊娠检查等一系列问题，要求选择的种兔要符合品种标准，选择时要经过窝选、断奶重以及个体选择等；配种时间要求，种公兔的初配年龄，可在性成熟后、体重达到成年兔的80％时开始配种。一般母兔达7～8月龄、体重达2.5千克以上，公兔达9～10月龄、体重达3千克以上，即可开始交配。不可过早使用，母兔如果发育不好就配种的话，容易出现母兔自己不会拉毛，产仔后到处乱跑，影响成活率，甚至死亡、母性不好，不会照顾好仔兔。种公兔发育不好就配种，精液质量以及繁殖的后代不会很优良等情况发生。从而影响繁殖质量。同时，由于品种不同，母兔和公兔的配种年龄和体重的标准也有差异，这一点应加注意，为了避免此类情况的发生，务必要在种兔发育好的情况下繁殖，以提高繁殖质量和产量（成活率）；配种方式主要是采用人工授精技术还是自然交配；配种频率要求，青年公兔要适当降低配种频率，以后随年龄和体重的增加再增加配种次数。老龄公兔也要减少配种次数。青年种公兔每天交配1次，成年种公兔每天可交配2次，安排在上、下午各一次。配种2天休息1天。平时要定期对公兔进行精液品质检查，发现问题，及时解决。及时淘汰精液品质不良的公兔及老龄公兔；及时准确地做好母兔妊娠检查，是做好繁殖的关键，妊娠检查是一个细心的工作，对饲养员的责任心要求较高。这些工作贯穿在养兔生产过程的始终，每个环节都有要做细做实。可是完全靠技术员和饲养员的自动自觉不可能完全做好，况且人人都有疏忽和懈怠的时候，完全指望养殖人员自动自觉地做好任何工作是不可能的，也是不现实的。而多一些检查，多一些督促，就可以把损失减小到最低程度。经营者切不可认为本场有严格的奖惩指标，有奖罚分明的制度，给技术员和饲养员最高的工资、最好的待遇，就可以高枕无忧了。

要知道千里之堤毁于蚁穴的道理。出现问题往往不是一天就能造成的，如果经营者能够及早发现及时解决，就不至于出现无法挽回的后果。使本该收获的时候，却无获可收，浪费了人力、物力，增加了养殖成本。而一旦出现大的损失，是你损失大还是技术员和饲养员损失大？这些人会给你赔偿吗？损失只有你自己一个人承担。别人还可以到另外的地方挣钱的。这就要求管理者不能当甩手掌柜的，要亲力亲为，检查到位，指导到位。

所以，在养兔场日常饲养管理工作中，经营者要经常性地亲自到现场，以指导者的身份去查看养殖人员是否在按照操作规程做以及做得如何，尤其是对新员工或者工作责任心不强的、工作主动性差的、标准不高的员工更要经常的检查督促，使他们养成良好的习惯。

当然，关键的时间和关键的地点也要辩证地看，不是对所有工作都看，不是所有时间都去。要具体根据养殖人员的工作熟练程度、工作经验、工作态度决定看谁不看谁；根据某项工作的性质确定看还是不看；根据某项工作的持续时间长短决定什么时间去看，去看哪个过程，是看准备情况、还是看中间过程或者看结果；根据某项工作的特点决定什么地点看等。

另外，要求经营者要懂得养兔知识，而不能是养兔的外行，否则，你怎么去指导别人？怎么能发现问题以及如何解决问题？

 ## 经验之二：员工管理要"五个到位"

1. 培训到位

通常养兔场的养殖人员流动性较大，文化水平普遍不高，多数人对科学养兔的知识知之甚少，为了养兔场能够始终保持工作的连续性，无论是新招进的、还是老饲养员，都要坚持做好养兔相关知识的培训，内容主要是饲养员应知应会的饲养管理常识，比如如何消毒、如何给兔喂料、如何清理粪便、如何搅拌饲料、如何调整兔舍温湿度等，还有一些管理制度。培训内容要具体到每个养殖环节怎么做，达到什么标准，要手把手教，通过培训达到饲养员知道应该怎么干。

2. 指标到位

指标是衡量目标的方法，预期中打算达到的指数、规格、标准。指标到位就是对饲养管理的每个环节都要制定完成的标准，指标要具体，如配种率、妊娠率、分娩率、仔兔成活率、饲料转化率等等，指标要合理，制定的指标既要参考常规的生产指标，又要结合本场生产的实际情况，要多征求全体养殖员工的意见和建议，不能过高，也不能过低，避免因为指标不合理，引起员工的抵触，影响养兔场的正常运行。做到既能调动养殖人员的积极性，又能使本场的效益最大化。

3. 责任到位

责任必须要先到位，要明确到具体人头上，做到人人头上有指标、件件工作有着落。责任不到位，导致执行的结果必定会不到位。只有将责任落实到执行的过程中，才会打造出最优秀的执行者，要让每一个员工都知道自己的工作职责，也要知道没有做好自己工作，应承担的不利后果或强制性义务。

4. 绩效考核到位

好的、科学的指标需要高质量的考核来保证。绩效考核管理工作是关系兔场发展的一项系统工程，是一项长期任务。考核要严肃认真，分出层次，成为好的导向，真正做到干好干坏不一样、干多干少不一样，考核结果要成为奖惩的依据，真正做到公开、公平、公正考核，确保考核过程阳光、考核结果公正，真正考出激情、考出干劲、考出实绩，让大家服气。

养好兔子不奖励，养坏兔子要惩罚，不能调动工作热情，这是很多兔场的现状。宜采用底薪加提成的方式来调动人员的积极性。如以一定的母兔数量为底薪基数，以出栏商品兔或断奶幼兔数量来支付相应的提成薪金。

5. 生活保障到位

兔场通常都在远离闹市区的郊区或偏远地方，交通不变，加上兔场生物安全的要求，员工很少外出，生活单调枯燥，绝大部分时间都要生活在厂区内。人是主观能动的，也是有血有肉有感情和七情六欲的高级动物。养兔技术员和饲养员大多远离家乡和亲人，孤独、寂寞、思念成为了他们的经常。经营者应把他们当做亲人、朋友那样看待，关心他们的生活，关心他们的冷暖，让他们有一种家的归宿感使他们萌生感恩的心态使他们安心踏实、主动、创造的去工作和生活，在吃、住、娱乐上为员工创造良好的生活条件，创造拴心留人的环境，关心员工的生活，员工家庭有事、员工患病、过生日等都要慰问，使员工安下心来，愿意为兔场好好工作。相反那种像走马灯一样频繁换人的兔场，也一定不会把兔子养好。

 ## 经验之三：聘用什么样的养殖人员？

兔场的管理是通过各类人员实现的。因此，首先从"选人、育人、用人"三方面下工夫。

1. 场长

场长人选是关键，规模化兔场场长要求既要懂管理还要精通技术，是兔场经营成败的关键人物。对场长人选的素质要求高，很多兔场的场长要扮演一个经营者的角色。因此，聘用时对人品和技术要有深入的了解，必须有丰富的实践经验，要能踏实肯干的，不要那些口若悬河、只说不练的假把式。不要用错人把场子变成一个实验基地，损失惨重，优秀的场长人选可用重金或股权聘用，并且要经过一定的试用期来检验是否称职。

也有的是兔场自己培养，提拔任用从基层点滴做起来的精英，不用空降兵，这种人才能熟练运作兔场固有的成熟的管理模式，对公司忠诚，踏实肯干，学历要求不一定高，只要能做出成绩，在员工当中有威信和领导力的人选，在这种体制下每个员工觉得也有提升的空间，兔场工作显得非常有活力。

切忌犯用人错误，主要是重用亲戚或朋友等所谓内部人当场长，因为这些人都是有一定背景，所以工作中很难管理，也直接影响其他员工工作情绪，老板认为都是自己人不需要去严格管理，结果这些人有的想往好了干却不知道怎么干，有的以为老板负责的名义蛮干，还有的没有责任心，认为干好干坏没有关系，工资肯定不少，甚至还有的看到老板的钱多，就在购饲料和兽药时吃回扣以及和员工合伙欺骗老板的事情，最终导致兔场倒闭。

2. 技术人员

技术人员在兔场中扮演一个不折不扣的执行者的角色。技术员不过关，饲养员不合格是主要老板养兔失败主要原因，现在很多20多岁人学了一点养兔知识就说自己是技术员，甚至养几个月或一年兔子就敢去公司或兔场做技术员。而这方面的人才也确实匮乏，所以这样的人也能被聘用，可结果却是以养兔场的亏损为结局的居多。要知道养兔靠理论绝对不会成功，理论和实际有很大距离，写书人不养兔子养兔子人不写书。就是专家教授也不敢保证你成功！没有3～5年的实际养兔经验，以及刻苦钻研不可能是一个合格的技术员。如果看书能养兔子，那我们最多看15天养兔方面的书籍，就全部是专家级别了。

也有的兔场愿意从农业院校应届毕业生中招聘，但是这部分毕业生刚参加工作，对新的工作环境适应得比较慢，兔场的封闭式管理和枯燥的生活，年轻人比较浮躁，这山望着那山高，使他们一旦碰到点儿难题就选择离开，流失率很大。大多数高学历人才来兔场的目的是积累经验，而不是做实事。另一个原因是年轻人的恋爱婚姻问题，有的进场前就有男朋友或女朋友了，一般不会两个人同时进一个兔场当技术员，这样两个人要很长时间见不到面，只有整天电话传情，时间一长，哪有心思安心工作。没有女朋友或男朋友的，待在兔场圈子很小，难交上男女朋友，到一定时候给再高的工资为了考虑自己终身大事也要离职，因此很难遇到合适的人选。

比较好的办法是自己培养技术人员，其实对技术员的学历不要求多高，只要交代的事情能不折不扣完成的，工作扎实努力，肯学习，爱钻研的都能胜任，兔场管理只要标准化、程序化，就可以培养一个优秀的技术人员。

3. 饲养员

对养兔的饲养员来说，文化水平不要求太高，而对责任心要求较高。饲养员最好是用家住外地的农村夫妻工，30～50岁的人选，要求吃苦耐劳，身体健康，最好是孩子已经成家立业的，家庭没有负担的，能适应封闭式管理的人选，一般在农村招聘比较适合。

也有很多大型种兔场聘任畜牧专业大中专毕业生的来养兔的，因为这些养兔场养兔条件好，畜牧专业毕业生可以学到更多的知识，施展才华，个人成长也有发展的空间，对兔场和毕业生本人都是不错的选择。

千万不要到打散工的劳务市场（注意这里说的不是人才市场）去招饲养员。因为劳务市场上的人多数是这样的人：一是多数没有固定住所；二是多数不会什么技术；三是多数吃了上顿没有下顿；四是多数家里日子过得不怎么样的；五是多数是单身的。没有长期打算，实在没钱生活不下去了就去挣点钱，只要兜里有一点钱随时准备去消费，指望这样的人能给你安下心来喂好兔，根本不可能。

 经验之四：养兔场的生产管理

养兔场的生产管理是兔场管理的核心内容，是企业经营目标实现的重要途径。涉及兔场经营管理的各个方面，制定科学合理的管理制度，并严格落实各项管理制度是决定兔场成败的关键。要管好兔场。必须要随时掌握兔场的一切情况。譬如兔场种兔群的配种情况、受孕情况、产仔情况、幼兔的生长情况、淘汰、死亡情况，兔场每月兔的存栏情况、生产操作情况、饲料原料库存情况、饲料的加工情况、成品料的领出情况、药品的进入和领出情况等。规模兔场饲养人员多、环节复杂，要全面清楚地掌握以上情况不是一件容易的事。在组织生产之前必须要有一套可行的生产管理方案再组织分工实施。生产管理由各类人员工作职责、生产操作制度、饲料管理、药品管理、用具管理、各种生产统计管理等组成。

一、工作人员岗位职责

要分工明确责任到人，给每位员工要规定具体的工作责任。如管理人员职责、技术人员职责、饲料保管员职责、饲养员职责等。

1. 养兔场场长职责（仅供参考）

① 组织实施养兔场的长期、短期规划；

② 拟定养兔场的内部管理方案；

③ 拟定养兔场的基本管理制度；

④ 全面管理家兔养殖场的日常工作，执行股东会的决议；

⑤ 制定养兔场各类职员的具体职责；

⑥ 聘请养兔场的技术顾问，聘用养兔场的技术人员、饲养员、饲料加工员和专业清洁员；

⑦ 协调养兔场所有员工的工作关系；

⑧ 监督检查技术员、饲养员、饲料加工员和专业清洁员的工作及其履行职责的具体情况；

⑨ 负责协调养兔场与其他外部有关部门的关系；

⑩ 其他应当履行的职责。

2. 技术顾问职责（仅供参考）

① 对养兔场的养兔技术问题提供全面的技术指导；

② 培训养兔场的技术人员；

③ 培训养兔场的饲养员；

④ 培训养兔场的专业清洁员；

⑤ 培训养兔场的饲料加工员；

⑥ 其他应当由技术顾问提供的技术指导工作。

3. 技术员职责（仅供参考）

① 负责养兔场家兔的防疫、免疫工作；

② 每天巡视养兔场，观察家兔并向饲养员、专业清洁员了解家兔的有关情况，做到对兔的病情早发现早治疗；

③ 负责养兔场病兔的治疗；

④ 负责养兔场种兔的繁育、配种工作，优选良种；

⑤ 负责建立保存养兔场种兔的档案；

⑥ 负责监督指导专业清洁员对家兔、兔场、兔舍的消毒；

⑦ 负责监督指导饲养员对家兔用具的消毒；

⑧ 负责家兔饲料免疫性检查，防止家兔病从口入；

⑨ 对病兔和死兔进行解剖，了解研究病因、病症；

⑩ 负责诊治病兔，并指导饲养员对病兔的日常护理工作；

⑪ 每日与饲养员勾通，了解掌握种母兔的发情、受孕、临产等情况，提高家兔的繁殖质与量；

⑫ 定期与饲料输入和加工人员勾通，开发配制适合各种家兔的饲料；

⑬ 其他应当由技术员负责的工作。

4. 饲养员职责（仅供参考）

① 负责种兔、幼兔、商品兔的喂养，负责家兔的配种，摸胎和接生，并做好喂养的各项记录；

② 指导、协助专业清洁员对兔场、兔舍清理及消毒，并做好消毒记录；

③ 负责家兔用具的消毒；

④ 服从技术员对家兔的防疫、免疫及育种工作的指示和安排；

⑤ 配合技术员对家兔的防疫、免疫及育种工作；

⑥ 向技术员汇报家兔的日常情况，提供家兔免疫、防疫第一手材料；

⑦ 准确记录所喂养家兔的饲料种类及饲料的添加量和家兔的采食量；

⑧ 向饲料加工人员反馈饲料的效率和效果，配合饲料加工人员做好各种家兔饲料的开发和利用；

⑨ 记录家兔异常反应，并及时与技术员勾通，从中发现饲养中家兔的问题，对家兔的疫情做到早发现、早治疗；

⑩ 应当由饲养员负责的其他工作。

5. 饲料保管员职责（仅供参考）

① 凭收货通知单收货。收货保管员必须在收到由本公司原料部开具的原料（药品、编织袋等）收货通知单（或业务洽谈卡），并在确认所到原料（药品、编织袋等）的情况与"收货通知单（或业务洽谈卡）"内容相符后，方可对新到货物进行抽样检验。

② 严格足量抽样。抽样比例按品管部要求执行，且抽样面积应尽可能宽、层数尽可能多。

③ 把好感官检验关。收货保管员必须首先对所抽样品进行外观检验和口感检测，检验内容包括：

a. 原料的水分、色泽、气味、粒度、生熟度、纯度以及有无含杂和霉变结块情况等。

b. 色泽、气味、粒度、纯度以及有无含杂和霉变结块情况等。

c.（会同品管部）按总部技术部制定的验收标准对新到编织袋进行验收。

④ 初检合格，送样化验。外观检验（及口感检测）合格的货物，应填写《抽样单》，随样品一齐送公司品管部进行化验。外观检验或口感检测不合格的，应耐心向原料客户讲明情况，并及时通知原料部。

⑤ 化验合格过磅卸车。

a. 新到货物原则上要待化验合格，并收到由品管部负责人（或委托人）签署的"同意收货"的化验单之后方可过磅卸货（特殊情况需得到总经理同意后方可卸货）。过磅时至少应两人在场，分别负责司磅、监磅；过磅单必须由电脑打印。

b. 公司根据实际情况，也可在外观（及口感检验）合格之后即安排过磅、卸货，但在正式化验结果未出来之前，保管人员必须给该批原料挂上"禁用牌"，并不得提前办理入库手续。

⑥ 卸货现场监督抽检。卸货时验收人员必须在堆码现场，指挥装卸工按定置管理要求，安全地将原料（药品、编织袋等）整齐地堆码在指定地点，并监督堆码质量；原料卸货过程中，验收人员必须随时对该批原料的外观和口感进行抽检，及时剔出不合格原料，抽检比例必须在70％以上。

⑦ 卸车结束清理现场。卸货结束后，指挥装卸工将抽检出的不合格货物重新装车拉出库房，过磅除皮（如是车皮，可单独堆放在指定地点并挂牌标志）；监督装卸工将卸货现场和垛脚清扫干净，将散撒原料、药品装袋堆码整齐。

⑧ 核算数量办理入库。根据实收数量和检验结果，详实地填写《原料入库单》，然后将《原料入库单》结算联和《原料过磅单》结算联一并交原料客户，并立即将《原料入库单》财务联及由电脑打印的原始过磅单一并送交财务部。

⑨ 上账挂卡，账实相符。原料办理了入库手续之后要立即入账，并在入库后2小时之内对原料填、挂《原料囤位卡》。每隔1～3天要对原料进行盘点，随时做到账实相符。盘点后要在囤位卡或标识上填写相应内容。

⑩ 禁用货物必须挂牌。库房中因各种原因暂时不允许使用的原料，保管员必须给其挂上"禁用牌"，防止误取。

⑪ 持先进先出原则。根据"先进先出"原则或生产上的特殊需要（需有总经理、品管部经理的书面通知）及时通知并监督车间取用原料，对不听指挥乱拉乱取原料的人员，有权建议生产部给予处罚。

⑫ 加强检查，防止异常。经常检查仓库原料垛中的温、湿度情况，发现潮湿、发热等异常情况及时报告生产部（或品管部）经理；随时保持库房的清洁、整齐、安全。

⑬ 正确填报有关表单。保管员每日根据实际出库情况开具《领料单》，并根据《领料单》上各品种领出数量填报《原料进耗存日报表》、《添加剂进耗存日报表》，分别报送生产部、财务部、原料部和总经理，《添加剂进耗存日报表》、《原料进耗存日报表》同时报送品管部。

⑭ 保持库房整洁、安全。随时保持库房的整洁、安全，注意防火、防盗、防潮，发现安全隐患及时上报，并协助消除隐患。

⑮ 向公司和生产部领导提出工作改进建议。

⑯ 完成上级交给的其他任务。

二、兔场生产例会与技术培训制度（仅供参考）

为了定期检查、总结生产上存在的问题，及时研究出解决方案，有计划地布置下一阶段的工作，使生产有条不紊地进行。全面提高饲养人员、管理人员的技术素质，提高全场生产管理水平，特制定生产例会和技术培训制度。

① 每周日晚 7：00～9：00 为生产例会和技术培训时间。

② 该会由场长主持。

③ 时间安排：一般情况下安排在星期日晚上进行，生产例会 1 小时，技术培训 1 小时。特殊情况下灵活安排。

④ 内容安排：总结检查上周工作，安排布置下周工作；按生产进度或实际生产情况进行有目的、有计划的技术培训。

⑤ 程序安排：组长汇报工作，提出问题；生产线主管汇报、总结工作，提出问题；主持人全面总结上周工作，解答问题，统一布置下周的重要工作。生产例会结束后进行技术培训。

⑥ 会前组长、生产线主管和主持人要做好充分准备，重要问题要准备好书面材料。

⑦ 对于生产例会上提出的一般技术性问题，要当场研究解决，涉及其他问题或较为复杂的技术问题，要在会后及时上报、讨论研究，并在下周的生产例会上予以解决。

三、人员定额管理

在生产经营活动中，根据企业一定时间内的生产条件和技术水平，规定在人力、物力、财力利用方面，应遵守的数量和质量的标准称为定额。在兔场通常指一个中等劳力在正常条件下，按照规定的质量要求，积极劳动所能完成的工作量，所能管理的獭兔数量。

充分调动和保护职工的积极性，贯彻执行"按劳分配"的原则，使劳动报酬与职工完成的劳动数量和质量相结合，实行目标管理。对种兔、仔兔、育肥兔等饲养工制定工作量，制定成活率、生长发育指标、饲养规程。对母兔、育肥兔饲养员、饲料加工员等规定工作量和操作规程。对配种员规定工作量和繁殖指标。对技术员、场长应分别规定其职责。各岗位工作人员明白其任务和职责，各司其职。对完成饲料供应、母兔配种、仔兔成活率、育肥兔出栏率、兔病防治等有功人员，以及遵守操作规程人员，应予以奖励。

制定劳动定额的时候，为了客观、合理地制定劳动定额，应该现场进行工作量测定，以测定结果为依据，经过适当调整后制定出劳动定额。测定时要依据本场的生产管理条件，如笼养、还是散养等要求的，是饲养种兔还是商品兔，饲料是机械添加还是人工添加等。要综合考虑，并能根据生产过程中出现的情况随时调整，使之既符合本场实际需要，又科学合理。

四、操作规程管理

1. 制定操作规程

操作规程是羊场生产中按照科学原理制定的日常作业的技术规范。兔群管理中的各项技术措施和操作等均通过技术操作规程加以贯彻。做到三明确，即分工明确、岗位明确、职责明确。使饲养员知道什么时间应该在什么岗位以及干什么和达到什么标准。要根据不同饲养阶段的兔群按其生产周期制定不同的技术操作规程。明确不同饲养阶段兔群的特点及饲养管理要点，按不同的操作内容提出切实可行的要求。如母兔饲养操作规程、公兔饲养技术操作规程，商品兔饲养操作规程等，对饲养任务提出生产指标，使饲养人员有明确的目标，做到人人有事干、事事有人干、人人头上有指标。

2. 饲养管理的日常操作规程

兔场饲养员一日操作规程见表 6-1。

五、工具管理

工具管理是规范兔场管理，合理利用兔场的物力、财力资源，使公司生产持续发展，不断提高企业竞争力的管理措施，也是实施精细化管理的主要内容。

表 6-1 某兔场饲养员一日操作规程（仅供参考）

时间	项目	内容	备注
6:00～ 7:30	兔群检查	兔舍温度、湿度、空气新鲜度、兔群精神、粪便状态、死亡、分娩、母兔发情、供水系统及料盒剩料情况等	每天的第一件工作
	喂料	根据兔子的大小及生理阶段添加不同的饲料和数量	注意食欲
	喂奶	实行子母分离法,将产箱放入母兔笼中	注意对号入座
	卫生	清理兔舍粪便,然后冲洗	注意空气新鲜程度,及时开关窗户
8:30～ 11:30	配种	给发情母兔进行人工授精配种,并做好相关记录	
	摸胎	对配种或输精 10 天的母兔摸胎	未配上的要及时补配
	仔兔管理	整理产箱;检查仔兔健康情况;给留种仔兔打耳号;给商品公兔阉割;断奶等	
	免疫	按兔疫程序进行免疫	定期进行,做好记录
	补料	对仔兔和泌乳母兔补料一次	
	病兔处理	对患兔隔离、治疗,并给患兔笼消毒	
	清毒	按消毒制度进行	
15:00～ 17:00	复配	非人工授精时,要对上午配种母兔进行复配	
	管理	完成上午未完成的工作	
	喂料	第二次全群大喂料	
	整理	整理一天的记录,填写相关表格	
19:30～ 21:00	补料	对仔兔和泌乳母兔补料一次	
	检查	全场进行一次检查	
	关灯休息	离开兔舍,要关灯	
	其他	安排会议或学习培训	

1. 目的

使兔场生产工具得到有效管理，规范生产工具的申领、使用、保管、报废等，对生产工具实施有效监控和保管，避免工具的流失，提高工具有效利用率。

2. 范围

适用于兔场内生产使用的所有工具，分为共同使用和个人专用的工具两种。

3. 操作流程及职责要求

（1）现有工具的清理

① 现有兔场共同使用和个人专用的工具，由×××科（员）负责统计，建立工具台账，明确责任人，员工专用工具由具体使用人负责。

② 对目前生产外借出去的工具等要重新核对，落实到班组或个人，规范台账。做到日清月结，台账、工具数量相符。

（2）工具申领、使用及保管程序　工具首次申领使用时，首先填写工具申领单，经班组长同意后，报场长签准，交保管员处领取。保管员应在"生产工具台账"注明用途和保管责任人，台账应注明：领用日期、名称、规格、责任人等。

4. 生产工具使用

① 应爱护使用，在使用过程中，发现工具不良或损坏，以旧（坏）换新形式换取新工具，并及时填写工具返修单或工具报废单，以旧（坏）换新领用前，由班组长鉴定工具的好坏并说明原因。如仍可使用，请领用人继续使用；如可修复，可联系相关专业人员进行修复，属人为造成的损坏由相关使用人承担，按工具市价赔偿。

② 工具经确认需要报废的，填写工具报废单，经班组长同意报场长，经场长批准后，方可报废，同时在"生产工具台账"注明报废销账。

③ 原工具丢失或损坏，按市价赔偿后方可再重新领用；如属于工具质量问题，应追究卖场及购货人的责任。

④ 人员离职或工作调动，应将所使用、保管工具按照生产工具台账所登记的如数退还交接，办理保管移交手续，缺少或损坏的工具市价赔偿，否则不予办理离职或工作调动手续。

5. 工具的借用及归还

① 对生产以外部门，如需使用生产工具，可办理临时借用手续，

使用完毕应及时归还，借用期间生产工具保管人负责跟踪直至归还。

② 生产工具借用必须填写"生产工具借用"，说明借用时间、归还时间、用途、保管责任人等，经部门负责人签字后，方可借用。

六、饲料兽药采购、保管、使用制度（仅供参考）

① 饲料、添加剂、兽药等投入品采购应实施质量安全评估，选优汰劣，建立质量可靠、信誉度好、比较稳定供货渠道。定期做好采购计划。

② 采购饲料产品应具有有效的证、号。不得采购无生产许可批准的产品。

③ 采购兽药必须来自具有《兽药生产许可证》和产品批准文号的生产企业，或者具有《进口兽药许可证》的供应商。所用兽药的标签应符合《兽药管理条例》的规定。

④ 进货入库的饲料、添加剂和兽药应认真核对，数量、含量、品名、规格、生产日期、供货单位、生产单位、包装、标签等与供货协议一致，原料包装与完全无损，无受潮、虫蛀，并做详细登记。

⑤ 兽药、饲料、添加剂应分库存放。所有投入品根据产品要求保管，定期检查疫苗冷藏设备，确保冷藏性能完好。

⑥ 饲料添加剂、预混合饲料和浓缩饲料的使用根据标签用法、用量、使用说明和推荐配方科学使用。铜、锌、硒等微量元素应执行国家规定使用，减少对环境的污染。

⑦ 严格执行《中华人民共和国兽药规范》、《药物饲料添加剂使用规范》规定的使用对象、用量、休药期、注意事项，饲料中不直接添加兽药，使用药物饲料添加剂应严格执行休药期制度。严格执行兽医处方用药，不擅自改变用法、用量。

⑧ 禁止使用国家规定禁止使用的违禁药物和对人体、动物有害的化学物质。慎重使用经农业部批准的拟肾上腺素药、平喘药、抗（拟）胆碱药、肾上腺皮质激素类药和解热镇痛药。禁止使用未经农业部批准或已经淘汰的兽药。

⑨ 禁止使用过期失效、变质和有质量问题的饲料和兽药、疫苗。

⑩ 建立饲料添加剂、药物的配料和使用记录。保存期2年。

七、饲料管理

饲料管理主要有原料入库管理、颗粒饲料管理、饲料粉末处理、霉变饲料处理等。

（1）原料入库管理　每次各种原料和添加剂进入必须要有入库记录。原料仓库与加工车间要分开，有原料仓库保管员。每次原料和添加剂出库要有出库清单。如果原料仓库和加工车间连在一起没有另外的仓库，原料保管员要保证在加工完成后各种原料的进入数量与加工后的各种原料配比总量要相符合。

（2）颗粒饲料的管理　主要是减少饲料浪费。保持饲料新鲜随时掌握每位饲养员的喂料情况。饲料车间每次加工饲料都要有每次的各种颗粒饲料加工清单。饲养员领取或销售的各种颗粒加工车间都应有每位饲养员的领料清单或销售清单。

（3）饲料粉末的处理　兔场饲喂颗粒饲料免不了会有粉末。粉末可回收再加工成颗粒料。但不是所有的粉末都可以再利用。如喂料槽里吃剩倒出的粉末、病死兔料槽里没有吃的饲料或粉末、已发霉变质的粉末都不能回收再利用。粉末回收一定要严格把关。

（4）对霉变饲料的处理　规模兔场应有人检验和登记查明发生霉变的原因。如果是人为的懒惰因素造成要采取相应的措施阻止浪费。

八、生产统计管理

生产统计是掌握全场生产情况和每位员工工作情况的基础，若发现有异常情况可立即处理。生产统计根据自场情况可设为定期和不定期统计。把每位员工每次统计出来的各种生产数据进行整理并计算出每员工每次批的生产结果，必要时适当公布每位员工的生产结果，对员工的责任性有一定的促进作用。

第七章　经营与销售

 经验之一：獭兔何时屠宰取皮好

獭兔适时屠宰取皮，是取得养殖最佳经济效益、降低饲养成本的重要环节。如果时机掌握不好，屠宰过早皮张面积小，被毛密度、毛纤维细度和长度可能达不到标准要求，质量差、档次低、价钱当然不会高；同样，如果取皮时间过晚，饲养的时间长、投入大、耗料多、饲养成本高，也同样影响獭兔的养殖效益。獭兔的屠宰取皮时间要根据其月龄、体重、体长及胸围和宰后生皮面积、毛丛自然长度、毛纤维细度及被毛密度、生长规律、品种、饲料营养和销售方向等多方面综合确定最佳取皮时间。

① 从獭兔生长月龄上看：獭兔出生后的 2 个月龄内生长发育比较慢，一般仅有 70 克左右。到了 3 月龄之后生长发育速度迅速，至 5 月龄，其生皮面积达 1030 平方厘米，已接近或达到成年兔皮的面积。仅从屠后生皮面积大小上去衡量，5 月龄的獭兔基本达到了取皮利用的要求，是獭兔的最小出栏时间。但此时可对生长发育好的獭兔取皮，不宜全部屠宰取皮，因其他方面尚存有一定缺陷，应在 5 月龄以后开始根据被毛生长情况确定取皮时间，但最迟不宜超过 6 月龄，因獭兔 6 月龄以后又进入下一换毛期，对皮毛质量会造成不良影响。

② 从体重、体长和胸围方面看：从有关测量的资料看，獭兔生长到 5～6 月龄时体重、体长和胸围发育已基本接近成年兔的标准。5 月龄的獭兔体重、体长和胸围分别可达成年兔的 89.04%、95.00% 和 95.38%，生长基本成熟；而 6 月龄的獭兔体重、体长和胸围三项指标可分别达到成年兔的 95.64%、97.01% 和 97.98%，生长发育更趋成熟。

③ 从毛丛自然长度、被毛密度和毛纤维细度方面看：根据测定的结果看：5 月龄的獭兔被毛密度、毛纤维细度与成年兔标准之间差异极其显著（$P<0.01$），毛丛自然长度与成年兔标准差异极显著（$P<0.05$）；而 6 月龄的獭兔，毛丛自然长度、被毛密度与成年兔指标之间差异不显著（$P>0.005$），其毛纤维细度与成年兔之间差异极显著（$P<0.01$）。从国际方面有关标准看，德国獭兔毛长标准为 14～16 毫米，细度为 15 微米以内，被毛密度为 8875 根/平方厘米。通过比较可以看出：6 月龄獭兔毛丛自然长度、毛纤维细度以及被毛密度均达到或超过德国的标准，包括生皮面积和上述各项指标方面均已具备了良好的取皮基础。

④ 从獭兔生长发育规律看，一般是出生后 2 月龄时生长缓慢，中期（3～5 月龄）生长速度很决，后期（即 7 月龄后成熟期）生长又慢。成年兔生长慢、耗料多、成本大、效益低。而 5 月龄的獭兔虽然生长发育基本稳定，皮张面积已达到取皮利用的标准，毛丛自然长度也达到了德国獭兔皮张规定的标准，但被毛密度极显著低于成年兔，因而此时取皮可影响兔皮等级，价格受影响。

⑤ 从品种上看：看品种是美系还是法系，法系毛高长则养的时间要长，美系毛短故养的时间相对短一些。

⑥ 从饲料营养上看，营养平衡的日粮使獭兔消化系统处于最佳状态，充分吸收和平衡营养供给，旺盛代谢让兔毛边换边长以达到毛皮肉的和谐统一。生长发育速度快于营养一般的獭兔，缩短了獭兔生长的周期。因此，对于使用高营养饲料的，出栏时间就早。如"三针两料"（三针即在整个养殖全程中仅需注射长效依威锐克、敌球锐克、兔瘟和巴氏两联苗等三针；两料即仔兔补饲宝和幼兔补饲宝）百日出栏獭兔养殖法，养殖周期比不使用此法的能缩短 50 天出栏。

⑦ 从毛皮的销售方向上看，是卖等级皮还是卖统货，卖等级皮时间长些，卖统货时间短些。按常规，獭兔裘皮制品的生产旺季是春夏季节，此时厂商急需原料皮，价格会趋高；而冬季是制品销售旺季，厂商此时进货是变成库存销量也减少，价格会趋低。

通过以上指标综合分析獭兔皮的质量及养殖经济效益，6 月龄是商品獭兔取皮最佳时间。

经验之二：养兔人总结的养兔失败原因

养兔为什么失败？往往很多人是理论上头头是道，实际养起兔子来还是失败的多，为什么？下面是兔友总结的导致养兔失败的原因，供参考！

1. 盲目上马

要养殖獭兔，就要对獭兔有一个全面的了解，而不是仅知道一点皮毛，或者看到别人养兔赚钱了，自己也要养。甚至只看到优点，什么养兔来钱快，本小利大；兔子产仔快，一月一窝；养兔成本低，不吃粮食只吃草；兔子贵，挣钱多；兔子很干净，不得病，好养；还有的说喜欢兔子就养兔了等。甚至有个人，仅仅和一个养兔知名人士认识，在一个酒桌上吃了一顿饭，马上就回家开始着手养兔，匆匆忙忙在自家仅有的院宅内外建兔舍，没等建好，就在 6 月份大热天买回来 200 只种兔。因无笼具，加之长途运输，天气炎热，不到 4 天，死亡过半。仅维持了不到 2 年，把夫妻俩十几年打工的薪水全部花光还没够，又外借 5 万元。只看到养兔的优点，而没有看到缺点，盲目投资，这样的投资风险大，不容易成功。要知道，真正搞过兔子养殖的过来人，没有几个有这些看法的。

2. 盲目引种

优良品种是取得养兔成功的关键。如果认为什么品种都一样，随便到所谓的种兔场抓一些大个的兔子，或者听别人说某品种好就认准某品种，甚至不懂得什么品种好，或者自己不知道该养哪个品种，那么等待你的只有失败，有的失败后都不知道自己究竟差在哪里。这种情况你根本就不该搞獭兔养殖。

3. 不懂技术

从建兔舍到引种再到具体的饲养管理，对如何做都知之甚少，如有的投资者很后悔地说："我到兔场看过，觉得很好，很简单。盖上兔舍，买来笼具，装上兔子就养呗！有什么难的？不懂技术，请个技术员不就行了。"这种肤浅的认识最终害了他。

有的兔场在使用饲料上不会选择，使用的饲料极不稳定，一年换几家料甚至一个月就换几家不同的饲料。为降低成本购买便宜、质量差的饲料，或者獭兔发病后更换饲料，这家不行换哪家，换来换去换来的是死兔。自己配制饲料的，配方不稳定、经常变动，导致兔子发病。

为了让兔子"更健康"，啥药都用，啥药都买，和其他养兔户交流的都是用啥药好使等。很多兔场的药比兽药店的还齐全。价值几百、几千甚至有的上万。一个月用药成本有的高达5000元以上。用这么多药根本养不好兔。

所以，要克服无技术也能养兔的心态。只有在自己基本掌握主要饲养技术，又有行家、专家指导下进行生产，才有可能把兔养好；相反，如果自己对养兔技术一无所知，就绝对不能随便引种饲养，否则失败是无疑的。

4. 不会管理

不懂管理或不好好管理或者不去管理的，只有失败不会成功。有些人，听说养兔能赚钱，就自己出钱，雇别人养兔。如有个兔场是位企业家投资办的，交给一个亲属管理。兔子自销，自有皮草公司，用皮张数量很大。但他自产的兔皮比市场上收购的还要贵，兔场卖兔子的收入只够饲料钱。大量的人工开支、水电费、购场费、吃喝费、设备维修费及折旧费全靠贴补。每月都得贴补一万元以上，每年亏损达十多万元。

还有个兔场共有5名种兔饲养员。每人一栋，负责饲养种母兔150只。其中有一男性饲养员主动和老板说要养200只母兔，工资要比其他饲养员高400元。老板也没加考虑他是否胜任，很高兴就给他200基础母兔。结果他养了4个月后，只向老板交纳了35只小兔。理由是一天晚上兔舍里进黄鼠狼了。你相信这个人的客观理由吗？多么大的黄鼠狼一下吃了那么多小兔？但这个老板很相信。当然照样给他一分不少地发了工资。这个饲养员干了4个月，这个场子在这他一个人身上就得赔进去少说也得15000元，200只母兔白吃4个月，这个人4个月工资，每月1200元，再加上吃喝费、水电费、药费等。细算一下，每5只种母兔出栏一只小兔，连个独生子的指标都没有达到。看大门的老头说，这个场子的钱真好挣，不看出多少兔，不看成绩，你只要会说话、会来事，待一天就给一天工资。

5. 资金不足

养兔是个本大利薄的养殖业，且需时又很长，同时，还要求有一定技术水平，还得会管理。如果没有强大的经济基础、过硬的技术水平、很好的管理办法，想养好兔、办好兔场那是很难的，可望而不可即的。尤其是自有资金要充足。

如果你有 50 万元想养兔，你最好按 30 万元计划能养多少兔，绝不能一下全部投入。好多兔场建完投产后没多长时间，就招架不住了，已经坐吃山空。饲料原材料到处去赊欠。债主今天来要，明天来要，就是没钱给。今天推明天，明天推后天，总是说卖兔就还、卖兔就给。可是一天天、一月月过去，就是养不出兔，就是没有兔子卖。结果越欠越多，兔子越来越少，最后不得不人走场空，扔下的是一片废墟，什么都不是。好多室外兔舍乱糟糟地放在那，将来用场地，还得租车往外运，还得需要好大的清理费用。真是危害极大，惨不忍睹。

6. 目的不纯

创办兔场的目的不是为了真正养兔做好兔业生产，而是有其他目的，有的为了圈地，有的为了一夜暴富，有的为了得到国家扶持资金，有的为了提高自己现象，还有的是为了借搞兔业公司玩骗术等，这些人不会成功的。

 经验之三：低谷时期的獭兔养殖增收方略

1. 整顿兔群

良种良法出良品，养殖要注重选择优良的兔品种和适宜的饲养方法。我们现在存在这样一个现象，就是价格上涨时，养殖者靠"催"，即让兔子快繁殖、快生长，有时为了赶好价格甚至不等兔子长大了就出售了。在价格下跌时养殖者靠"淘"，大量扑杀兔子，以减少成本投入。"淘"也得讲究方法，不是把兔子一卖了之，而是根据自身承受能力来控制兔群规模，尤其是要控制种兔群规模，淘汰低产、老、弱、病、残的兔子。让兔群"精炼"。另外，当前行情不好，种兔的行业也受到影响，这时候正是购进优质种兔的好时机。可以适当引种，对自己种兔进行改良。一句话，保住兔场的核心种群，为今后做长远打算。

2. 精细化管理

精细化管理的主要目的是通过各种手段来达到降本增效的目的。一方面根据兔子自身特性，为其提供适宜生活、生产的环境。现在很多规模化养兔场实行封闭式养殖，兔子是喜欢通风的，如果封闭养殖、工厂养殖，解决不了通风和干燥的问题，兔癣、螨虫和真菌的问题就会接踵而至。另一方面，合理安排生产，减少不必要的投入，降低各种浪费。切不可让自己的兔场处于停产或待产状态。

3. 不要在兔子身上降成本

很多养殖户面对低迷行情时，选择的手段很简单，一杀二减，即杀兔子、减少投入。看似方法很对，其实很多养殖者是将正确的方法用在错误的地方。首先，减少成本，不要从兔子的嘴里省钱，不要以降低饲养标准来省钱，而要通过加强饲养管理，广辟饲料资源，缩短饲养周期，来降低成本投入。其次，要学会取舍，例如，在疫病防控上，如果资金很紧张，建议养殖者放弃对病兔的治疗，尤其是一些比较难缠或者即使治疗好也没有多大价值的疾病，将有限的资金用在疫病的控制上。不管行情怎么样，对兔子的标准不能降低，该怎么养就怎么样，要降低成本，就要依靠技术，不要因短期的小利影响以后的大益。

4. 抱成团，取长补短共发展

当今的社会已经从大鱼吃小鱼、快鱼吃慢鱼的"存亡"发展模式向合作共赢、相互融合的"抱团"模式发展。兔产业的抱团发展，不仅仅是养殖户之间的联合，也不局限于养殖加工企业与养殖者的联合，而是以产、加、销为主线，纵向联合，以信息、策划、培训等服务的横向联合。产业就如同一个工厂，不同的群体如同工厂里的车间，同一个目的，不同的分工，各负其责。目前来看，这种"抱团"模式对于兔产业来说还比较理想化，因为这种模式是以利益为纽带，只要理顺利益关系，就可以形成，当前需要解决的问题是谁来牵头做，谁做第一个吃螃蟹的人。

合作模式，主要有大型企业与养殖场户之间的"合同"模式，也就是所谓"合同兔"。合同兔的最大的特点就是在市场低迷时，养殖者可以少赔钱，企业承担主要压力。市场行情好时，养殖者赚得少。用最简单的概括就是"少赚少赔"。这里最关键的问题是企业与养殖户之间的诚信和合同要约的合理性。行情好时，养殖者偷偷把兔子卖给别人，而行情不好时，企业又以各种理由和各种条条框框来保障自己的利益。这样的企业和养殖者没有看到自己是在双方共同联合后向市场要利润，而是错误地认为自己的利润来源于对方。

另外，养兔合作社也是不错的选择。

5. 延伸产业链，增加产品附加值

以往我国重产前、轻产后，兔产品以白条兔、原毛、生皮为主，深加工落后的局面一直限制我国兔业的稳定发展。要提高兔养殖效益，就要实现兔的综合加工和精深加工，使产业升级、延伸、聚集。对兔肉、兔皮、兔毛及兔内脏等系列产品进行综合开发，达到提高兔个体价值的目的。以国内兔肉为例，鲜销兔肉四川哈哥每吨2.7万～2.8万元，深加工成兔肉干每吨销售价格8万元，是鲜兔肉的3倍。深加工的好处是显而易见的。

目前，我国在兔皮和兔毛加工上有很大进步。兔皮加工上，以河北为代表的兔皮加工业规模大，大大小小的兔皮加工企业数千家，兔皮市场异常繁荣，成为中国乃至世界兔皮的集散地和加工基地；兔毛加工上，以浙江省为代表的兔毛的加工取得巨大进步，尤其是在梳毛设备改造和加工技术方面取得长足进步。

同兔皮和兔毛深加工相比，兔肉深加工显得落后。兔肉加工要摆脱肉类作坊式传统手工加工的落后局面，就要实现现代配套设备、现代加工工艺和传统工艺的完美结合，生产出适合中国人口味的兔肉食品，为兔肉的大众消费奠定基础。

6. 皮肉分流

国家兔产业技术体系、饲料与营养研究室主任谷子林教授提出了"皮肉分流"应对獭兔市场低迷的对策，即自己屠宰成品商品獭兔，将皮和肉分别销售的一种方式。如獭兔每千克12～14元，一只2.5

千克的獭兔可以卖到 30～35 元，如果自己屠宰，带头胴体 1.5 千克，可以销售 15～18 元，皮张或进行盐贮或冷冻贮存，最好立即鞣制，长期保存，正常年景这样的獭兔皮可以卖到 35～40 元，一只獭兔可以净赚 15 元左右。

 ## 经验之四：养獭兔始终多赚钱的招数

1. 饲养优良品种

品种的优劣直接关系到养兔的效益，不同品系、兔群之间生产性能差异很大，饲养成本大致相同，产生的效益却大有差别，因此在引进种兔时一定要注意品种质量。作为繁殖用的种兔一定要到二级场以上的种兔场引种，不要图价格低廉而购买劣质种兔。在本场选留种兔时要选优汰劣，把本场最优秀的个体留作种用，扩大优良兔群，杂交兔本身生产性能较好，但不能留作种用。引种时应少量引进，逐步扩群，减少引种费用。

2. 搞好饲养管理，充分发挥生产潜力

科学的饲养方法是提高养兔效益的重要一环，在生产上要采用科学饲养管理、合理搭配饲料、科学饲喂，达到提高繁殖率、提高仔兔成活率以及预防疾病、减少发病率和死亡率的效果。

3. 提高饲料利用率，节约饲养成本

饲料是家兔生长发育的养分来源，也是形成产品的原料，是养好兔子的主要条件。从兔产品成本分析，饲料费用一般要占整个生产费用的 70% 以上，农户养兔占的比例更高，所以对生产成本和经济效益的高低起着重要作用。因此，提高饲料利用率、节约饲料费用开支是提高养兔生产效益的重要途径。

颗粒饲料配合比例适当，营养全面，采用颗粒饲料比自然单一饲料饲喂效益要高，可以减少疾病发生，提高繁殖率和生长发育速度，提高产品的产量和质量。规模兔场和农户养兔在应用颗粒饲料的基础上，可以适当搭配青饲料，以降低饲养直接成本。大型兔场自己加工饲料，如果原料的来源不能保证、加工工艺和配方技术不能达标是不

能养好兔子的。同样，购买饲料厂家的全价颗粒饲料也要注意，要选择信誉好、质量稳定的生产厂家。产品的质量不稳定严重影响兔子生长；另外，原料发霉变质、有泥沙或塑料薄膜也是影响兔子生长繁育的关键。还有一个就是利用青饲料、干草、牧草养兔的问题，虽然喂这些饲料费工费时，但是对种兔生产很重要，凡是适当使用青饲料的兔子一般养得比较健康。

还要注意饲料浪费问题，尤其是使用颗粒饲料喂兔，有的用铁皮料盒，兔子碰上就自动翻车。如用铁丝捆死，又无法清洗，很费劲，又难搞。好多兔场的高价颗粒料损失非常严重。特别是在盛粪板上、地面上，黄乎乎一片。建议采用自动漏料的料盒。如果一个笼里饲养多只的，还要增加喂料盒，保证每只兔子都能采食到足够的饲料。

4. 做好兔场防疫

养兔场一旦爆发疫情，就会造成重大的经济损失，甚至是灭顶之灾。纵观现有的养兔场，普遍存在防疫观念淡薄的问题，防疫工作仍然是盲目性、随意性、侥幸性，不少场一年四季兔群疫病不断，此起彼伏，年年如此，反反复复，在经历若干年之后不得不将兔场关闭，损失是惨重的，教训也是深刻的。养兔业者总是把注意力盯在兔价上，认为兔价是兔场能否盈利的决定因素，其实不然。如果具体到一个存栏 500 只母兔、月均出售 800 只商品兔的兔场，冬季的一个流行性腹泻，造成的直接损失就是 40 万元；而兔价如果每千克降 1 元，100 千克的兔降 100 元，800 只商品兔因降价月均损失 8 万元，仅相当于流行性腹泻造成损失的五分之一。

5. 生产与市场相结合

搞任何商品生产都应跟市场接轨，养兔也这样，我们应及时把握好市场行情，调整好养殖规模和生产节律，市场需要什么品种就生产什么品种，而不能无计划盲目生产。养兔生产有高潮与低潮，在低潮时应淘汰劣种，改良品种，高潮要加强繁殖，多生产产品，这样才能立于不败之地。还要自己千方百计地开拓销售渠道确保盈利，不要完全依靠从别人那里引种来搞兔业养殖，也不要完全靠别人回收来赚钱。要克服"靠人致富"的依赖心态。把自己的挣钱梦完全寄托在别人身上是完全不可能的事。

 经验之五：每年獭兔均有"五不收"

　　行有行规，獭兔养殖业也同其他行业一样。根据季节的推进和变化，一般情况下，獭兔（皮）每年均有"五不收"。依次为农历腊月和正月、公历4月底至5月初、三伏季节和公历9月底至10月初。

　　① 腊月不收獭兔（皮）：每年一进入腊月，尚村的皮贩子都要从全国各地返回家，他们多数是股份式企业，腊月返回家以后，要凑在一起盘点库存和分红。有人可能不知道，皮贩子从全国收回的兔皮都要经过鞣制、加工成熟皮才能出售或出口。然而，生獭兔皮加工成熟皮要经过15天的浸泡、刮板和烘干周期，一般情况下，尚村各鞣制厂和硝染厂到了腊月初六就停止接收生皮了（准备腊月二十放假），同时，尚村的各服装厂的打工仔和打工妹均是来自"五湖四海"，他们都要在腊月二十一"春运"高峰之前返乡，这个时候各服装公司也要放年假，也要停止进兔皮。因此，每年的腊月兔皮多是停止收购，每年腊月养兔人感到"兔皮降价"已成惯例。

　　② 正月不收獭兔（皮）：正月这个月总是沉浸在过年的气氛当中，这个月不收皮。

　　③ 4月底到5月初不收兔皮：这个季节一般正值谷雨和立夏，每逢这两个节气，正是每年獭兔第一次换毛的时候，即便是再好的眼力和再高的技术，皮商们也难免看不出"二茬毛"、"盖皮"和"鸡迁毛"，一般情况下，在验评级别时，皮商们尽管十分仔细，也难免收到"伪劣"兔皮。因此，这个季节皮商们一般情况下不收兔皮，就是收的话，他们愿意收购年前的"冬季皮"。

　　④ 三伏天不收兔皮：大家都知道，每年的好兔皮多数产于小雪、大雪和小寒、大寒四个季节。三伏天的兔皮没有绒，毛也稀，这个时期产下来的兔皮就属于典型的季节皮了，一般情况下，皮商们谁也不乐意收购。原因是：这个季节的兔皮不好出手，即便出手利润也不大。

⑤ 9 月底到 10 月初不收兔皮：通常情况下，每年的 9 月底和 10 月初正值秋分和寒露两个季节，这个时候也是一年当中獭兔第二次换毛的季节。皮商们不收兔皮的原因与前面提到的"4 月底至 5 月初不收兔皮"基本相同。

参 考 文 献

[1] 肖冠华. 投资养兔你准备好了吗. 北京：化学工业出版社，2014.
[2] 谷子林主编. 獭兔养殖解疑 300 问. 第 2 版. 北京：中国农业出版社，2014.
[3] 荣敏，吴琼主编. 怎样科学办好獭兔养殖场. 北京：化学工业出版社，2014.